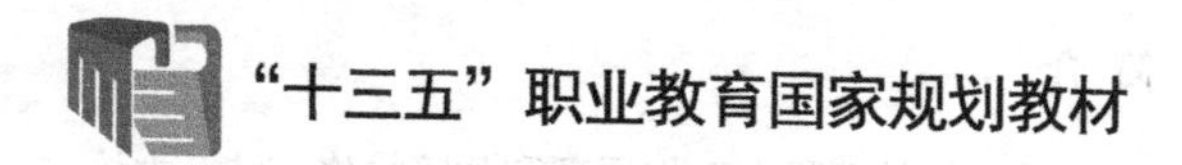

笔记本电脑的结构、原理与维修（第2版）

韩雪涛　主　编
韩广兴　吴　瑛　副主编

電子工業出版社
Publishing House of Electronics Industry
北京 • BEIJING

内 容 简 介

本书全面系统地介绍了笔记本电脑的基本结构、电路组成、信号流程、工作原理和故障检修方法。为达到良好的学习效果，使学习者能够在理论与技能方面融会贯通，本书采用全新的项目式教学理念，将笔记本电脑维修中的各项知识点和技能点都依托项目案例展开，让学习者能够在实践中得到知识的积累和能力的提高。

本书根据笔记本电脑维修的技能特色划分为笔记本电脑的结构和工作原理、笔记本电脑检修的基础技能、笔记本电脑 CPU 及散热系统的检修方法、笔记本电脑内存的检修方法、笔记本电脑主板的检修方法、笔记本电脑液晶屏的检修方法、笔记本电脑键盘和触摸装置的检修方法、笔记本电脑电源供电电路的检修方法 8 个项目模块，每个项目模块又由若干个任务构成。所有笔记本电脑维修的知识点和技能点都可以在这些项目任务中找到。同时，在图书内容的制作上，本书充分体现多媒体的制作特色，将笔记本电脑实拆、实测、实修的过程全部记录下来，通过实物照片的形式提供给学习者学习。对于理论知识的内容也尽可能运用三维结构图和二维效果图的形式体现，形象、直观、易学、易懂。

本书可作为专业技能考核认证的培训教材，也可作为各职业技术院校的实训教材，同时也适合从事和希望从事电子电气从业技术人员及业余爱好者阅读。

本书配有电子教学参考资料包，包括素材图片。

图书在版编目（CIP）数据

笔记本电脑的结构、原理与维修 / 韩雪涛主编. —2 版. —北京：电子工业出版社，2019.11

ISBN 978-7-121-37946-8

Ⅰ. ①笔… Ⅱ. ①韩… Ⅲ. ①笔记本计算机－结构－职业教育－教材②笔记本计算机－理论－职业教育－教材③笔记本计算机－维修－职业教育－教材 Ⅳ.①TP368.32

中国版本图书馆 CIP 数据核字（2019）第 255110 号

责任编辑：关雅莉　　文字编辑：徐　萍
印　　刷：北京盛通数码印刷有限公司
装　　订：北京盛通数码印刷有限公司
出版发行：电子工业出版社
　　　　　北京市海淀区万寿路 173 信箱　邮编　100036
开　　本：787×1 092　1/16　印张：15　字数：384 千字
版　　次：2011 年 8 月第 1 版
　　　　　2019 年 11 月第 2 版
印　　次：2024 年 7 月第 7 次印刷
定　　价：45.00 元

凡所购买电子工业出版社图书有缺损问题，请向购买书店调换。若书店售缺，请与本社发行部联系，联系及邮购电话：（010）88254888，88258888。

质量投诉请发邮件至 zlts@phei.com.cn，盗版侵权举报请发邮件至 dbqq@phei.com.cn。

本书咨询联系方式：（010）88254617，luomn@phei.com.cn。

前言 Preface

计算机技术的进步和制造技术的日趋完善，使笔记本电脑的数量和品种都得到了迅猛的发展。笔记本电脑生产、销售、维修的社会需求也随之越来越强烈。各大院校和培训机构针对目前市场需求相继开设了笔记本电脑维修方面的专业和课程。然而，面临如此纷杂的品牌、型号，电路、功能结构各不相同的笔记本电脑，如何能够获取专业的维修方法和维修经验成为众多从事和希望从事笔记本电脑维修人员亟待解决的问题。

本书正是从这些实际问题出发，采用全新的项目式教学培训理念，全面系统地介绍了笔记本电脑的维修原理、维修方法和维修技巧。为使读者能够在最短时间内掌握笔记本电脑的维修技能，本书在知识技能的传授过程中充分发挥“图解”的特色，通过对实际样机的实拆、实测、实修的图文演示讲解，生动、形象、直观地将笔记本电脑的维修技能演示给大家。

在图书的表现形式上，本书从读者的实际需求和阅读习惯出发，摒弃烦琐的语言描述，充分发挥图解的特色，将笔记本电脑各功能模块的故障特点、故障表现、故障引发的原因及各故障点的检测方法和实际检测的数据波形等信息内容依托笔记本电脑的电子线路或实物电路板展开，并将笔记本电脑维修中的各项实用技能点和知识点融合在不同的项目案例中，让学习者通过项目式教学的全新模式达到理论与实践的融会贯通。

为使本书内容既符合实际需求，又极具专业培训的特性，本书由数码维修工程师鉴定指导中心联合多家专业维修机构，组织众多高级维修技师、一线教师和多媒体技术工程师组成专业编写团队，特聘请国家家电行业资深专家韩广兴教授亲自担任指导。书中所有的内容及维修资料均来源于实际工作，从而确保图书的权威性。

图书内容都是以标准为依据，以市场需求和社会就业需求为导向。学习者通过学习，除掌握电工电子的维修知识和维修技能外，还可申报相应的国家工程师资格或国家职业资格的认证，获得国家统一的专业技术资格证书。

为了更好地满足读者需求，达到最佳学习效果，本书得到了数码维修工程师鉴定指导中心的大力支持。读者可登录数码维修工程师的官方网站，网站提供了最新的行业信息、大量的视频教学资源、图纸手册等学习资料及技术论坛。用户可随时了解最新的数码维修工程师考核培训信息；了解电子电气领域的业界动态；实现远程在线视频学习；下载需要的图纸、技术手册等学习资料。此外，读者还可通过网站的技术交流平台进行技术的交流与咨询。

读者通过学习与实践以及参加相关资质的国家职业资格或工程师资格认证，可获得相应等级的国家职业资格或数码维修工程师资格证书。如果读者在学习和考核认证方面有什么问题，可与我们联系。

本书配有电子教学参考资料包，内容包括素材图片，请有此需要的教师登录华信教育资源网（www.hxedu.com.cn），免费注册后再进行下载，有问题时请在网站留言板留言或与电子工业出版社联系（E-mail: hxedu@phei.com.cn）。

编　者

目录 Contents

项目 1　笔记本电脑的结构和工作原理……1

任务 1　认识笔记本电脑的结构特点……1
任务 2　了解笔记本电脑的工作原理……13
习题 1……19

项目 2　笔记本电脑检修的基础技能……21

任务 1　掌握笔记本电脑的拆卸方法……21
任务 2　认识笔记本电脑中的常用元器件……33
任务 3　认识笔记本电脑中的专用部件……46
习题 2……52

项目 3　笔记本电脑 CPU 及散热系统的检修方法……55

任务 1　了解笔记本电脑 CPU 及散热系统的结构特点……55
任务 2　学习笔记本电脑 CPU 及散热系统的工作原理……60
任务 3　掌握笔记本电脑 CPU 的检修方法……63
任务 4　掌握笔记本电脑散热系统的检修方法……68
习题 3……75

项目 4　笔记本电脑内存的检修方法……77

任务 1　了解笔记本电脑内存的结构特点……77
任务 2　学习笔记本电脑内存的工作原理……83
任务 3　掌握笔记本电脑内存的检修方法……87
习题 4……107

项目 5　笔记本电脑主板的检修方法……109

任务 1　了解笔记本电脑主板的结构特点……109
任务 2　学习笔记本电脑主板的工作原理……116
任务 3　掌握笔记本电脑主板的检修方法……127
习题 5……158

项目 6　笔记本电脑液晶屏的检修方法……161

任务 1　了解笔记本电脑液晶屏的结构特点……161

任务 2　学习笔记本电脑液晶屏的工作原理……168
任务 3　掌握笔记本电脑液晶屏的检修方法……175
习题 6……190

项目 7　笔记本电脑键盘和触摸装置的检修方法……192

任务 1　了解笔记本电脑键盘和触摸装置的结构特点……192
任务 2　学习笔记本电脑键盘和触摸装置的工作原理……197
任务 3　掌握笔记本电脑键盘和触摸装置的检修方法……203
习题 7……214

项目 8　笔记本电脑电源供电电路的检修方法……217

任务 1　了解笔记本电脑电源供电电路的结构特点……217
任务 2　学习笔记本电脑电源供电电路的工作原理……223
任务 3　掌握笔记本电脑电源供电电路的检修方法……224
习题 8……233

项目 1

笔记本电脑的结构和工作原理

学习内容

1. 学习笔记本电脑的结构组成，了解笔记本电脑中各主要部件的功能、特点和相互关系。

2. 学习笔记本电脑的工作原理，明确笔记本电脑工作过程中各部件、电路之间是如何实现信号控制和传输的，各个工作控制环节是如何完成工作的。

任务 1　认识笔记本电脑的结构特点

任务描述

认识笔记本电脑的结构组成和各主要部件的相互关系。通过对实际笔记本电脑产品的拆卸演示，力求让读者更加直观、形象地认识笔记本电脑的结构特点，同时对笔记本电脑的拆卸规律和方法有深刻的认识。

任务实施

笔记本电脑的英文名称是“Notebook Computer”，简称“NB”，或称“Laptop”，是一种小型、便于携带的个人电脑。如图 1-1 所示为典型笔记本电脑的实物外形。

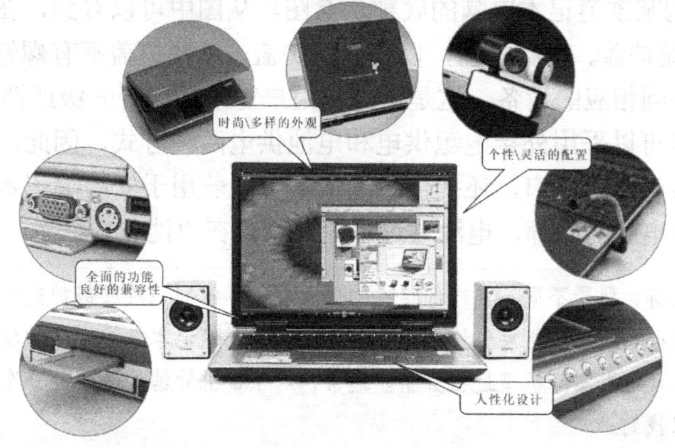

图 1-1　典型笔记本电脑的实物外形

从结构上看，笔记本电脑整体设计非常紧凑，LCD（液晶）显示屏、键盘、触摸板，以及主机部分全部集成在一起。另外，为了使笔记本电脑具备播放视频和音乐、网络、玩游戏等多种功能，许多笔记本电脑提供了多种多样的接口或扩展插槽，这使得笔记本电脑在实现多样化功能的同时，进一步提升了笔记本电脑的扩展能力。

1. 认识笔记本电脑的整机结构

如图 1-2 所示为典型笔记本电脑的结构示意图。从整体上看，键盘、触摸板，以及电源开关和状态指示灯都位于主机的表面，LCD 显示屏和主机部分采用翻盖式设计，使得整个电脑好像一本书一样可以随意“展开”和“闭合”。

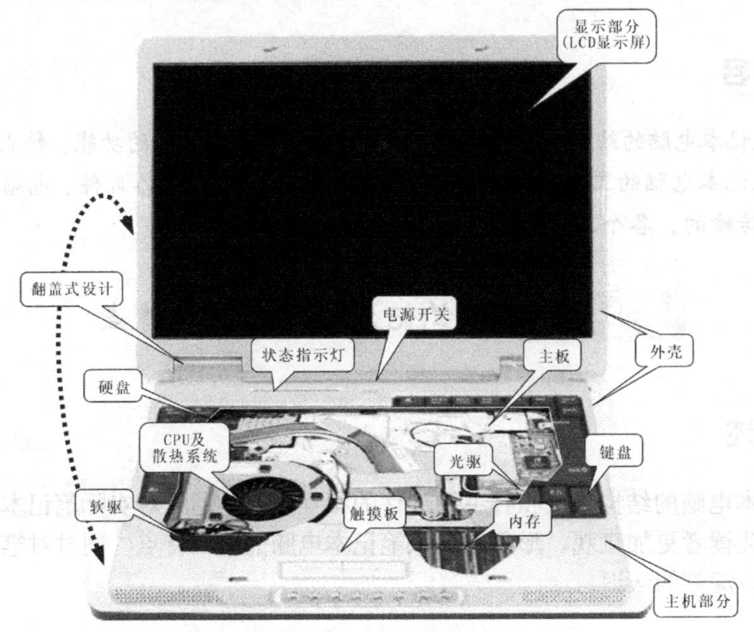

图 1-2　典型笔记本电脑的结构示意图

键盘和触摸板的下面就是笔记本电脑的主机部分，主板、CPU、内存、硬盘、光驱、软驱等所有的计算机组件基本上都集成在主机中。

如图 1-3 所示为某款笔记本电脑的底部示意图。从图中可以看到，在笔记本电脑的底部设有 CPU 及散热系统护盖、内存护盖，以及硬盘护盖。这些护盖都有螺钉固定，卸下相应护盖的螺钉，就可以看到相应的设备，这是为方便用户对硬件进行升级或清洁维护而设计的。

由于笔记本电脑可以采用外接电源供电和电池供电两种方式，因此，笔记本电脑不仅提供了与外接电源连接的电源插口，还提供了笔记本电池舱用于安装笔记本电池。通常，笔记本电池舱位于笔记本电脑的底部，电池通过电池锁锁紧在电池舱内。

提示

笔记本电脑的品牌、型号不同，其内部组件的位置也不尽相同，故底部护盖所对应的设备会有所不同，护盖的位置也会随对应组件位置的变化而变化。因此笔记本电脑内部的硬件及对应护盖的位置也不是唯一的，需根据实际机型进行分析。通常，对于整机的结构及组件分布在笔记本电脑附带的说明书中都可以找到。

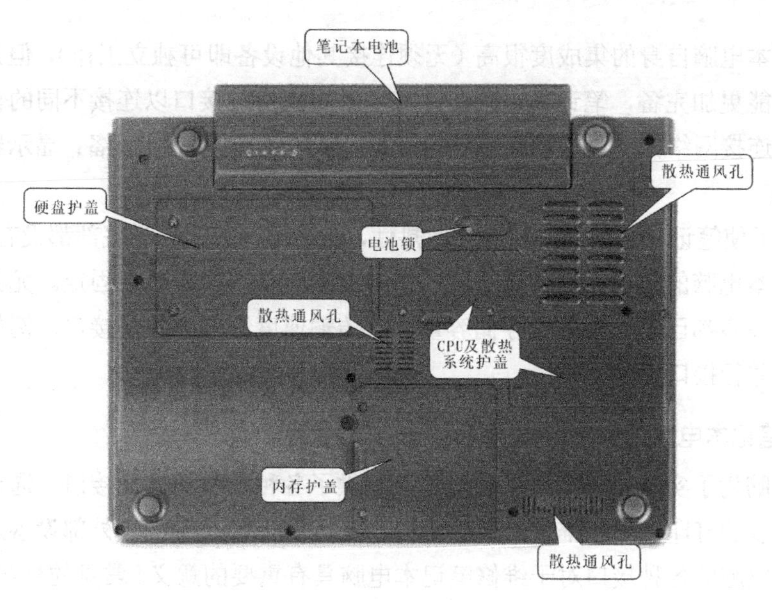

图 1-3　某款笔记本电脑的底部示意图

如图 1-4 所示为某款笔记本电脑的侧面示意图。从图中可以看到光驱、软驱、视频接口、音频接口及其他扩展设备接口都设置在笔记本电脑的侧面。

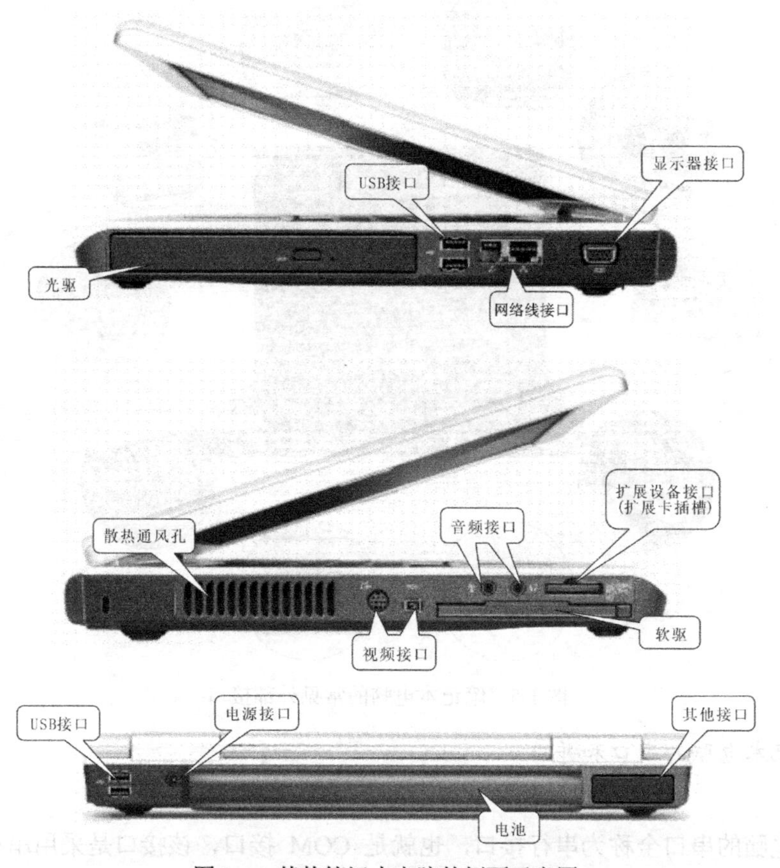

图 1-4　某款笔记本电脑的侧面示意图

尽管笔记本电脑自身的集成度很高（无须连接其他设备即可独立工作），但为了使笔记本电脑的整体功能更加完备，笔记本电脑还附带了不同规格的接口以连接不同的设备。例如，网络接口可以连接网络；USB 接口可以连接键盘、鼠标及其他 USB 设备；显示器接口可以外接显示器等。

此外，为了使笔记本电脑保持良好的散热性，在笔记本的四周和底部都设有散热通风孔。

不同笔记本电脑的接口布局各有不同，接口数量和接口类型也不固定。尤其对于新型的笔记本电脑，许多都已经不再附带存储容量小、传输速度慢的设备及接口，例如，软驱、串行接口，甚至并行接口等。

2. 认识笔记本电脑的外部接口

笔记本电脑为了实现与外部设备的连接，提供了各种各样的外部接口，通过这些接口，笔记本电脑可以和打印机、扫描仪、数码相机、U 盘、MP3、手机等外部设备进行连接，所以认识笔记本电脑的各种接口对于维修笔记本电脑具有重要的意义。常见的外部接口有串口、并口、PS/2 接口、USB 接口、网卡接口、读卡器接口等，笔记本电脑的常见外部接口如图 1-5 所示。

图 1-5　笔记本电脑的常见外部接口

（1）笔记本电脑的串口和并口

① 串口

笔记本电脑的串口全称为串行接口，也就是 COM 接口，该接口是采用串行通信总线协议的扩展接口，一般使用 9 针的双排 D 型接口，如图 1-6 所示。串口的数据传输速率为 115～

230 kbps，串口可以连接与之接口相对应的鼠标、外置 MODEM，以及写字板等设备。

② 并口

笔记本电脑的并口全称为并行接口，也就是 LPT 接口，是采用了并行通信协议的扩展接口，一般使用 25 针的双排接口，如图 1-7 所示。并口的传输速率比串口快 8 倍，约为 1 Mbps，最常用于连接打印机，因此又称打印机接口。除此之外，并口还可以用于连接扫描仪、外置网卡，以及某些扩展硬盘等设备。

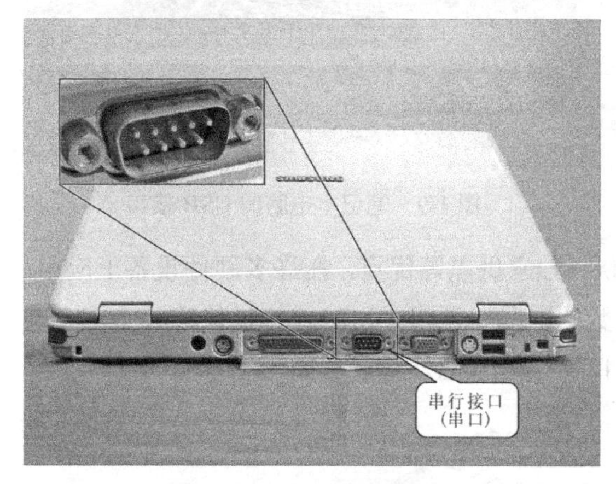

图 1-6　笔记本电脑的串口

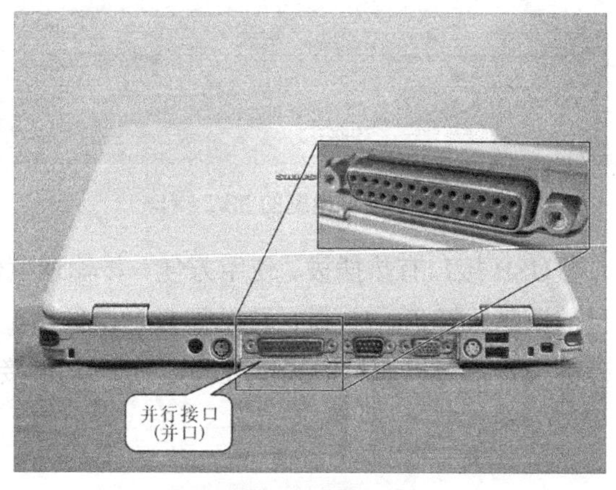

图 1-7　笔记本电脑的并口

由于串口和并口的传输速率有限，而且在使用上很不方便，所以随着新接口技术的发展，基本上都已被 USB 接口所取代。

（2）笔记本电脑的 PS/2 接口

笔记本电脑的键盘和鼠标与主机制成了一体，以轻薄的键盘和触摸板的形式表现出来。对于用惯了台式机键盘和鼠标的用户，可以通过 PS/2 接口外接台式机键盘或鼠标来解决这一问题，如图 1-8 所示为 PS/2 接口。**值得一提的是，与台式机 PS/2 键盘接口和 PS/2 鼠标接口不同的是，笔记本电脑的 PS/2 接口没有严格区分，因此既可以接键盘也可以接鼠标。**

随着笔记本电脑技术的不断更新，在接口分布上的设计越来越简单，加上 USB 接口的普及，PS/2 接口也逐渐退出。

（3）笔记本电脑的 USB 接口

笔记本电脑的接口经过了串口、并口和 PS/2 接口后，已经被 USB 接口所取代。USB 接口的英文全称为 Universal Serial Bus，即通用串行总线接口，如图 1-9 所示。这种接口是一种即插即用接口，支持热插拔，通过它可以方便地将笔记本电脑与任何一个带有 USB 接口的硬件设备连接起来，并且不用事先设置驱动程序，是目前最为流行的一种外部接口。

提示　目前，USB 接口具有两种传输标准，分别为 USB 1.1 和 USB 2.0，其中 USB 1.1 标准的接口数据传输速度为 12 Mbps，USB2.0 标准的接口数据传输速度为 480 Mbps，一个 USB 接口最多可以同时支持 127 种硬件设备。

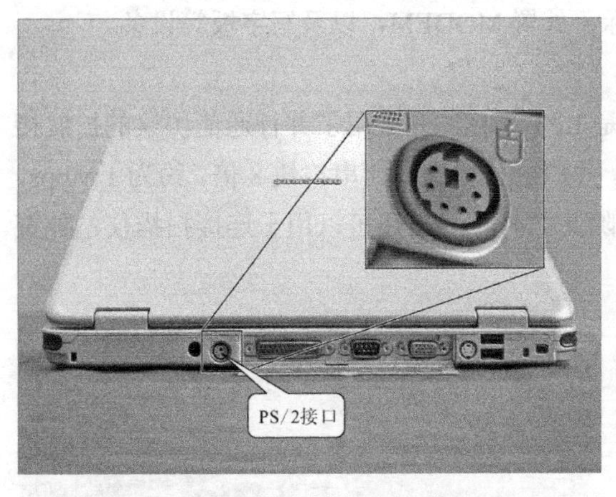

图 1-8　笔记本电脑的 PS/2 接口

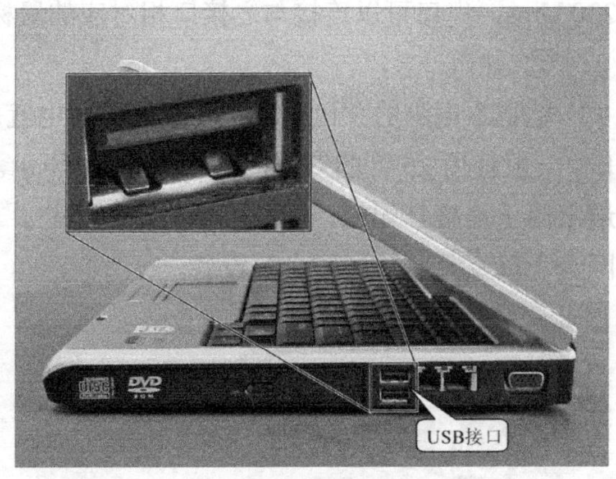

图 1-9　笔记本电脑的 USB 接口

USB 接口有热插拔、使用方便、传输速度快、独立供电等优点，在许多硬件设备上应用。目前鼠标、键盘、U 盘、移动硬盘、摄像头、数码产品、手机、MP3、扫描仪等几乎所有的外部设备都可以通过该接口进行连接，USB 接口支持的常见外部设备如图 1-10 所示。

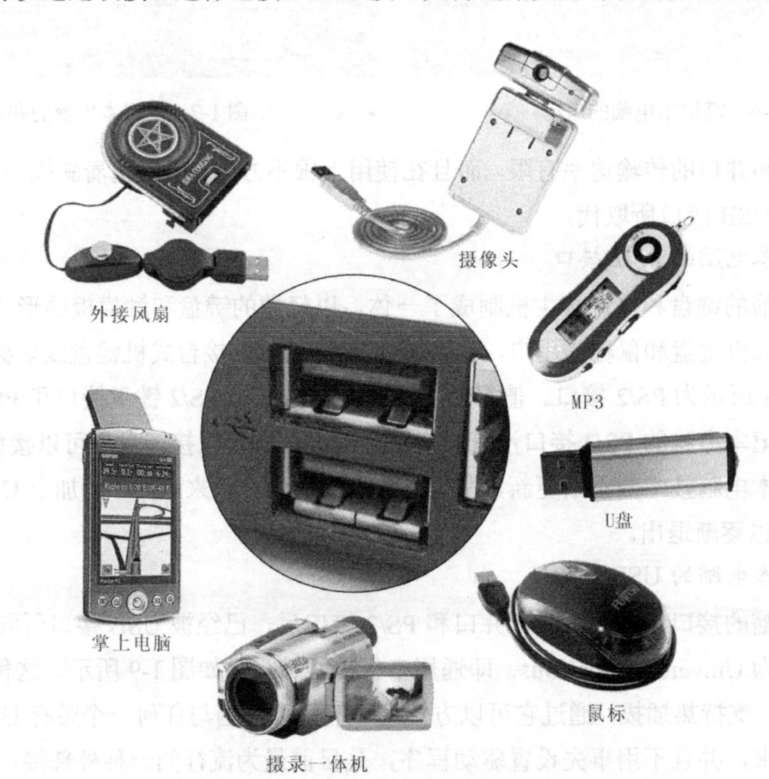

图 1-10　USB 接口支持的常见外部设备

（4）笔记本电脑的 IEEE 1394 接口

说到 USB 接口，就不能不提到它的一个有力竞争者，即 IEEE 1394 接口。该接口又称火线接口（Fire Wire），同 USB 接口一样支持外部设备的热插拔，传输速率快。

知识链接

IEEE 1394 接口同 USB 接口一样，也具有两种传输标准，分别为 Backplane 标准和 Cable 标准。Backplane 标准的的传输速率分别为 12.5 Mbps、25 Mbps、50 Mbps，其中最小传输速率比 USB1.1 标准的最高速率都快；Cable 标准的传输速率非常快，分别为 100 Mbps、200 Mbps、400 Mbps，因此笔记本电脑的 IEEE 1394 接口被广泛应用于网络及高速传输的数码设备中。如图 1-11 所示为笔记本电脑 IEEE 1394 接口，其外形非常小巧，最多可同时连接 63 个外部设备。

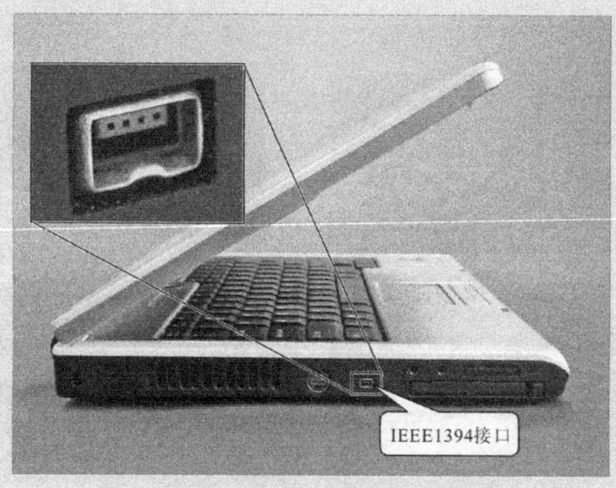

图 1-11 笔记本电脑的 IEEE 1394 接口

（5）笔记本电脑的视频接口

笔记本电脑经常被应用于商业展示，笔记本电脑视频接口的应用如图 1-12 所示，为了能够与大屏幕进行连接，视频接口是必不可少的。视频接口有 S-Video 接口、VGA 接口、DVI 接口和 HDMI 接口，其中比较常见的是 VGA 接口。

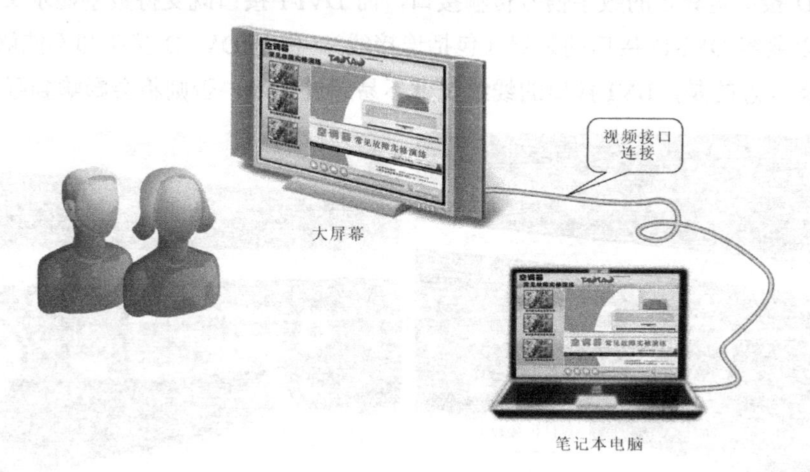

图 1-12 笔记本电脑视频接口的应用

① S-Video 接口

S-Video 接口的英文名称为 Separate Video，又称 S 端子，即二分量视频接口，如图 1-13

所示，主要是用来与带有分离视频输入接口的电视机或显示器进行连接的。

S-Video 接口并不是最好的视频接口，再加上目前数字化设备的普及，笔记本电脑上的 S-Video 接口已经被 VGA 接口所取代。

② VGA 接口

笔记本电脑的 VGA 接口又称为外接显示器接口，其英文全称为 Video Graphic Array，即显示绘图阵列，它是目前最为常见的视频输出接口，如图 1-14 所示。该接口传输的是模拟信号，主要用于连接外接显示器和投影仪等硬件设备，因此非常方便大屏幕演示时使用。

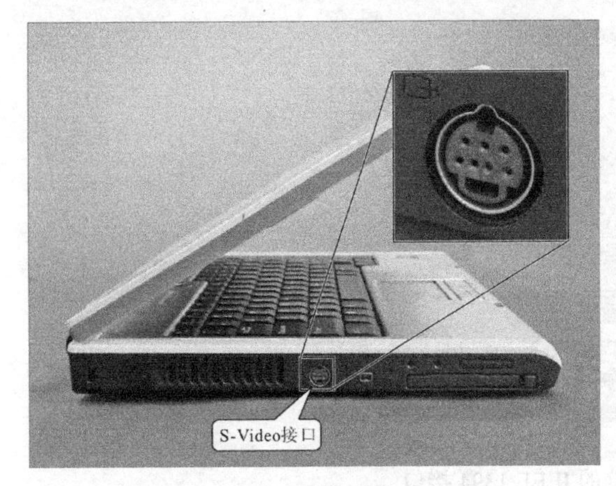

图 1-13　笔记本电脑的 S-Video 接口

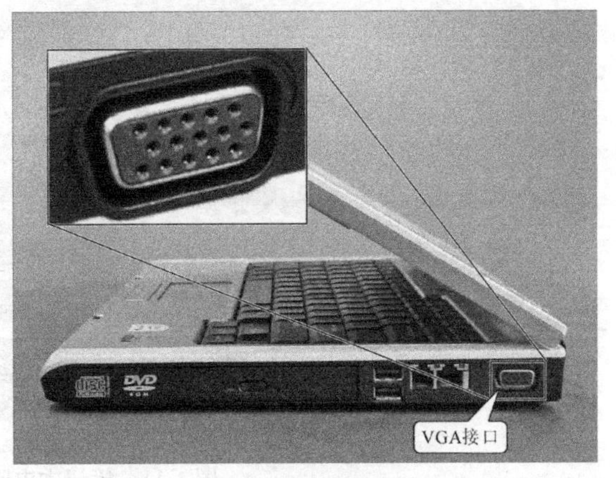

图 1-14　笔记本电脑的 VGA 接口

③ DVI 接口

在笔记本电脑上还可以见到另一种视频输出接口，即 DVI 接口，其英文全称为 Digital Visual Interface。笔记本电脑上常见的 DVI 接口有 DVI-D 接口和 DVI-I 接口两种，如图 1-15 所示。DVI-D 接口是真正的数字信号传输接口，而 DVI-I 接口既支持数字显示又支持模拟显示，并接可以兼容 DVI-D 接口的装置（包括连接线），但是 DVI-D 接头却不能够使用 DVI-I 连接线。**值得注意的是，DVI 接口的线缆长度不易超过 8 米，否则将会影响到画面质量。**

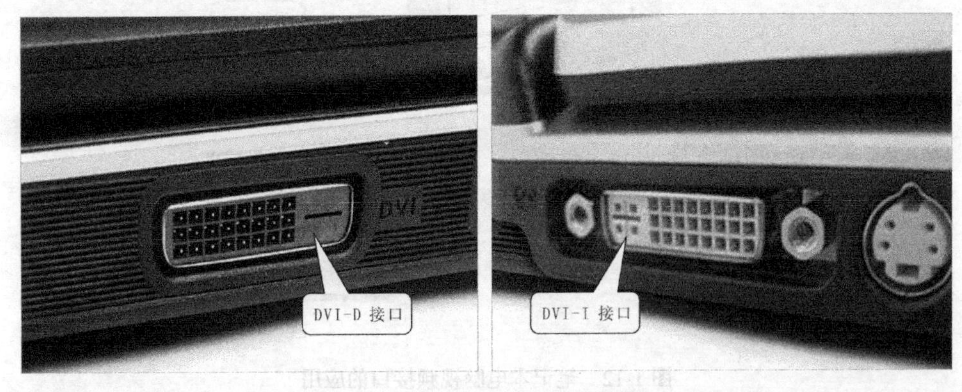

图 1-15　笔记本电脑上的 DVI 接口

④ HDMI 接口

真正支持数字信号传输的接口除了 DVI-D 接口以外，还有 HDMI 接口，如图 1-16 所示。

该接口是目前国际上最先进的数字电视接口标准，其英文全称为 High Definition Multimedia Interface，即高清数字多媒体接口的意思。

HDMI 接口在保证高品质的情况下能够以数码形式传输未经压缩的高分辨率视频和多声道音频数据，使声音和图像真正实现从数字到数字的传输。**HDMI 接口基本上也没有线缆的长度限制要求**，而且仅用一条数据线就能连接 1080p/1080i/720p 等高清晰数字信号，作为最新一代的数字接口，HDMI 已经广泛应用于各种数码产品上，如液晶电视、DVD 碟机、高清播放机、投影仪、数码摄像机、液晶显示器等。

（6）笔记本电脑的音频接口

音频接口一直是笔记本电脑必备的接口之一，通常包括麦克风接口和耳机接口，如图 1-17 所示，这两个接口的标准是一样的，在使用时只需要对照接口标志进行插拔即可。

图 1-16　笔记本电脑的 HDMI 接口

图 1-17　笔记本电脑的音频接口

音频接口的技术含量不高，但其重要性是不言而喻的，由于笔记本电脑内置音响的效果普遍不好，有了耳机接口就可以通过佩戴耳机来听音乐而且不会干扰到其他人。麦克风接口则为实现语音聊天提供了桥梁，此外，通过它还可以录制声音。

有些高端娱乐型笔记本电脑已经带有了 S/PDIF 音频接口，它可以提供更好的数字音频信号输出，通过外接音响获得更完美的听觉效果。

（7）笔记本电脑的网络接口

笔记本电脑都带有网络接口，如 MODEM 接口（RJ-11）和网卡接口（RJ-45）。其中 MODEM 接口主要用来通过 MODEM 设备和电话线连接实现拨号上网，而网卡接口则是可以直接实现局域网或广域网连接的接口。通常情况下，笔记本电脑的两个网络并排在一起，如图 1-18 所示。其中 MODEM 接口是一个 4 针小型接口，而网卡接口则是一个 8 针大型接口，从形状上可以轻易地区分开来。

（8）笔记本电脑的读卡器接口

目前，由于各种数码设备对存储卡的应用，读卡器也就成了必备的设备。为了能够方便地读取各种存储卡，将读卡器制成了接口，如图 1-19 所示。

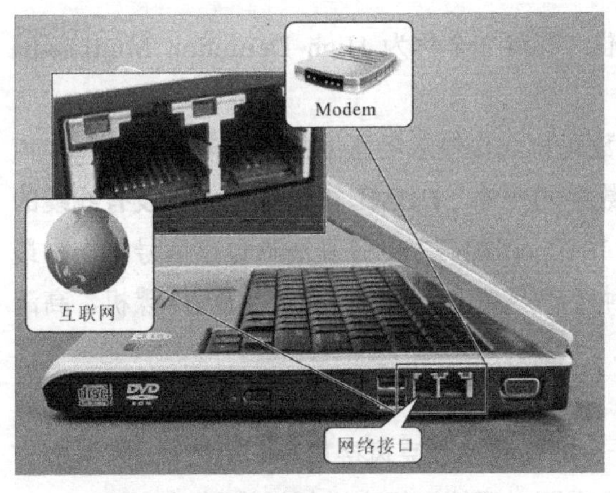

图 1-18　笔记本电脑的网络接口

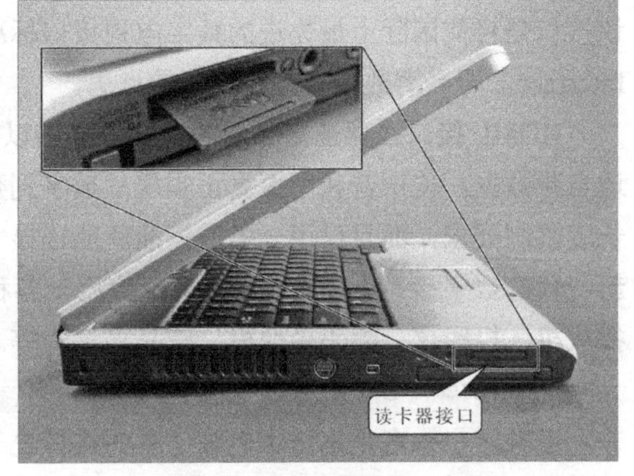

图 1-19　笔记本电脑的读卡器接口

笔记本电脑的读卡器接口在不使用的时候，会由一个类似存储卡的支架保护。按功能的不同，笔记本电脑读卡器接口可以分为单一功能型和多功能型两种，单一功能型读卡器接口是指只能读取一种存储卡的接口，而多功能型读卡器接口则是指可以读取两种以上存储卡的接口，就像二合一读卡器、四合一读卡器、六合一读卡器等。

（9）笔记本电脑的 PCMCIA 接口和 Express Card 接口

笔记本电脑除了上述的多种常见接口以外，还有几种专有接口，如 PCMCIA 接口和 Express Card 接口。

① PCMCIA 接口

PCMCIA 接口的英文全称为 Personal Computer Memory Card International Association Industry Standard Architecture，意思是便携式电脑外接卡扩展口，通常位于笔记本电脑的侧面，平时装的是一个 PCMCIA 卡支架用来防尘保护，如图 1-20 所示。

② Express Card 接口

Express Card 接口是 PCMCIA 联盟推出的新规格，采用最新的 PCI-Express 和 USB 2.0 接口技术，支持热插拔，已经被广泛使用在笔记本电脑上替代 PCMCIA 接口，如图 1-21 所示。从接口外形上 PCMCIA 接口和 Express Card 接口不易区分，但是它们的插卡互不兼容，并且可以从插卡的形状上区分两者的不同，PCMCIA 接口和 Express Card 接口的卡支架如图 1-22 所示。

图 1-20　笔记本电脑的 PCMCIA 接口

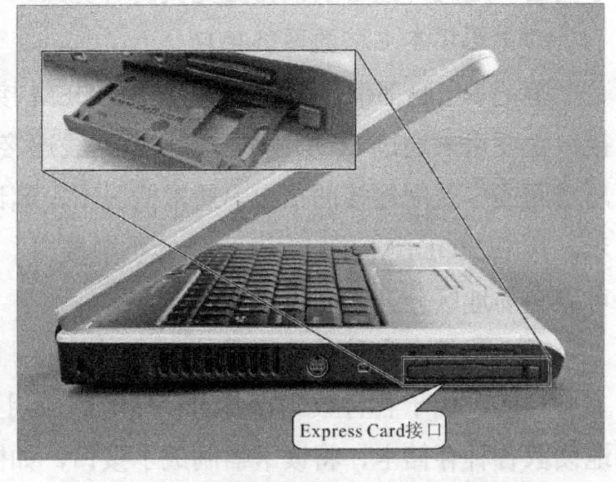

图 1-21　笔记本电脑的 Express Card 接口

（10）笔记本电脑的红外线接口和蓝牙模块

笔记本电脑为了实现灵活的移动性，无线传输装置是必不可少的，比较常见的是红外线接口和蓝牙模块。这些无线数据传输装置便于笔记本电脑、PDA、手机、PSP 等数码产品之间进行无线连接和传输数据。

① 红外线接口

红外线接口是一种无线接口，也是笔记本电脑上最常见的一种输出接口，通过这种接口可以使笔记本电脑和同样具备红外功能的电子设备进行数据传输，如图 1-23 所示为笔记本电脑的红外线接口。

图 1-22　PCMCIA 接口和 Express Card 接口的卡支架

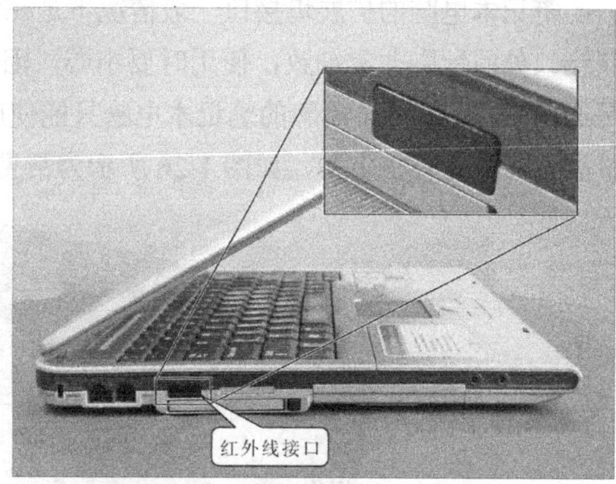

图 1-23　笔记本电脑的红外线接口

红外线接口因通信距离短、易受光源热源或障碍物干扰、只能单点通信，以及耗电较大的弱点，已逐步退出，现在已被蓝牙模块取代。

② 蓝牙模块

蓝牙模块准确地说还不是一个接口，因为蓝牙并不需要一个实际的接口进行传输，因此蓝牙模块在笔记本电脑外壳上是找不到的，它是以模块形式安装在笔记本电脑内部的装置，如图 1-24 所示。

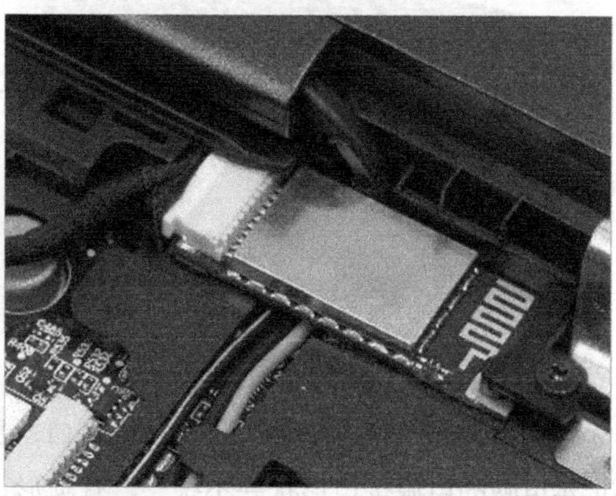

图 1-24　笔记本电脑的蓝牙模块

与红外线接口相比，蓝牙具有无方向性的限制、传输信号更广、传输距离远等特点，它的传输有效距离可达到 10 米以上，传输速率在 1 Mbps 以上。因此，蓝牙模块将很快成为笔记本电脑的标准配置之一，并将全面取代红外线接口。

（11）笔记本电脑的扩展坞接口

由于笔记本电脑空间的局限性，接口数量有可能不能完全满足用户的需求，此时如果需要连接什么外接设备就无法实现了。为了解决这一问题，大多数笔记本电脑都带有扩展坞接口，通过此接口可以连接与之相配的扩展坞，扩展坞就是一个接口大全，可以连接任何外接设备。

笔记本电脑的扩展坞接口一般情况下是在背面，如图 1-25 所示。它是一个长方形的接口，其接口处的针脚非常细致，使用时要小心，因为各大厂商为了确保自己的权益，扩展坞并不是通用的，可以说某品牌的笔记本电脑只能使用特定的扩展坞，所以导致其接口也是特有的。扩展坞的样式有很多种，如图 1-26 所示为常见的楔子形状的扩展坞。

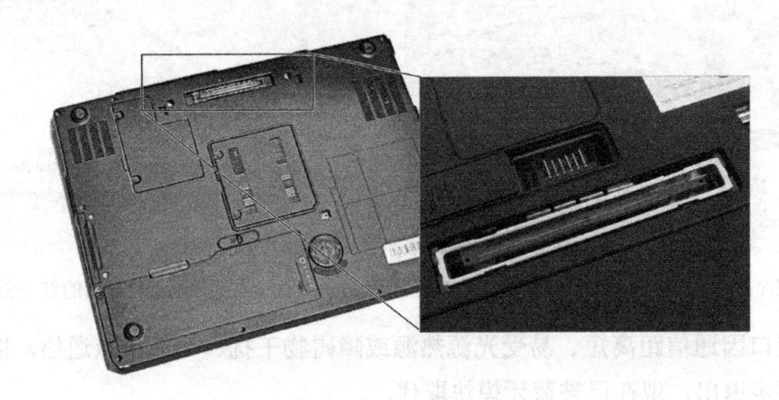

图 1-25　笔记本电脑的扩展坞接口

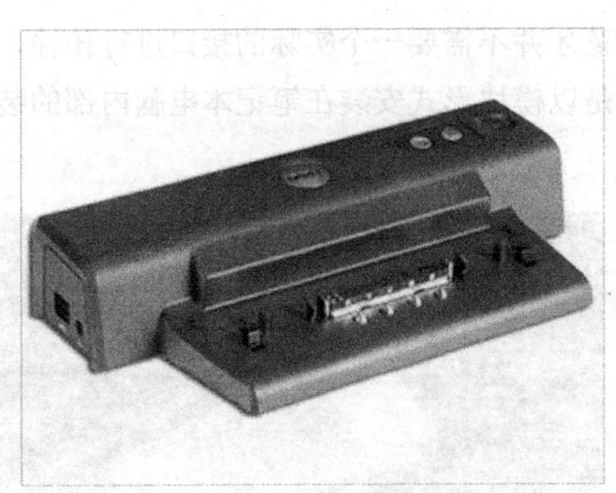

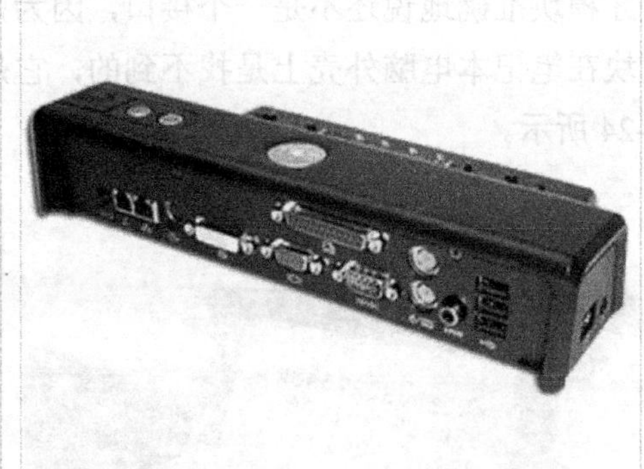

图 1-26　常见的楔子形状的扩展坞

（12）笔记本电脑的电源接口

电源接口是笔记本电脑必不可少的接口，是给笔记本电脑提供能量的接口。目前市场上的笔记本电脑的电源接口形状并不统一，有圆形、方形等，而且电源供电也各不相同，有 20 V、18 V、15 V 等，如图 1-27 所示为常见的笔记本电脑的电源接口。

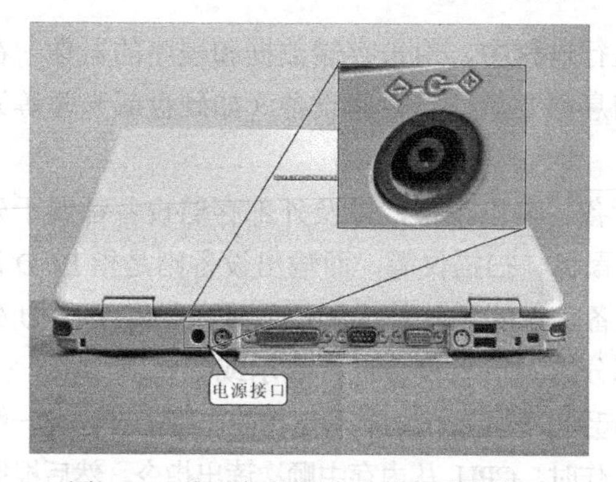

图 1-27　常见的笔记本电脑的电源接口

任务2　了解笔记本电脑的工作原理

如图 1-28 所示为笔记本电脑主板与各主要部件的相互关系和工作原理图。其中，CPU 是中央处理器的英文编写，它是整个笔记本电脑的核心器件和控制中心，相当于人的大脑，能够模仿人脑的思维方式，具有分析判断功能，因而属于一种智能化的逻辑电路单元。它可以通过笔记本电脑主板上的数据总线、地址总线和控制总线与各种外部设备相连。CPU 的主要部分是运算器和控制器。此外，它还有指令输入、指令译码、总线接口和高速缓冲存储器等部分。

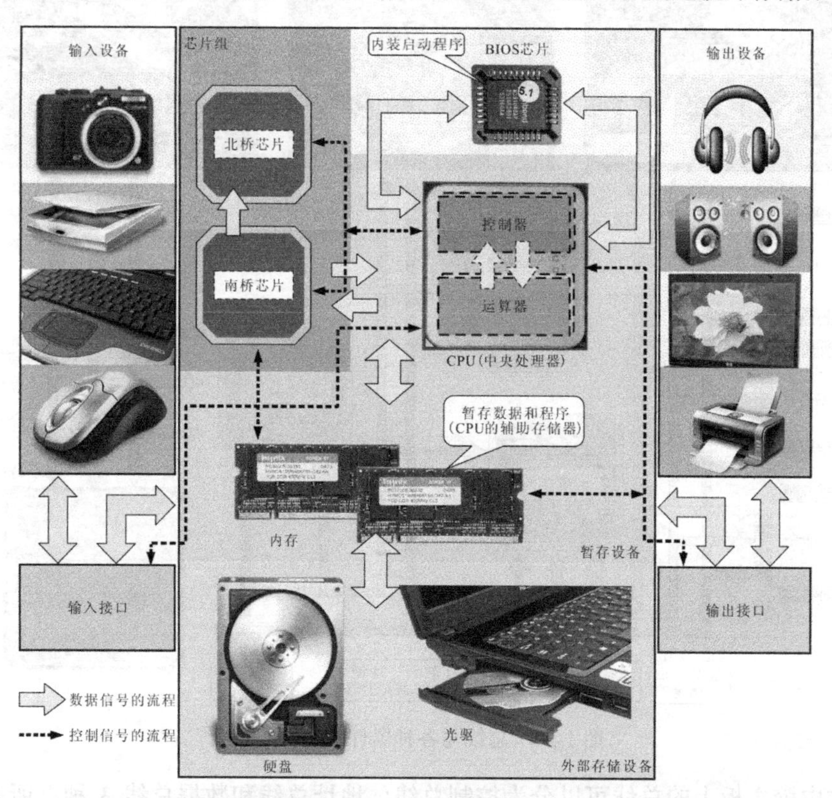

图 1-28　笔记本电脑主板与各主要部件的相互关系和工作原理图

内存是笔记本电脑运行过程中，用来存储数据和程序的器件。在笔记本电脑运行时，几乎所有要处理的数据和信息都要从外部存储设备（如硬盘或光驱等）调入到内存中，在内存中进行暂存，等待处理。

笔记本电脑的输入设备、输出设备，以及外部存储设备都属于外围设备。输入设备通常是指键盘和触摸屏、外接鼠标、扫描仪等，而输出设备则是指 LCD 液晶显示屏、打印机、调制解调器等设备。输入设备输入的各种数据和信号进入 CPU，CPU 处理之后和处理过程之中需要显示或者是打印的部分送到输出设备进行显示或打印。

在处理过程中，CPU 起到了最重要的控制和运算的作用，CPU 与一般电子线路的不同在于它是按照程序进行工作的。在工作时，CPU 从内存中顺次读出指令，然后根据指令要求做相应的工作。内存中的指令通过总线接口单元送入 CPU 的指令输入单元和指令译码单元，对指令内容进行解读。由于指令都是由 1 和 0 组成的二进制编码信号。通过解读这些指令编码，即可知道要进行哪项工作，其中包括加、减、乘、除的指令运算、二进制比较的指令运算，然后向外部设备输出指令。

CPU 虽然是笔记本电脑主板上最为重要的器件，但为了使它与芯片组（南桥芯片和北桥芯片）、内存、存储控制器、接口电路和一些扩展插槽进行连接，能够使笔记本电脑工作，就必须要用到总线，如果把 CPU 比作人的大脑，那么总线就相当于人的骨骼、筋脉。如图 1-29 所示为总线与各种器件的连接关系。

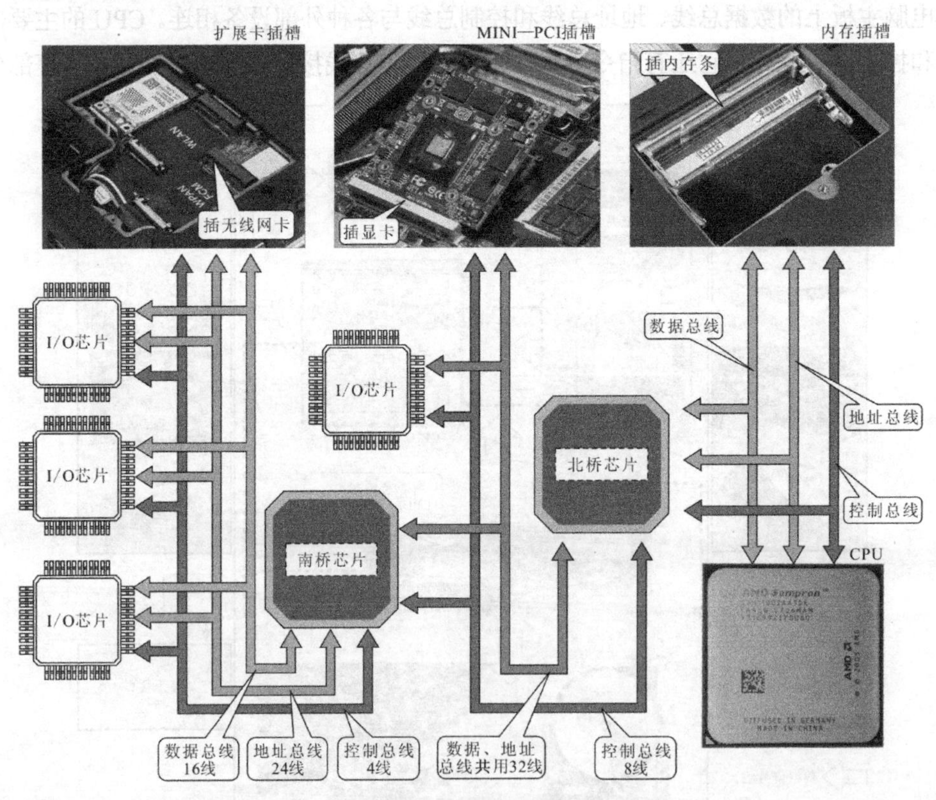

图 1-29　总线与各种器件的连接关系

笔记本电脑主板上的总线可以分为控制总线、地址总线和数据总线 3 种，所有主板上的插槽、芯片、输入/输出接口电路与 CPU 之间都是靠这些总线进行连接的。

控制总线的功能是将CPU的控制信号传输到被控制电路中，挨着控制总线的是地址总线和数据总线。而这些总线又是由很多的引线组成的。例如，有些主板的控制总线是由4条引线组成的；地址总线有8条、12条、16条或32条不等。这些控制信号、地址信号和数据信号由各自的引线和被控制的电路及其他电路进行连接。

从图1-29中可以看出，CPU与北桥芯片的连接就是靠控制总线、地址总线和数据总线进行数据信息的传输。需要和接口电路相连的时候，则经过北桥芯片再通过控制总线、地址总线和数据总线，与接口电路、南桥芯片以及MINI PCI插卡进行数据连接。

南桥芯片也是通过控制总线、地址总线和数据总线进行连接，将数据和信息送往各种接口电路（I/O接口）。这样控制信息、地址信息和数据信息就可以经过接口电路连接其他电路或外部设备，用来进行信息的交换或数据的处理。

通过这三条总线，CPU可以对主板上的任何电路器件和电脑的外部设备进行控制。

笔记本电脑的工作流程可以分为5个环节，分别为启动运行环节、指令输入与数据调用环节、应用程序执行环节、信息显示环节和数据输出环节。

1．启动运行环节

启动运行环节的工作流程如图1-30所示。笔记本电脑的主机中安装有主板、CPU、内存、硬盘、电源等部件，它们都是通过插槽或接口连线与主板连接的。

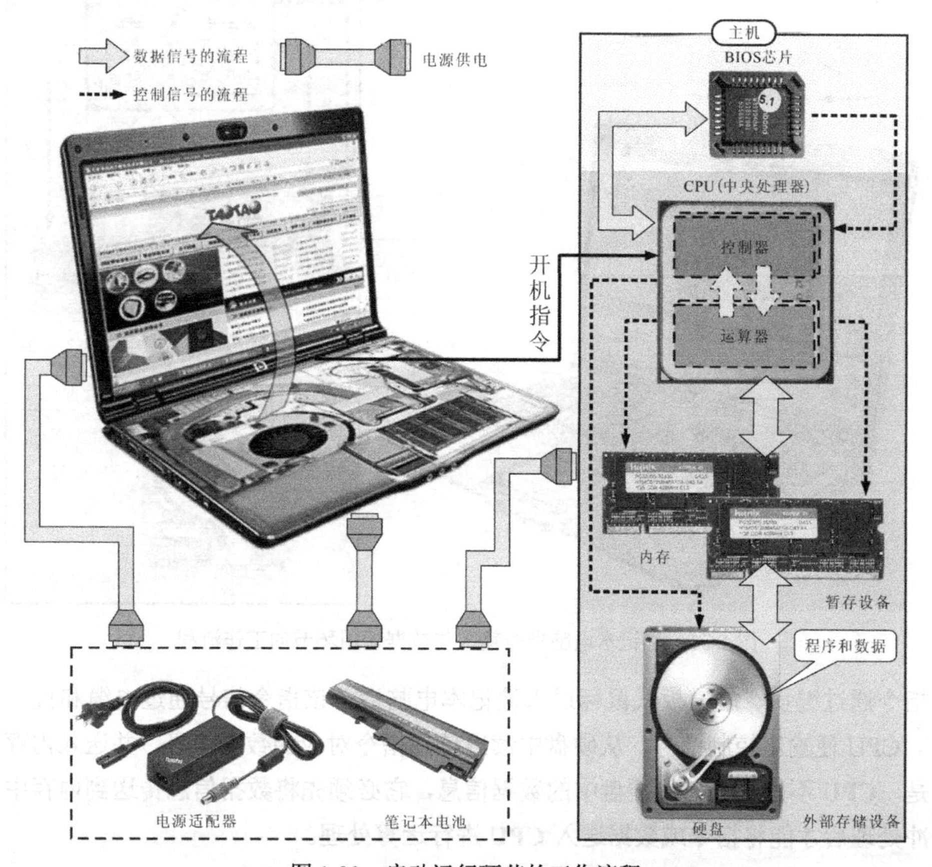

图1-30　启动运行环节的工作流程

当用户按动笔记本电脑的电源开关时，电源便为整个主机供电。与此同时，CPU 首先从 BIOS 中读出启动程序，根据 BIOS 中的启动程序将硬盘存储的系统程序读出，并写入内存中。于是，操作系统开始进入启动过程。

在这一过程中，BIOS 芯片内的启动程序包含对主板上的各种集成电路芯片，以及所连接设备的配置信息，在每次开机启动时，CPU 都会从 BIOS 调用这些信息以完成初始化操作。因此，如果 BIOS 或 CPU 损坏，整个笔记本电脑将无法运行；如果硬盘损坏，则无法从硬盘上调用操作系统的启动程序。通常会在 LCD 显示器上显示硬盘故障的提示信息。如果是硬盘中操作系统损坏，则无法实现启动程序的运行，电脑会显示操作系统错误的提示信息。

2. 指令输入与数据调用环节

笔记本电脑完成初始化，操作系统运行后，整个操作系统进入等待状态。此时，用户才可以通过键盘、触摸板或鼠标为笔记本电脑输入人工操作指令。如图 1-31 所示为笔记本电脑指令输入与数据调用环节的工作流程。

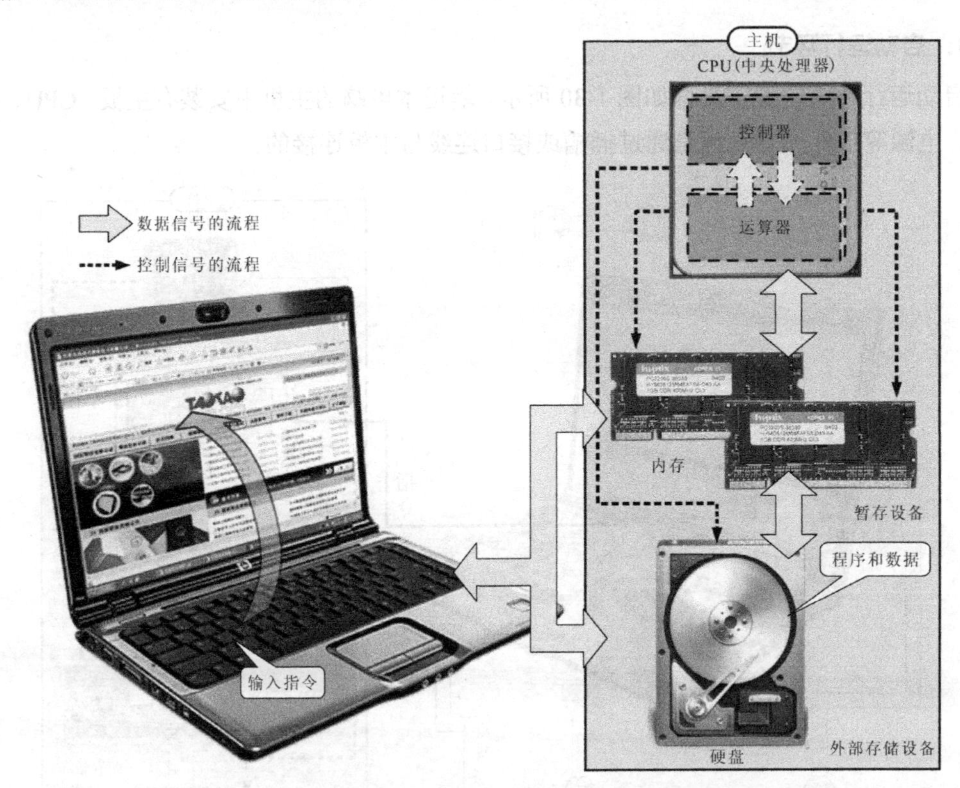

图 1-31　笔记本电脑指令输入与数据调用环节的工作流程

当指令通过键盘、触摸板或鼠标送入笔记本电脑后，该指令信号通过电缆和接口电路送入 CPU，CPU 便输出控制信号，从硬盘中读出该项指令对应的数据信息，并送入内存。**值得注意的是，CPU 不能直接使用硬盘中的数据信息，它必须先将数据信息传送到内存中，经内存的缓冲处理后才能将指令或数据送入 CPU 进行运算处理。**

3．应用程序执行环节

当执行应用程序时，CPU会从内存中读出一条一条的程序并进行高速处理。每个应用程序都是由成百上千条单个的命令组合而成的，而每个命令则是由简单的二进制数字来表示的（在命令中有“算术运算”“逻辑运算”“数据传输”“条件分类”等项，每一个单项的指令，其功能都是非常简单的）。CPU就是将这些数据一个一个地从内存中读出，并通过运算实现命令内容对应的动作，从而最终完成应用程序的功能。如图1-32所示为应用程序执行环节的工作流程。

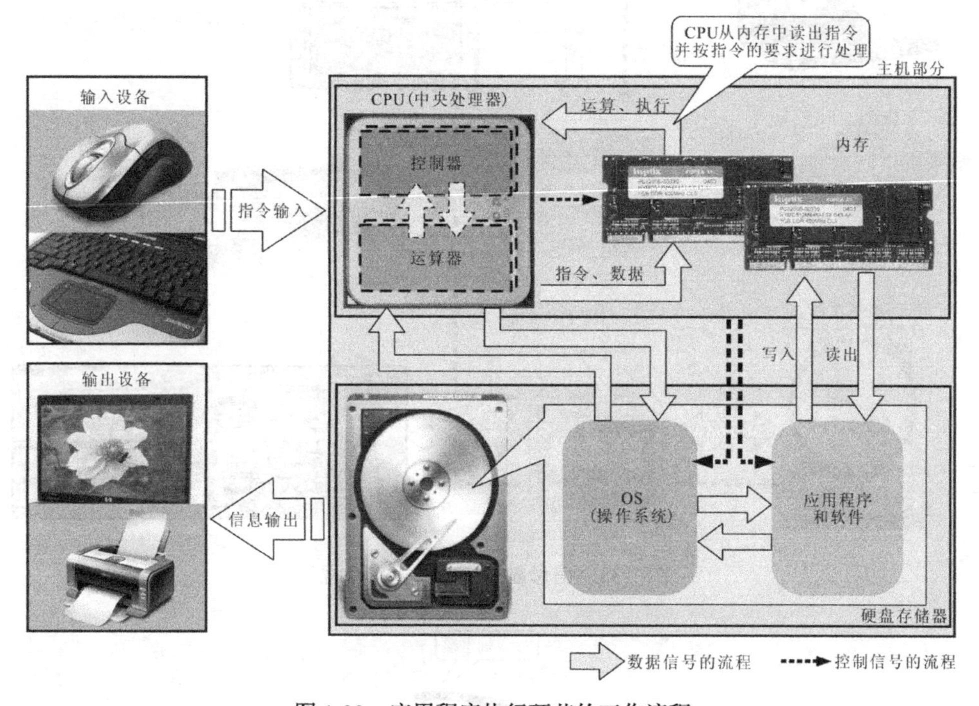

图1-32　应用程序执行环节的工作流程

4．信息显示环节

CPU一次次地读出内存中的命令，经运算和处理后还要将运算执行的结果存到内存中。而且为了便于人机对话，使用户了解笔记本电脑内部的运行状态和运算执行的结果，笔记本电脑会将处理的数据、信息和运行状态以文字、图形或图像的形式显示在LCD显示屏上，其工作流程如图1-33所示。

在这个过程中，CPU输出图形显示数据，然后经控制芯片后将其存在显卡的显示存储器中。显示存储器的信号再经视频图形、图像处理电路形成视频图像信号，最后经D/A变换器输出视频信号送到LCD显示屏中，显示出图像。如果显卡或显示存储器有故障，会出现无图像显示的故障。

5．数据输出环节

当笔记本电脑需要将其存储的信息数据通过外接设备输出时，CPU会控制应用程序将信息数据通过外部接口输送到与笔记本电脑连接的外部设备中，例如，打印输出或网络发送等。如图 1-34 所示为数据打印输出的工作流程。可以看到，在 CPU 的控制下，笔记本电脑会从硬盘或其他存储设备中读出需要打印的数据内容，然后在控制芯片的控制下，将这些数据通过打印机接口，传输到与之相连的打印机中，进行打印输出。

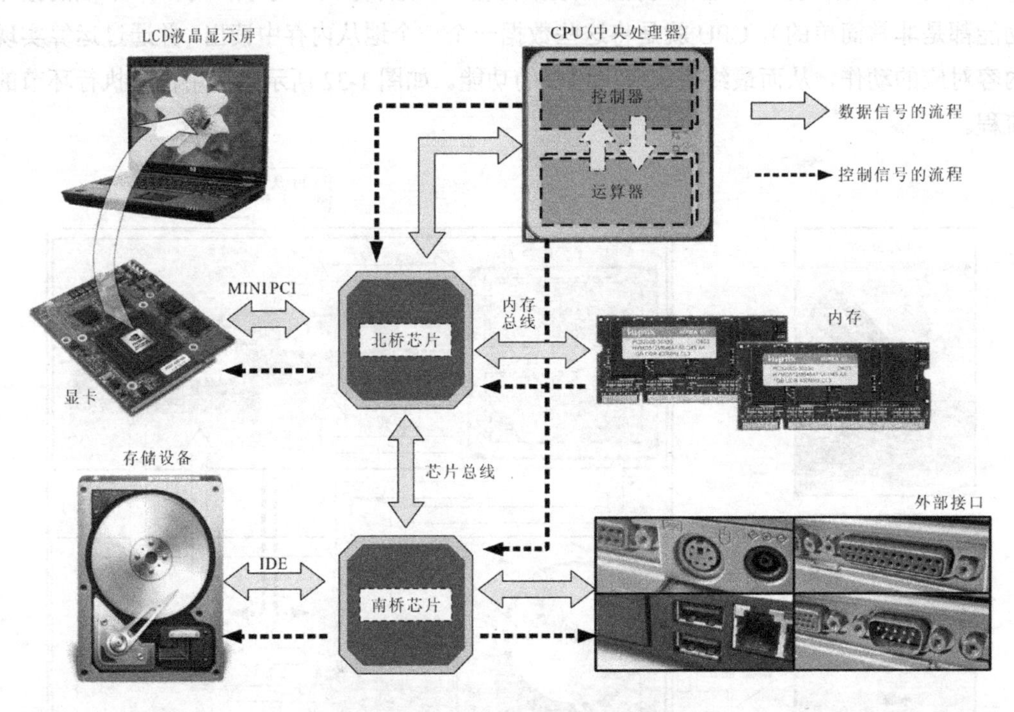

图 1-33　信息显示环节的工作流程

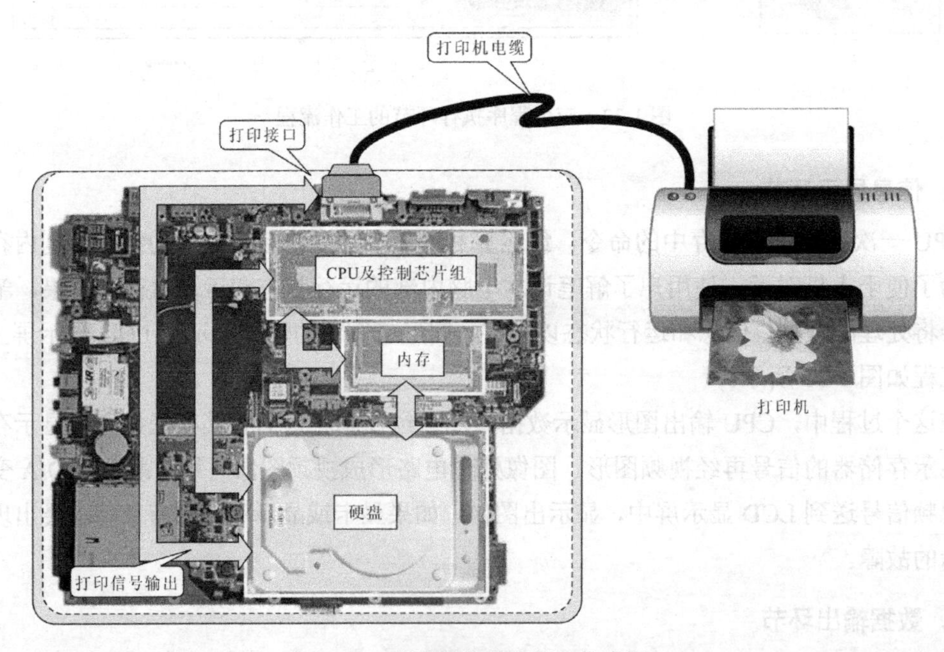

图 1-34　数据打印输出的工作流程

习题 1

一、判断题

1. 笔记本电脑的品牌、型号不同，其内部组件的位置也不尽相同，故底部护盖所对应的设备会有所不同，护盖的位置也会随对应组件位置的变化而变化。（　　）
2. 笔记本电脑中的串口全称为串行接口，也就是 LPT 接口，该接口是采用串行通信总线协议的扩展接口，一般使用 9 针的双排的 D 型接口。（　　）
3. 笔记本电脑的 VGA 接口又称为外接显示器接口，其英文全称为 Video Graphic Array，即显示绘图阵列，它是目前最为常见的视频输出接口。（　　）
4. 蓝牙采用点对点的无线传输模式，因此蓝牙接口是一种无线接口，也是笔记本电脑上最常见的一种输出接口。（　　）
5. S-Video 接口并不是最好的视频接口，再加上目前数字化设备的普及，笔记本电脑上的 S-Video 接口已经被 VGA 接口所取代。（　　）
6. S-Video 接口的英文名称为 Separate Video，又称 S 端子，即二分量视频接口。（　　）
7. S-Video 接口在保证高品质的情况下能够以数码形式传输未经压缩的高分辨率视频和多声道音频数据，使声音和图像真正实现从数字到数字的传输。（　　）
8. 数据总线的功能是将 CPU 的控制信号传输到被控制电路中，挨着数据总线的是地址总线和控制总线。（　　）
9. 通过地址总线、控制总线和数据总线，CPU 可以对主板上的任何电路器件和电脑的外部设备进行控制。（　　）
10. 笔记本电脑为了实现灵活的移动性，无线传输装置是必不可少的，比较常见的是红外线接口和蓝牙模块。（　　）
11. 电源接口是笔记本电脑必不可少的接口，它是给笔记本电脑提供能量的接口。（　　）
12. 笔记本电脑的工作流程可以分为 5 个环节，分别为启动运行环节、指令输入与数据调用环节、应用程序执行环节、信息显示环节和数据输出环节。（　　）

二、填空题

1. 笔记本电脑的主机部分是由________、________、________、________、________、________等组成的。
2. 笔记本电脑的________可以连接网络；________可以连接键盘、鼠标，以及其他 USB 设备；显示器接口可以外接显示器等。
3. 音频接口一直是笔记本电脑必备的接口之一，通常包括________和________。
4. 笔记本电脑主板上的总线可以分为________、________和________三种，所有主板上的插槽、芯片、输入/输出接口电路与 CPU 之间的连接都是靠这些总线进行连接的。

5．常见的外部接口有__________、__________、PS/2 接口、__________、网卡接口、读卡器接口等。

三、问答题

1．简述 USB 接口的特点，并列举几种可以使用 USB 接口的设备。

2．简述 VGA 接口的功能特点。

3．简述笔记本电脑执行应用程序的过程。

4．简述笔记本电脑上常用的视频接口类型。

项目 2

笔记本电脑检修的基础技能

学习内容

1. 学习笔记本电脑的拆卸方法，了解笔记本电脑拆卸的规范流程和注意事项。

2. 学习笔记本电脑中常用元器件的识别方法，能够通过外形和标识认出笔记本电脑中的电阻器、电容器、电感器、二极管、三极管、场效应管、晶体等元器件及读出相关参数信息。

3. 学习笔记本电脑中专用部件的识别方法，能够识别并了解 CPU、BIOS、时钟发生器、显卡芯片、网卡芯片等专用部件的结构特征和功能特点。

任务 1 掌握笔记本电脑的拆卸方法

任务描述

主要通过对典型笔记本电脑产品的拆卸演示，让读者了解笔记本电脑的基本拆卸流程、拆卸规范和拆卸中需要注意的事项等。

任务实施

掌握笔记本电脑的拆卸方法是学习笔记本电脑维修的基本操作技能。下面，以典型（IBM ThinkPad 560X）笔记本电脑为例，介绍笔记本电脑的拆卸方法。

> **注意** 不同品牌的笔记本电脑，其外部接口的部位和底盖的固定方式有所不同，特别是固定螺钉的安装部位和数量有所不同。而塑料外壳的笔记本电脑常采用卡扣式连接方式，卡扣设置在外壳的内部，在拆卸时要了解卡扣的部位，可查阅各自的维修手册和相关的技术资料。

1. 笔记本电脑拆卸前的准备

① 笔记本电脑在进行拆卸操作之前，先将需要用到的工具准备好，包括所需要的螺丝刀（一字螺丝刀、十字螺丝刀和外六棱螺丝刀）、镊子和物料盒等。除此之外，还应准备清洁刷

和吹气皮囊等辅助工具，以便在对笔记本电脑拆卸完成后，对笔记本电脑进行清洁，拆卸前应准备的工具如图 2-1 所示。

② 拆卸笔记本电脑之前，先对笔记本电脑进行关机操作，并去除笔记本电脑的电源适配器和电池，去除电源适配器如图 2-2 所示。

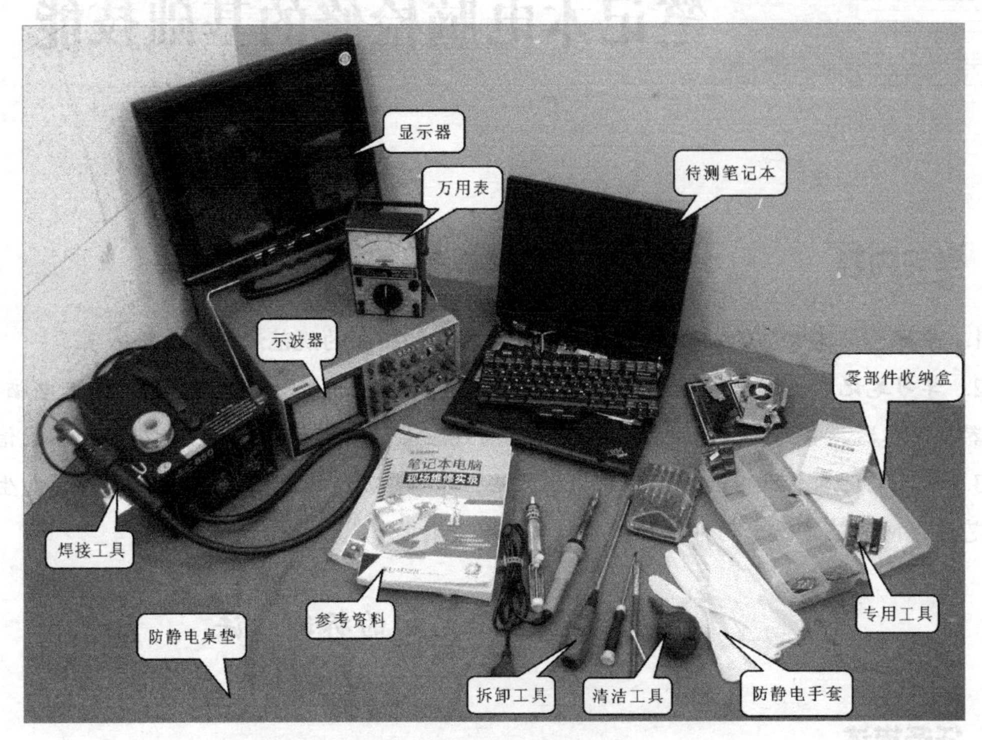

图 2-1　拆卸前应准备的工具

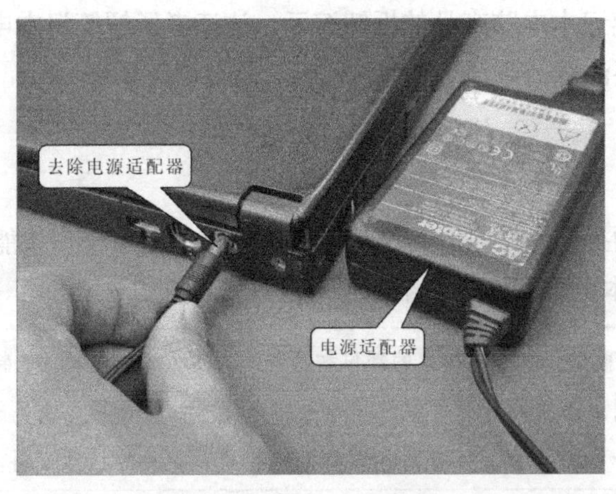

图 2-2　去除电源适配器

③ 将笔记本电脑的电源适配器的电源接头从电源接口中拔出，然后推动笔记本电脑底部的电池卡锁，电池就可以整体取下，如图 2-3 所示。

④ 由于在电源关闭时，笔记本电脑的电路和设备，以及芯片中可能仍然存在电流，因此

需要对笔记本电脑进行释放剩余电量的操作，如图2-4所示。在拆卸完笔记本电脑的电池后，按住笔记本电脑的开机按钮，将机内的剩余电量释放掉，以免在拆卸过程中残余的电流对其他部件造成损坏。

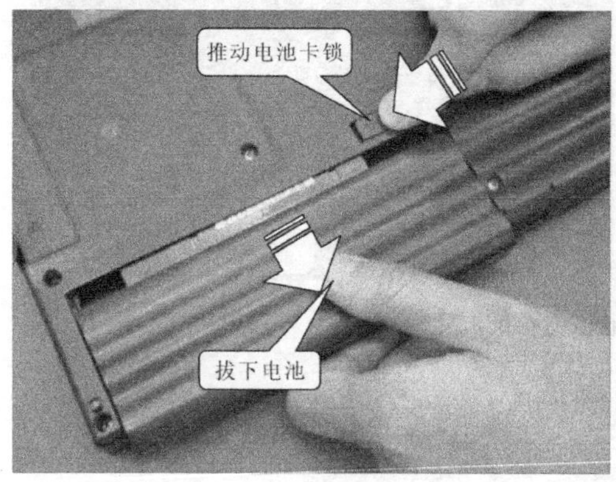

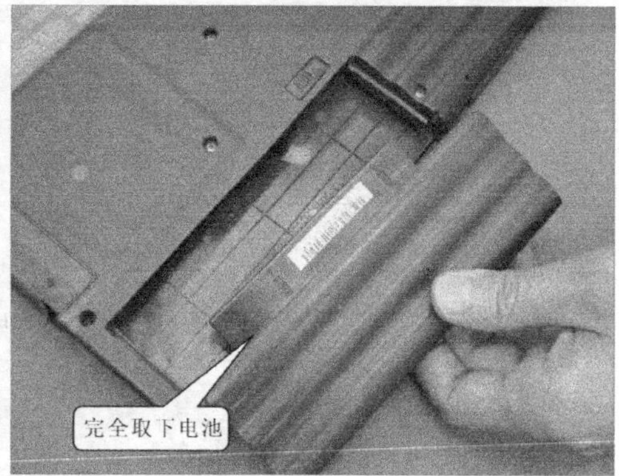

图2-3　取下笔记本电脑的电池

图2-4　释放剩余电量

提示　在拆卸时，拆卸人员还要消除自身的静电，例如，戴上防静电手环就是十分便利的措施，尤其是在干燥的北方地区，静电危害更应得到高度的重视。同时，对于笔记本电脑的拆卸要遵循从内到外或从外到内的拆卸顺序。拆卸顺序混乱，往往会对笔记本电脑后期的组装、恢复产生障碍。

2．笔记本电脑内存的拆卸

① 释放完笔记本电脑的剩余电量后，将笔记本电脑翻转，可以看到笔记本电脑的底壳有很多的固定螺钉，如液晶显示屏固定螺钉、键盘固定螺钉和内存护盖固定螺钉等。找出笔记本电脑内存护盖的固定螺钉后，选择合适的十字螺丝刀将其拧下，如图2-5所示。

② 拧下内存护盖的固定螺钉后，将内存护盖取下，此时，便可以看到笔记本电脑的内存了，如图2-6所示。

③ 内存是由卡扣固定的，拆卸时用手向外拨动固定内存的卡扣，内存条就会自动翘起并呈30°角状态，如图2-7所示。

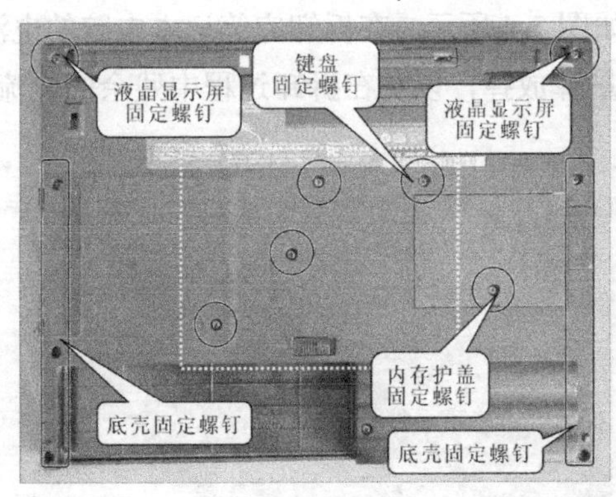

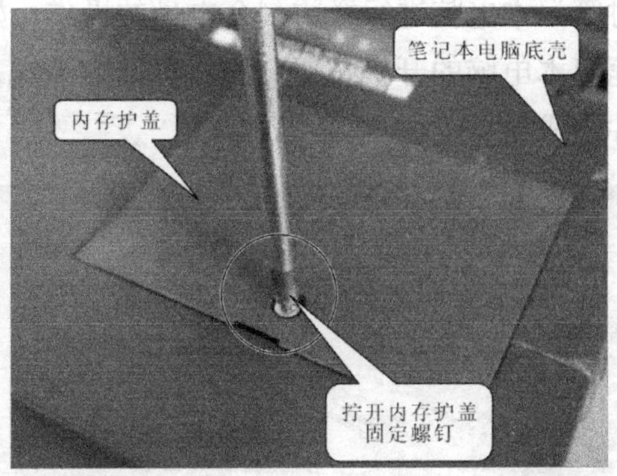

图 2-5　拧下笔记本电脑内存的固定螺钉

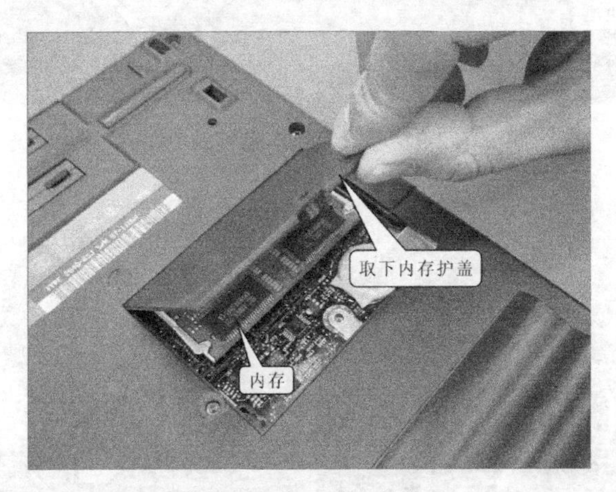

图 2-6　取下内存护盖

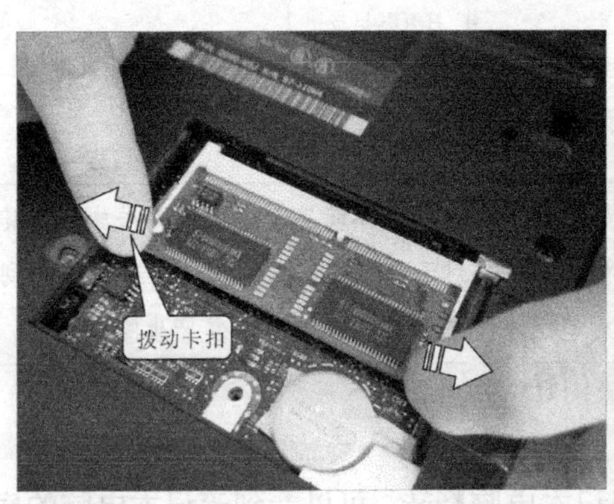

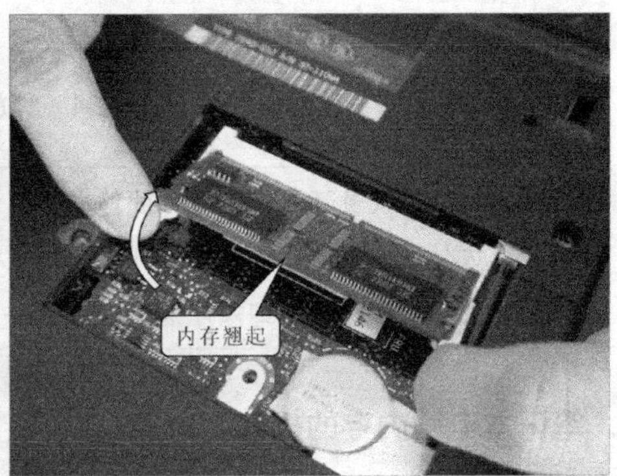

图 2-7　拨动内存卡扣

④ 内存自动翘起后，便可以将内存取出了，如图 2-8 所示。

3．笔记本电脑外壳的拆卸

① 内存取出后，仔细观察可以看到在笔记本电脑底壳底部，其中的一部分螺钉上附有橡皮垫，取下垫片如图 2-9 所示。由于橡皮垫附在固定螺钉的上端，因此，需要使用镊子将其揭开取下。

图2-8　取出内存

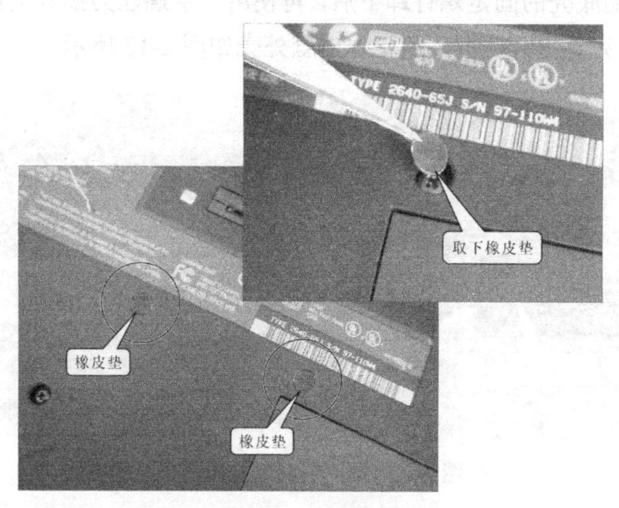

图2-9　取下垫片

② 将垫片取下后，再选择合适的螺丝刀，将底壳及键盘的固定螺钉拧下，如图2-10所示。

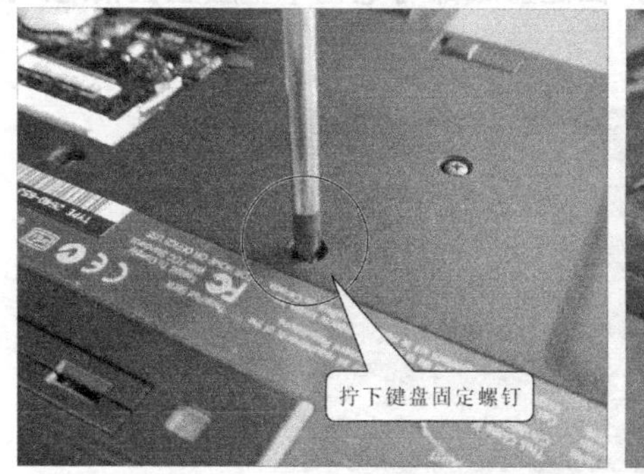

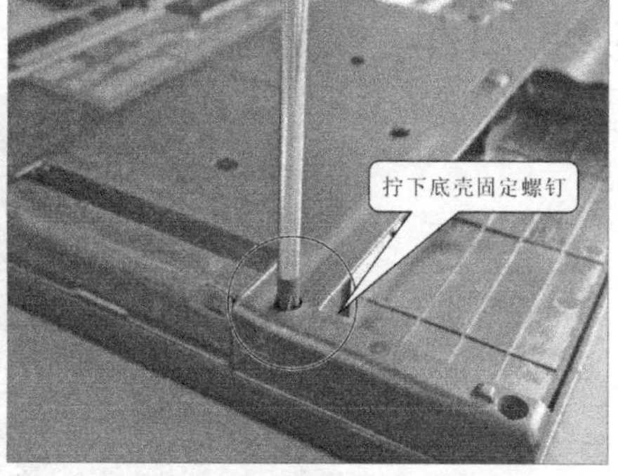

图2-10　拧下底壳及键盘的固定螺钉

提示　固定液晶显示屏的螺钉，相较于固定底壳及键盘所使用的螺钉要长，如图2-11所示。注意区分，以免在后期的组装恢复中混淆使用。

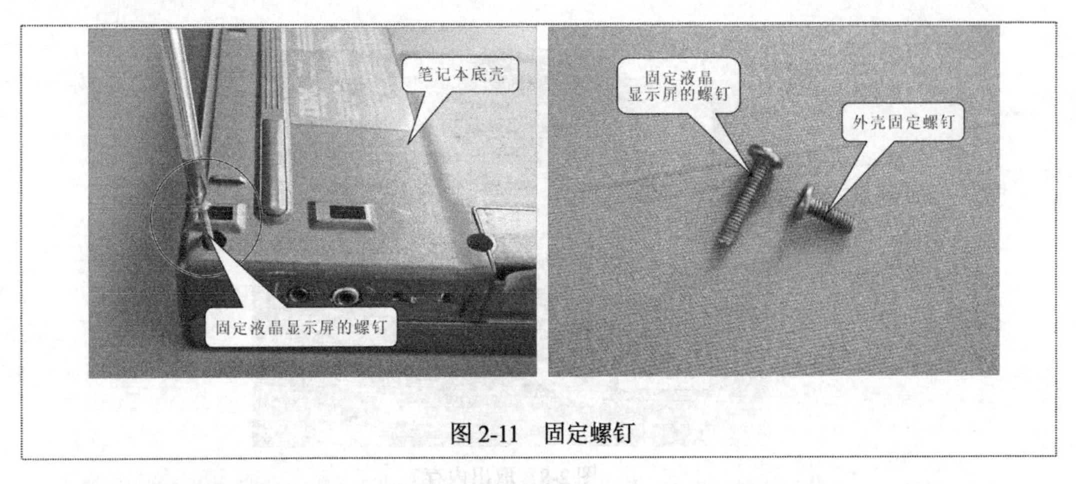

图 2-11　固定螺钉

③ 将笔记本电脑底壳的固定螺钉卸下后，再使用一字螺丝刀撬开笔记本电脑的外壳，笔记本电脑的外壳即可完整揭开。取下笔记本电脑外壳如图 2-12 所示，

图 2-12　取下笔记本电脑外壳

4．笔记本电脑键盘和鼠标控制器的拆卸

① 笔记本电脑外壳揭开后，笔记本电脑的键盘就可以整体揭动，要注意，笔记本电脑的键盘与鼠标控制器数据线接口如图 2-13 所示，在键盘底部与笔记本电脑主板相连，揭开键盘时千万不要用力扯拽。

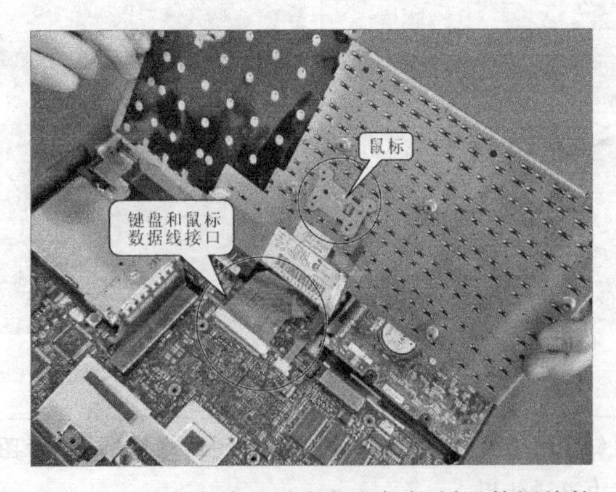

图 2-13　笔记本电脑的键盘与鼠标控制器数据线接口

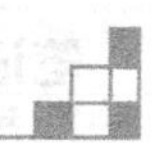

② 依次拔下笔记本电脑键盘和鼠标控制器的数据线接线，如图 2-14 所示。

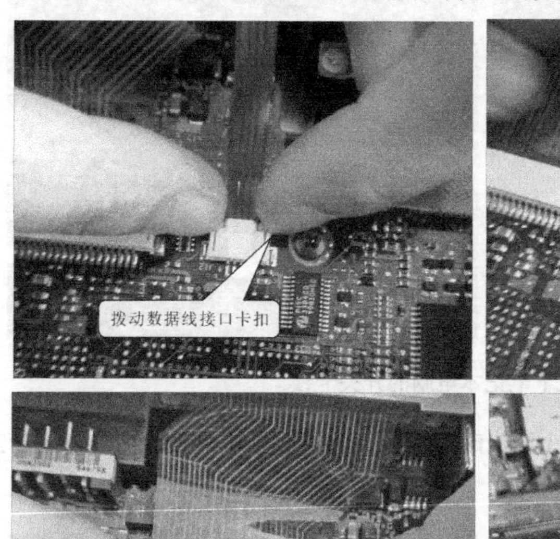

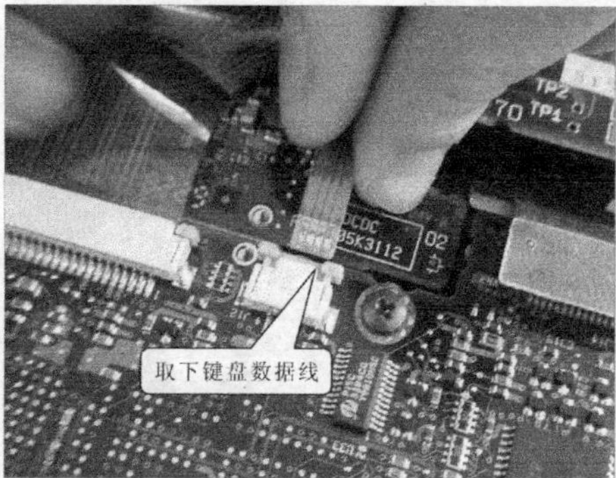

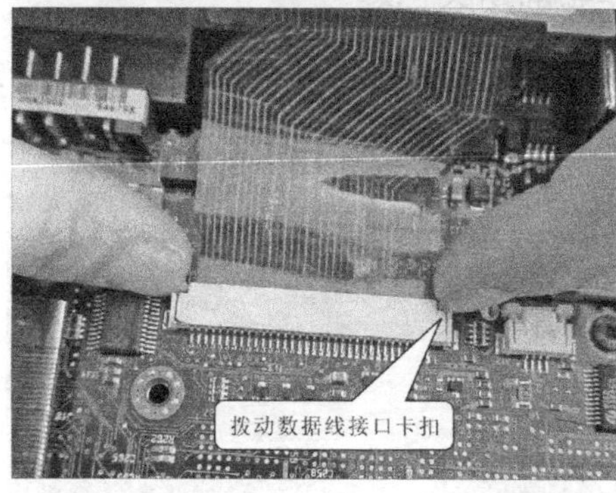

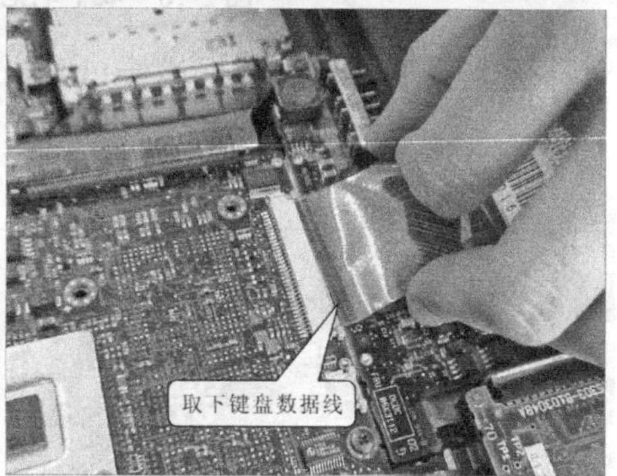

图 2-14　拔下键盘和鼠标控制器的数据线接线

提示　数据线接口都有卡扣设置，不要直接拉扯数据线。

③ 将键盘和鼠标控制器的数据线从主板中拔下后，便可以将键盘和鼠标控制器直接取下了，如图 2-15 所示。

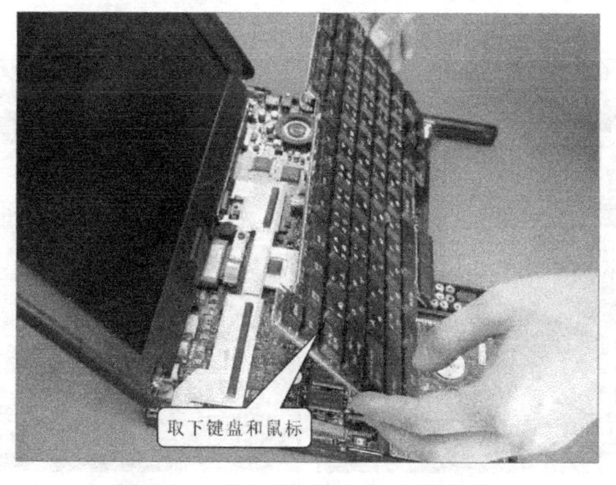

图 2-15　取下键盘和鼠标控制器

5．笔记本电脑硬盘和软驱的拆卸

① 笔记本电脑的键盘和鼠标控制器取下后，再取下笔记本电脑的开关卡锁，如图 2-16 所示。

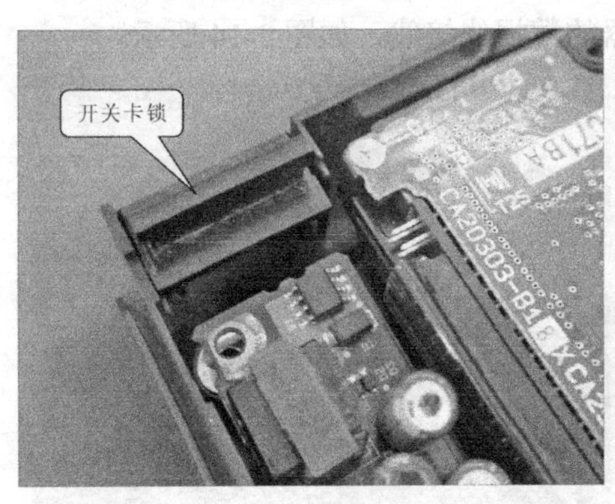

图 2-16　取下笔记本电脑的开关卡锁

② 接下来，拔下硬盘的数据线接口，此时，便可以直接将硬盘取下了，如图 2-17 所示。

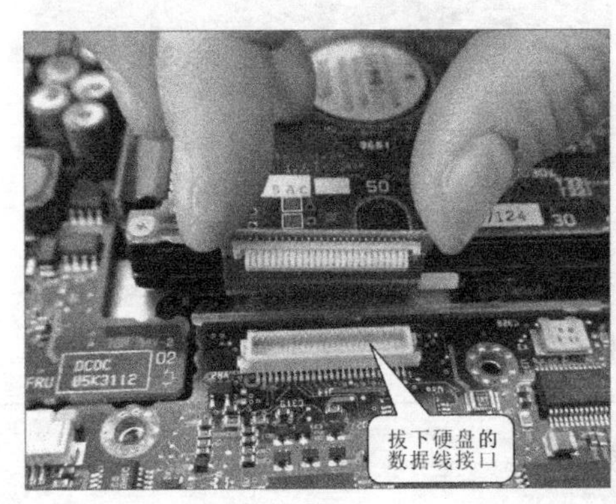

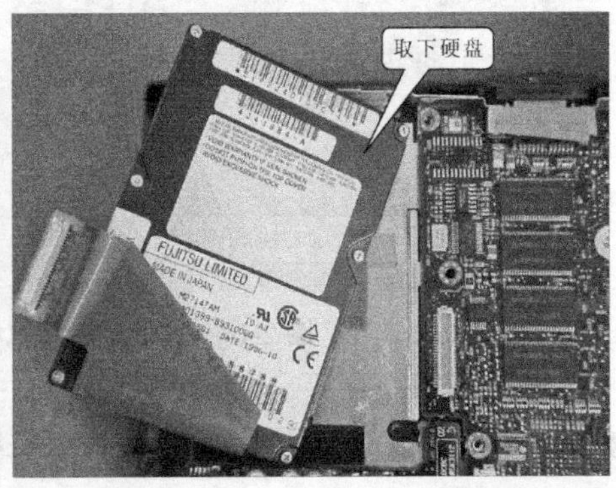

图 2-17　取下笔记本电脑硬盘

③ 将笔记本电脑的硬盘拆卸下来后，再选择合适的十字螺丝刀将软驱四周的固定螺钉拧下，如图 2-18 所示。

图 2-18　拧下软驱固定螺钉

④ 拧下软驱固定螺钉后，再将软驱的数据线接口拔下，然后便可以将软驱取下了，如图 2-19 所示。

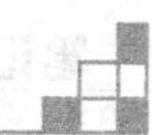

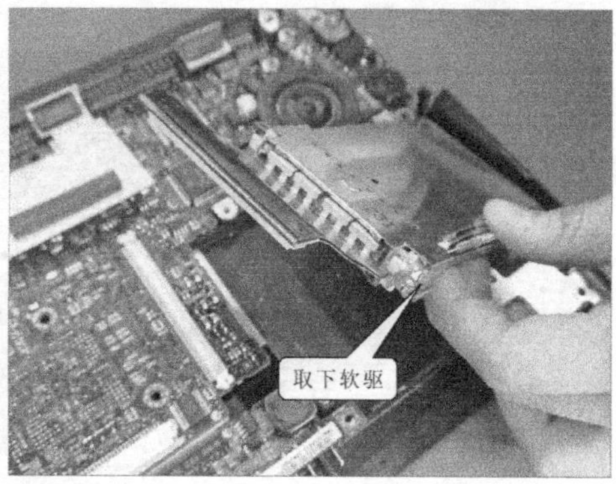

图2-19　取下软驱

6．笔记本电脑显示屏的拆卸

① 开始拆卸笔记本电脑的显示屏。为防止笔记本电脑主板在安装固定螺钉过程中用力过大，导致笔记本电脑主板损坏，因此，在主板与固定螺钉之间安装有防护垫片。如图2-20所示，使用镊子将防护垫片取下。

图2-20　取下垫片

② 选择合适的十字螺丝刀将液晶显示屏的固定螺钉拧下，如图2-21所示。

③ 将液晶显示屏的固定螺钉拧下后，再选择合适的十字螺丝刀将液晶显示屏的数据线接口的固定螺钉拧下，此时，便可以将液晶显示屏的数据线接口拔下了，如图2-22所示。

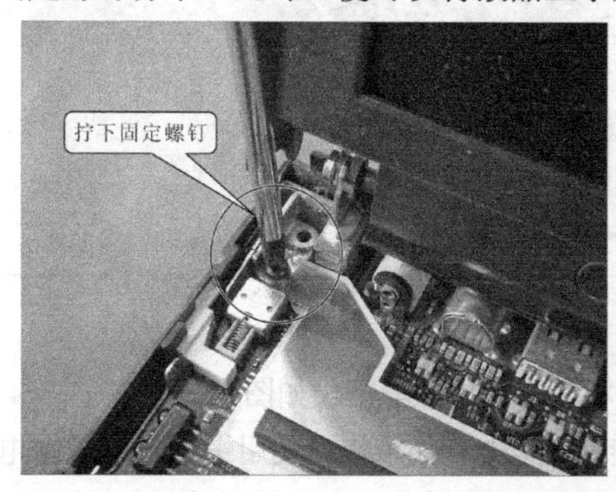

图2-21　拧下液晶显示屏的固定螺钉

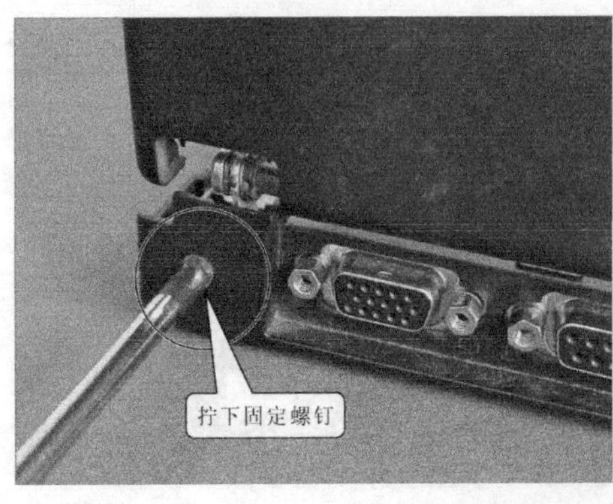

图 2-21　拧下液晶显示屏的固定螺钉（续）

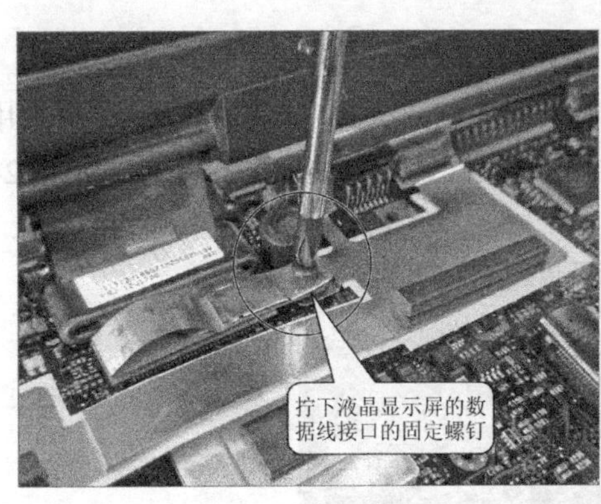

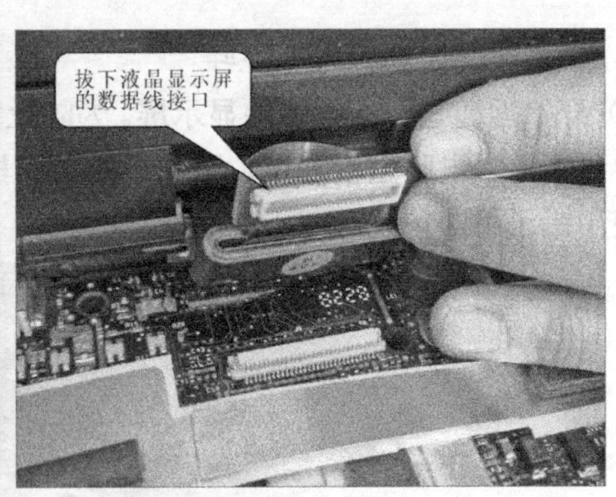

图 2-22　拔下液晶显示屏的数据线接口

提示　将笔记本电脑的液晶显示屏取下时，要注意液晶显示屏的转轴不要被其他部件卡住，如图 2-23 所示。

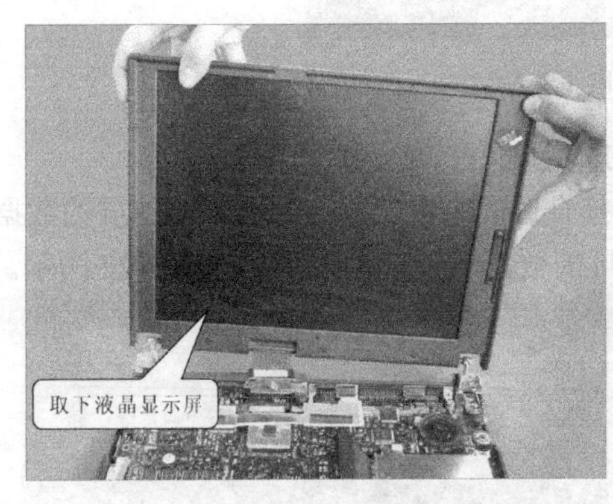

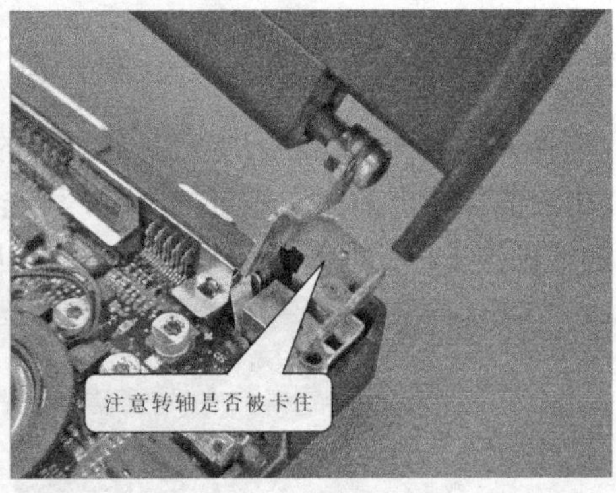

图 2-23　取下液晶显示屏

7．笔记本电脑主板的拆卸

① 将笔记本电脑的液晶显示屏取下后，再将其开机按钮取下，如图 2-24 所示。

② 可以看到，在电脑主板的四周有很多接口，其中有很多接口使用螺钉与笔记本电脑底壳相互进行固定。而在使用固定螺钉固定的接口中，其固定螺钉也不完全相同，其中一部分

接口采用十字螺钉固定，而另一部分接口采用外六角螺钉进行固定，如图 2-25 所示，选择合适的螺丝刀将固定螺钉拧下。取出主板，如图 2-26 所示。

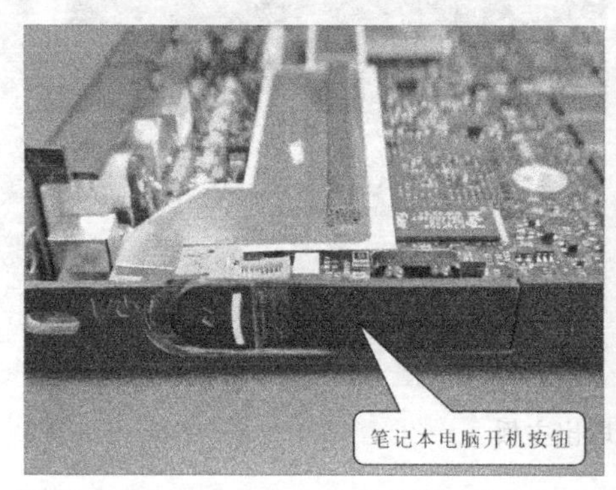

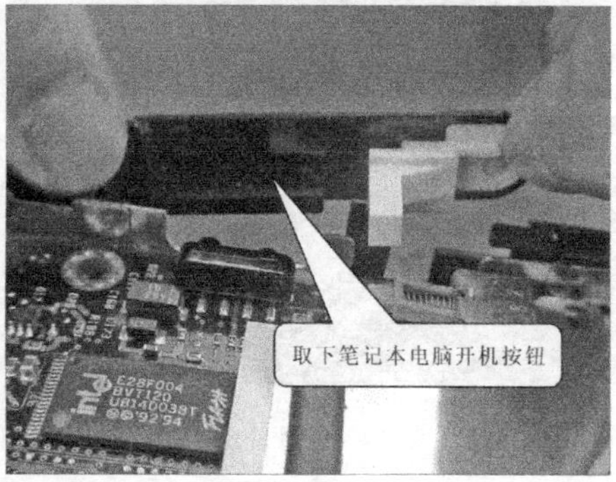

图 2-24　取下笔记本电脑开机按钮

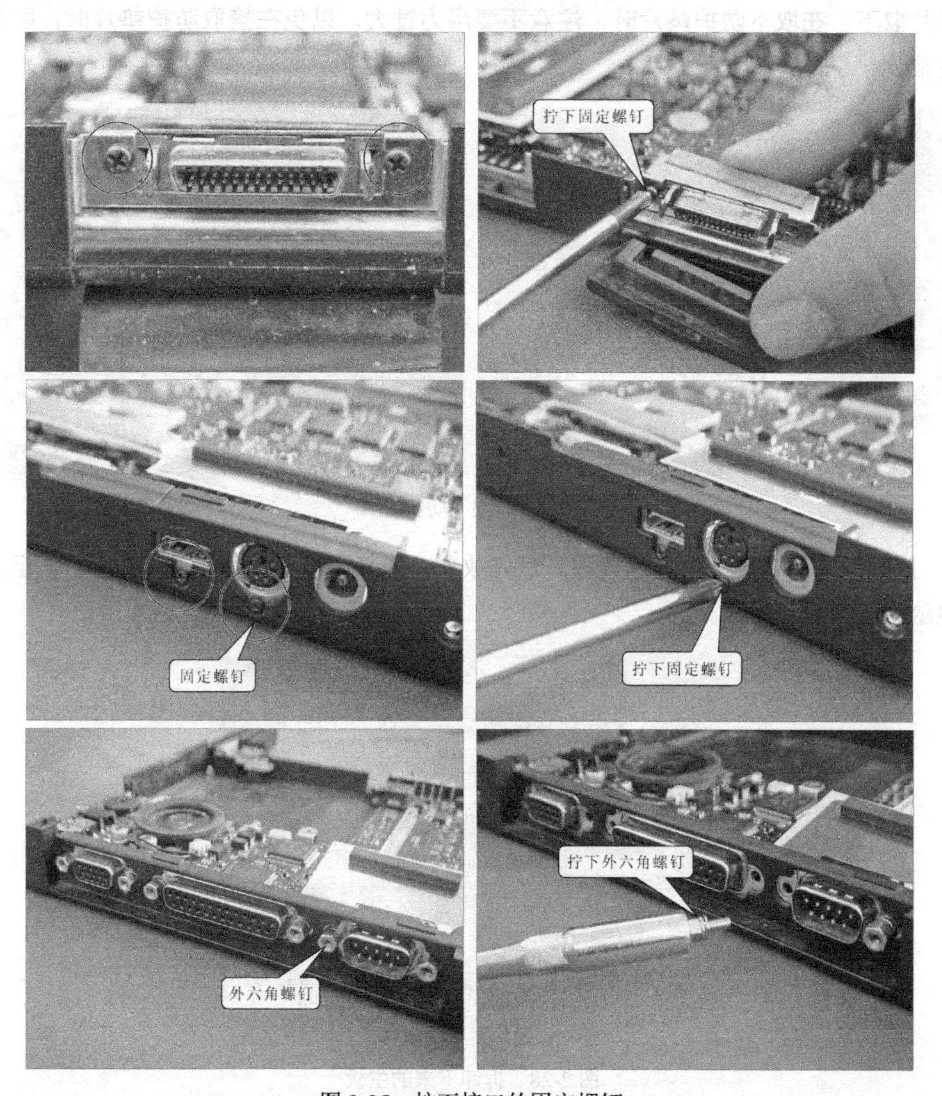

图 2-25　拧下接口的固定螺钉

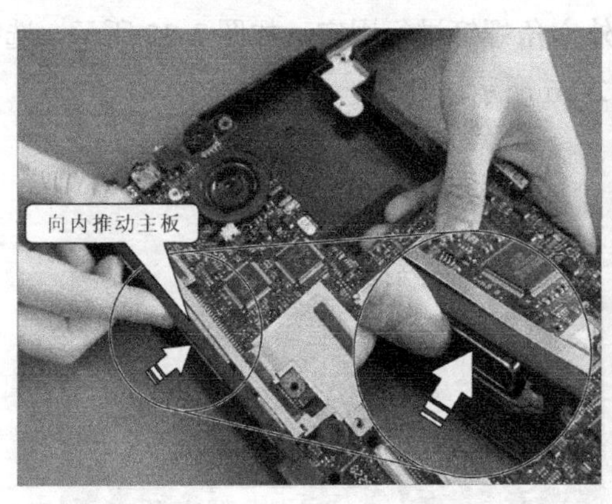

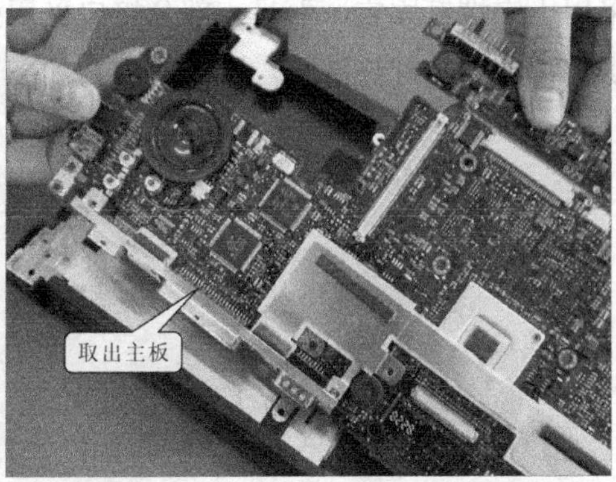

图 2-26　取出主板

③ 取下主板后，可以看到在主板接口处还安装有防护垫片，如图 2-27 所示，将主板的防护垫片取下。**在取下防护垫片时，注意不要用力过大，以免在摘取防护垫片时，防护垫片发生变形。**

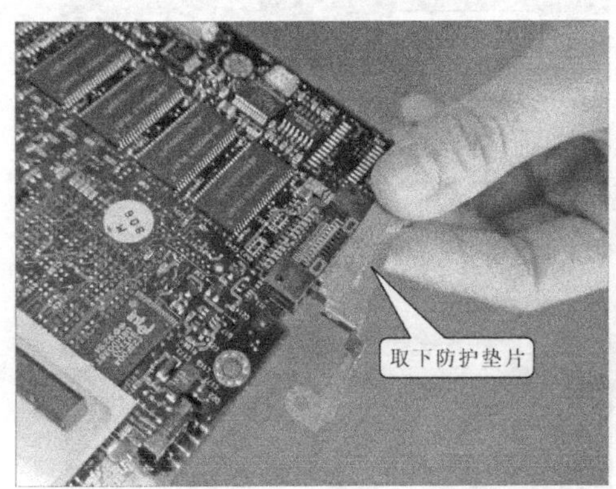

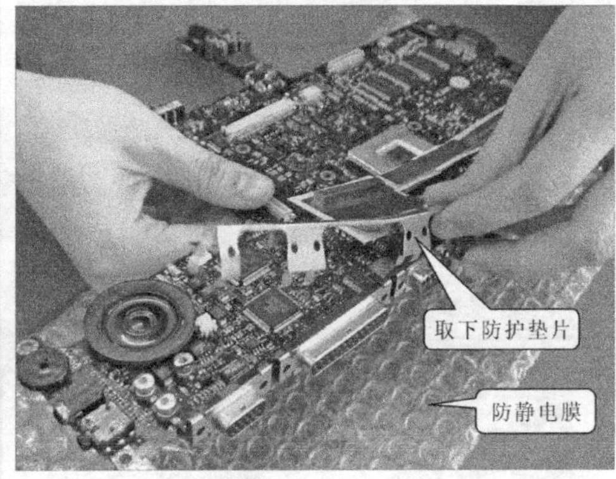

图 2-27　取下防护垫片

④ 拆卸下来的主板不要随意搁放，最好放置在防静电膜上，如图 2-28 所示，至此，笔记本电脑便全部拆卸完成。

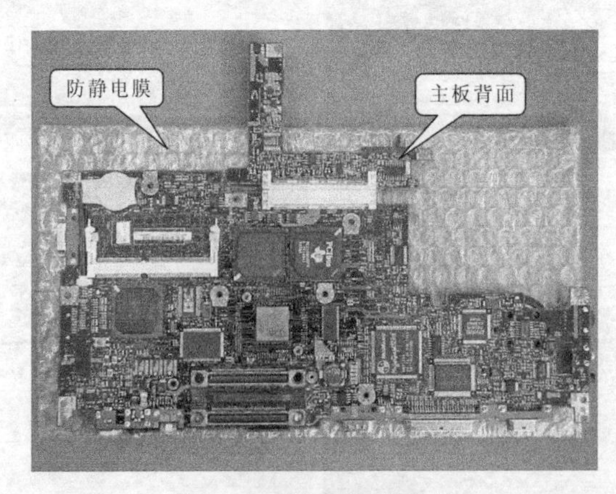

图 2-28　拆卸下来的主板

任务2 认识笔记本电脑中的常用元器件

任务描述

主要介绍笔记本电脑中各种常用元器件的识别方法。通过本任务的学习，力求让学习者掌握识别笔记本电脑中不同元器件的能力，并能够通过元器件上的标识信息了解该元器件的相关技术参数。

提示 笔记本电脑的整机结构非常紧凑，因此使得各组成部件之间的空间异常狭小，导致传统的元器件已不能满足组装需求，从而大量地使用了贴片元器件。

任务实施

1. 认识电阻器

笔记本电脑中的电阻器主要采用的是贴片式电阻器，这种电阻器与传统的电阻器在外形结构上有很大的区别，传统电阻器与贴片式电阻器如图2-29所示，但是其功能、作用是一样的，都是用来稳定和调节电路中的电流和电压或是与电容器、电感器、晶体管等元器件构成具有一定功能的电路，起到阻抗的匹配与转换、信号幅度的调节和滤除杂波等功能。

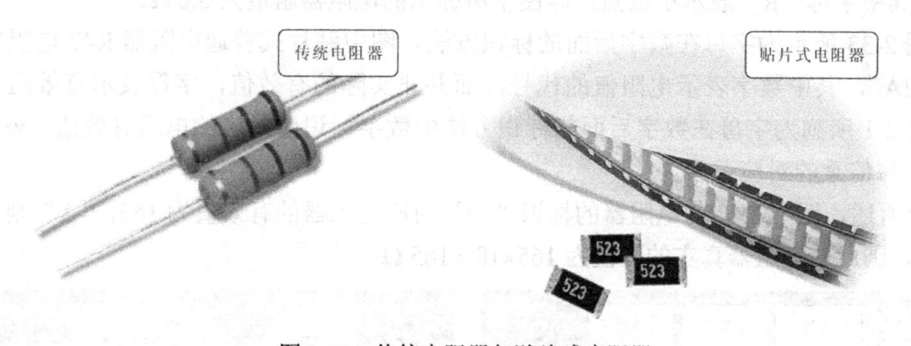

图2-29 传统电阻器与贴片式电阻器

贴片式电阻器的种类繁多，外形各异，用于笔记本电脑中的主要有普通电阻器、熔断电阻器和排电阻器。下面就来介绍一下这些贴片式电阻器的识别方法。

（1）普通电阻器的识别方法

贴片式普通电阻器的外形呈扁平的小方块，两边有银白色的焊接引脚，笔记本电脑主板上常采用“Rxx”的形式进行标识，并且在其表面上有标称值标识，如图2-29所示。

普通电阻器由于体积比较小，因此都是采用直接标识法标识出标称值，标识方法一般采用数字标识和数字-字母标识的方法。

① 数字标识的普通电阻器

数字标识法通常采用三位数字进行标识，其中前两位为有效数字，第三位则表示倍乘，笔记本电脑主板上的普通电阻器如图 2-30 所示，标有“180”数字字符的普通电阻器，前两位有效数字为“1”和“8”，第三位倍乘为“0”，因此其标称值为 18×10^0=18 Ω。数字标识的普通电阻器如图 2-31 所示。

图 2-30　笔记本电脑主板上的普通电阻器

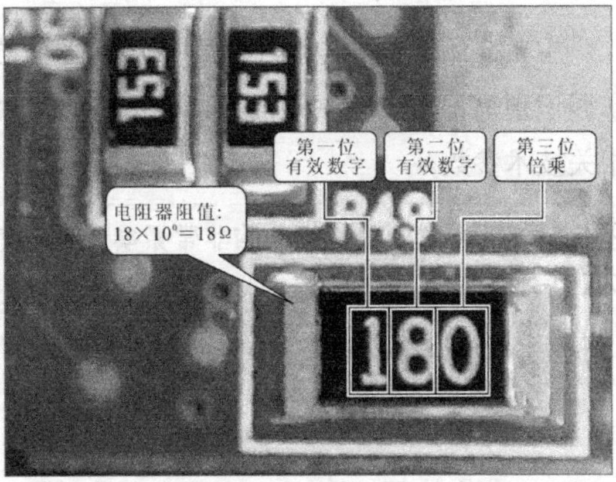

图 2-31　数字标识的普通电阻器

② 数字-字母标识的普通电阻器

采用数字-字母标识的普通电阻器可以分为字母在数字中间和字母在数字后面两种表示方法。

如图 2-32 所示为字母在数字中间的标识方法，图中贴片式普通电阻器 R723 的标识为“3R6”，其中字母“R”表示小数点，即图中所标识的电阻器阻值为 3.6 Ω。

如图 2-33 所示为字母在数字后面的标识方法，图中贴片式普通电阻器 R47 电阻器的标识为“22A”，其中数字表示电阻值的代号，而并非实际的有效值，字母表示有效阻值的倍乘数。表 2-1 所列为字母在数字后面的标识方法中数字标识所对应的电阻有效值。表 2-2 所列为字母与倍乘的对应关系。

综上所述，图中 R47 的电阻器的标识“22”对应电阻器的有效值为 165，“A”则对应倍乘为 10^0，因此该电阻器真实的阻值为 165×10^0=165 Ω。

图 2-32　字母在数字中间的标识方法

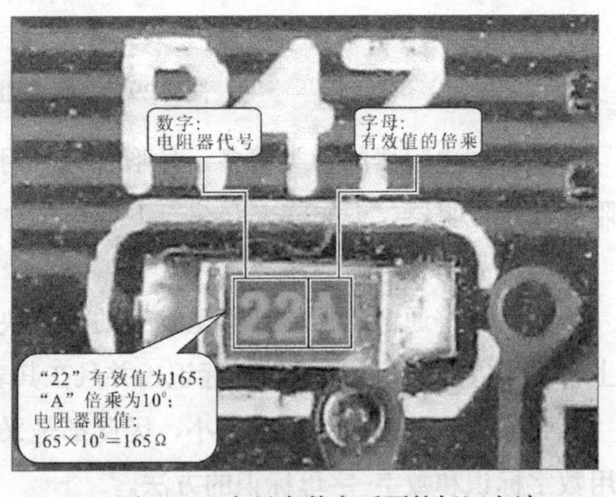

图 2-33　字母在数字后面的标识方法

表2-1　字母在数字后面的标识方法中数字标识所对应的电阻有效值

代码	01	02	03	04	05	06	07	08	09
数值	100	102	105	107	110	113	115	118	121
代码	10	11	12	13	14	15	16	17	18
数值	124	127	130	133	137	140	143	147	150
代码	19	20	21	22	23	24	25	26	27
数值	154	158	162	165	169	174	178	182	187
代码	28	29	30	31	32	33	34	35	36
数值	191	196	200	205	210	215	221	226	232
代码	37	38	39	40	41	42	43	44	45
数值	237	243	249	255	261	267	274	280	287
代码	46	47	48	49	50	51	52	53	54
数值	294	301	309	316	324	332	340	348	357
代码	55	56	57	58	59	60	61	62	63
数值	365	374	383	392	402	412	422	432	442
代码	64	65	66	67	68	69	70	71	72
数值	453	464	475	487	499	511	523	536	549
代码	73	74	75	76	77	78	79	80	81
数值	562	576	590	604	619	634	649	665	681
代码	82	83	84	85	86	87	88	89	90
数值	698	715	732	750	768	787	806	852	845
代码	91	92	93	94	95	96			
数值	866	887	909	931	953	976			

表2-2　字母与倍乘的对应关系

代码字母	A	B	C	D	E	F	G	H	X	Y	Z
倍乘	10^0	10^1	10^2	10^3	10^4	10^5	10^6	10^7	10^{-1}	10^{-2}	10^{-3}

（2）熔断电阻器的识别方法

熔断电阻器是具有保护功能的电阻器，在笔记本电脑电路板中起着保险丝和电阻的双重作用，主要应用在电源输出电路中，笔记本电脑主板上常采用“F”“TH”“R”“RF”“FUSE”“XD”“FS”的形式进行标识。熔断电阻器的封装形式有很多种，普通电阻式熔断电阻器与普通电阻器的外形非常相似，只是在其表面的标称值标识为“0”或“000”，表示该熔断电阻器的阻值为0 Ω，如图2-34所示。

再有一种常见的熔断电阻器如图2-35所示，其表面颜色为绿色，标识文字为“1×1”“7×7”等，其含义是该熔断电阻器的额定电流值，即“1×1”为额定电流1 A，“7×7”为额定电流7 A。当电路出现过流现象时，该熔断电阻器就会熔断，表面颜色变为褐色，从而起到对电路的保护作用。

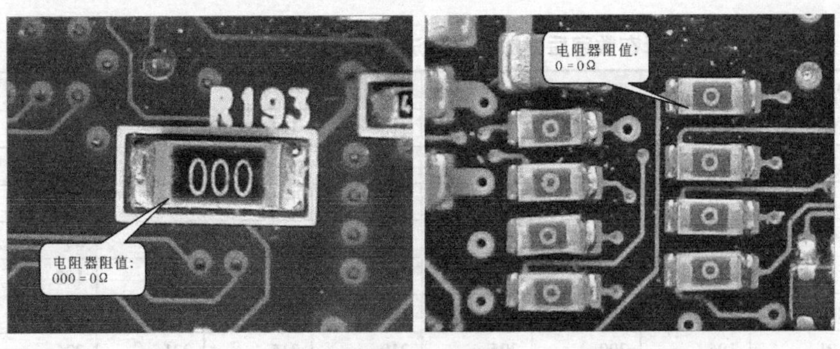

图 2-34　熔断电阻器（一）

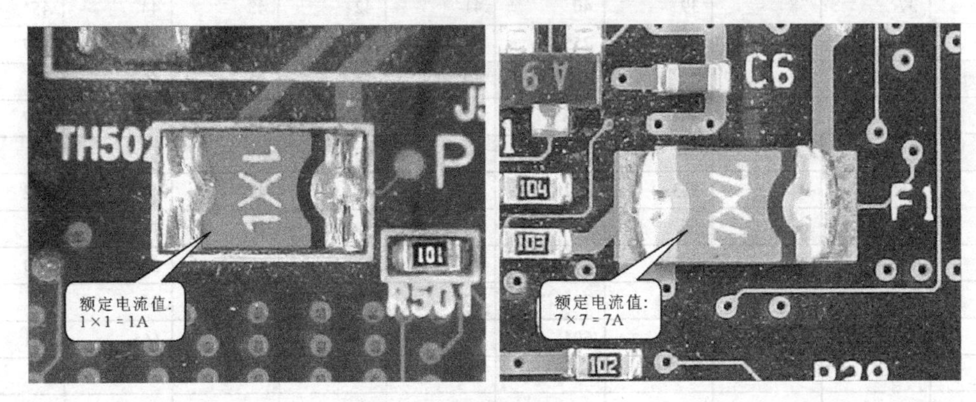

图 2-35　熔断电阻器（二）

标识额定电流值的熔断电阻器还有一种是将额定电流直接标识在元器件表面的，如图 2-36 所示。

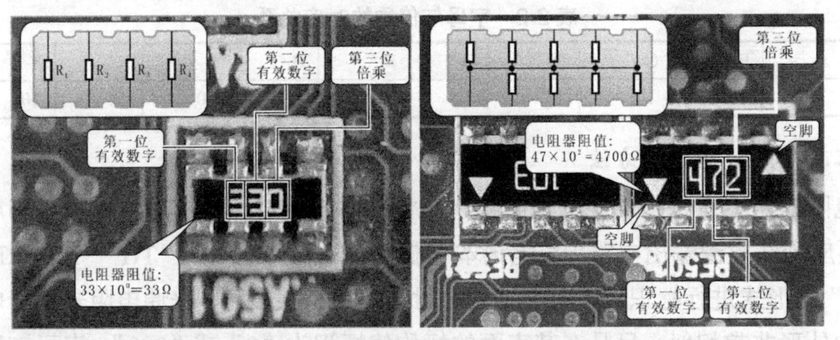

（a）8P4R 贴片式排电阻器　　（b）10P8R 贴片式排电阻器

图 2-36　熔断电阻器（三）

（3）排电阻器的识别方法

排电阻器是将若干个（4 个或 8 个）单独的贴片式普通电阻器集成在一起的组合型电阻器，笔记本电脑主板上常采用“Rxxx”“RExxx”“RAxxx”的形式进行标识。

排电阻器由于其体积更小巧、精确度更高等特点，在笔记本电脑主板中的使用非常普遍。根据其引脚的不同有 8 引脚和 10 引脚两种类型，即 8P4R（8 引脚 4 电阻）和 10P8R（10 引脚 8 电阻），如图 2-36 所示。排电阻器阻值通常采用的是数字标识方式，并且表示的是该排

电阻器中每个电阻器的阻值，而不是任意两个引脚之间的阻值。这是因为排电阻器的内部结构是不同的，其中8P4R的排电阻器的8个引脚分别由4个电阻器构成，而10P8R排电阻器的10个引脚则由8个电阻器构成，因此其中有2个引脚为空脚。通过排电阻器表面的标识可以分辨空脚的位置（一般来说，标记三角符号的对应引脚为空角）。

2. 电容器的识别方法

电容器是一种储存电荷的元器件。笔记本电脑中的电容器通常采用贴片形式。贴片式电容器与传统的电容器相比，功能上相似，都具有隔直流通交流的作用，但外形存在很大的差别，如图2-37所示。

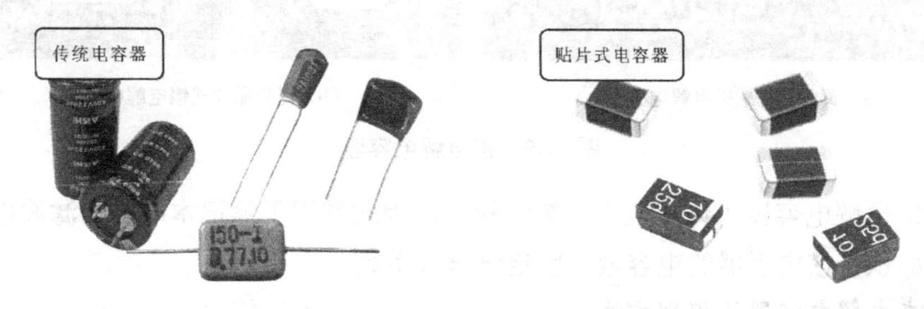

图2-37 传统电容器与贴片式电容器

贴片式电容器的种类较多，外形各异，按照制作材料的不同可分为陶瓷电容器、钽电解电容器、固态电解电容器等几种。下面详细介绍各种贴片式电容器的识别方法。

（1）陶瓷电容器的识别方法

如图2-38所示为陶瓷电容器的实物外形图，它与贴片式普通电阻器的外形很像，但是陶瓷电容器采用“Cxxx”形式标识其代号，并且颜色一般为米黄色或浅灰色，两端有银色的焊点。

图2-38 陶瓷电容器

陶瓷电容器是无极性电容器，在使用时不分正负极。在笔记本电脑主板中主要起到旁路、振荡及滤波的作用。

（2）钽电解电容器的识别方法

笔记本电脑中常见的钽电解电容器为长方形，颜色为黄色或黑色，常采用“Cxxx”“CTxxx”形式标识其代号。钽电解电容器是带有极性的电解电容器，有明显标记的一端为正

极（+），如图 2-39 所示。

(a) 黄色贴片式钽电解电容器

(b) 黑色贴片式钽电解电容器

图 2-39 钽电解电容器

贴片式钽电解电容器的体积较小、容量较大，因此常用于笔记本电脑的滤波电路中。并且其表面的标识有该电容器的电容量、额定电压等系数。

（3）固态电解电容器的识别方法

固态电解电容器同钽电解电容器一样，也是有极性的电容器。常采用“Cxxx”形式标识其代号，标识为负极（–）或橡胶垫缺角为正极（+），如图 2-40 所示。其表面同样标有该电容器的电容量、额定电压等系数。

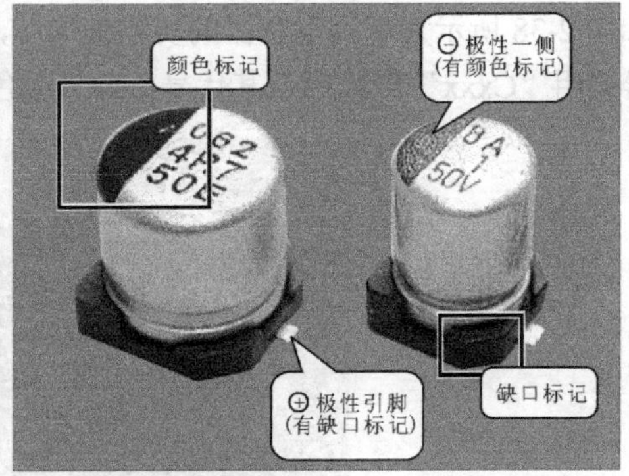

图 2-40 固态电解电容器

从外形上看固态电解电容器与传统的直插式铝电解电容器很像，但是它采用有机半导体或导电性高分子电解质来取代电解液，并用环氧树脂或橡胶垫封口。因此，固态电解电容器的导电性比普通电解电容器要高，导电性受温度的影响小，广泛应用在新型数码产品的电路板上的电源滤波电路中。

3. 电感器的识别方法

电感器是一种储能元件，笔记本电脑中的电感器与普通电感器在电路板中所起的作用相似，都是把电能转换成磁能并存储起来，都具有通直流阻交流的特点，但是在外形、体积上却有着明显的区别，如图 2-41 所示。

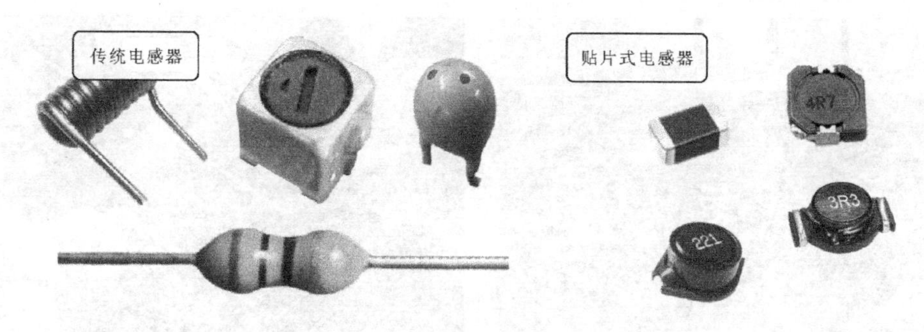

图 2-41　传统电感器与贴片式电感器

在笔记本电路板中电感器主要是跟电容器共同工作，构成LC振荡器或者LC滤波器，起到滤波、储能、谐振等作用。笔记本电脑中常用的电感器可按照功率大小进行区分识别。

（1）贴片式小功率电感器的识别方法

如图2-42所示为贴片式小功率电感器，一般情况下，这种电感器的电感量为0.01～200 μH，额定电流最高为100 mA，采用“Lxxx”形式标识其代号。从图中可以看到，小功率电感器的外形各有不同，其中一种外形类似贴片式陶瓷电容器但是颜色呈黑色，而另一种则是磁芯电感器，这种电感器的内部结构比较简单，主要由线圈和芯片构成。

图 2-42　贴片式小功率电感器

（2）贴片式大功率电感器的识别方法

如图2-43所示为贴片式大功率电感器，这种电感器主要以磁芯电感器为主，并且比小功率电感器的体积大许多，常适用于大电流工作环境，并且可以在电感器的表面看到电感量等参数值。

贴片式电感器的标识主要出现在大功率电感器上，采用简略的直标法，即只标识出重要的信息，而不是所有的信息都被标识出来。常见的标识方法主要有以下两种。

第一种是全部采用数字标注的方式，这种标注方式中第1位和第2位数字分别表示该电感的有效数值，第3个数字则表示10的倍乘数，默认单位为“μH”（微亨）。全数字标注的贴片式电感器如图2-44所示，图中所示的电感标注为“101”，根据规定，前两位数字表示电感量的有效值，即为“10”，第3位的“1”表示“10^1”，因此，该电感的电感量为10×10^1=100 μH。

图 2-43　贴片式大功率电感器

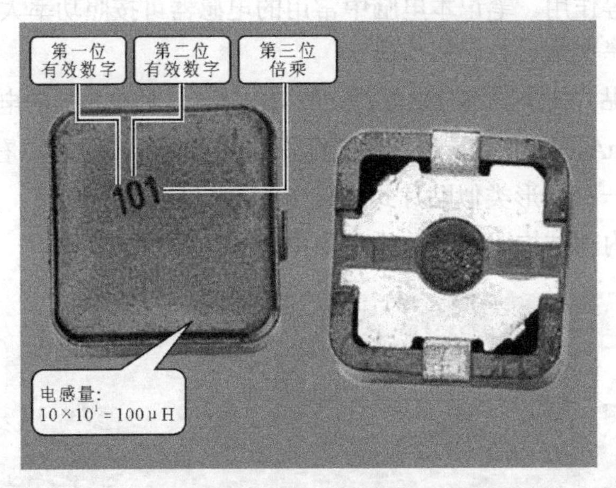

图 2-44　全数字标注的贴片式电感器

第二种是采用数字中间加字母的标注方法，这种方法实际上就是直标法的简略标注。数字中间加字母标注的贴片式电感器如图 2-45 所示，该电感的标注为“3R3”，这种标注方法的第 1 位和第 3 位的数字为该电感量的有效值，中间的 R 相当于小数点的作用，因此，该电感的电感量为 3.3 μH。

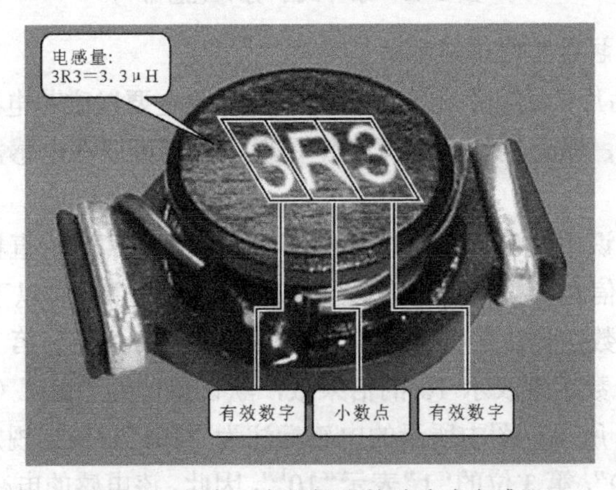

图 2-45　数字、字母标注的贴片式电感器

4．二极管的识别方法

二极管是典型的半导体器件，具有单向导电的特性，通过二极管的电流只能沿一个方向流动。

可以将组成二极管的 PN 结（二极管）比喻为河道上的闸门，电源电流可以看作河道中的水流，正向水流可以流过闸门如图 2-46 所示，闸门向右打开，允许水流从左向右的方向（正向）流动，从图中可以看到，左边的水流可以通过闸门口顺利流过，而右边的水流，则会被闸门板挡住不容易流过去，这和 PN 结正向导通、反向截止的道理是相同的。

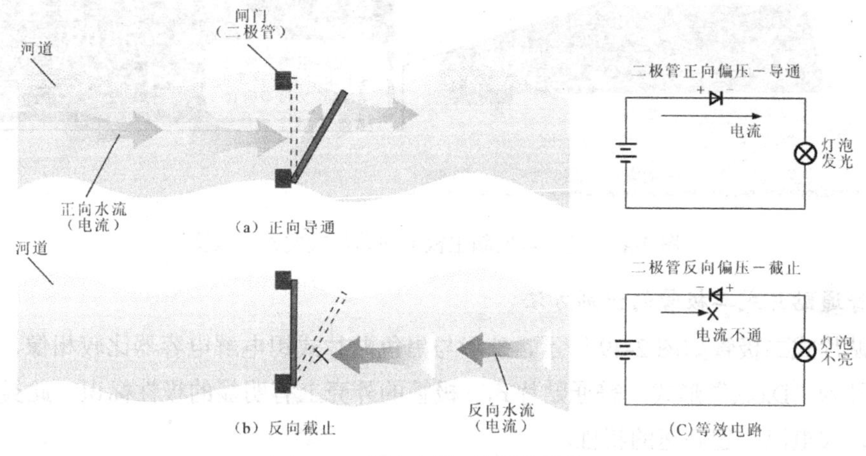

图 2-46　正向水流可以流过闸门

笔记本电脑中所使用的二极管多数为贴片式二极管，虽然在体积、形状上与传统的二极管有着明显的区别，但是其功能特点是一样的。笔记本电脑主板中的贴片式二极管大致可以分为贴片式发光二极管、普通贴片式二极管、贴片式双二极管，下面详细介绍每种二极管的识别方法。

（1）贴片式发光二极管的识别方法

传统发光二极管与贴片式发光二极管如图 2-47 所示，贴片式发光二极管在外形上与传统发光二极管有着明显的区别，但是贴片式发光二极管与传统发光二极管一样，可以根据制作材料的不同发出不同颜色的光，主要用于指示工作状态，笔记本电脑主板上的贴片式发光二极管如图 2-48 所示，在主板上常采用“Dxxx”形式标识。

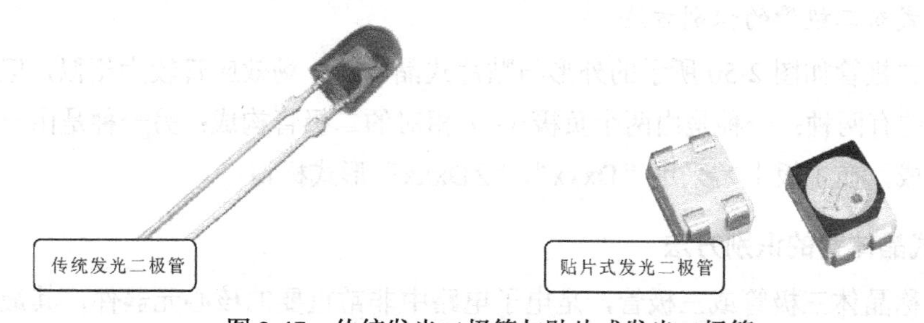

图 2-47　传统发光二极管与贴片式发光二极管

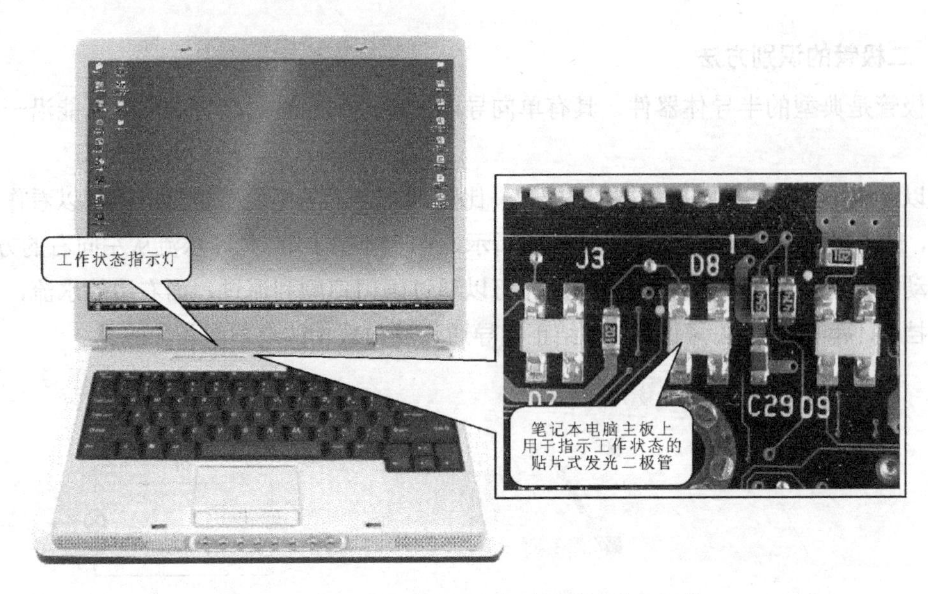

图 2-48　笔记本电脑主板上的贴片式发光二极管

（2）普通贴片式二极管的识别方法

普通贴片式二极管如图 2-49 所示，外形与黑色贴片式钽电解电容器比较相像，但是采用的标识代号为“Dxxx”形式。普通贴片式二极管的外壳上有明显的极性标识。此类二极管具有低功耗、大电流、超高速的特性。

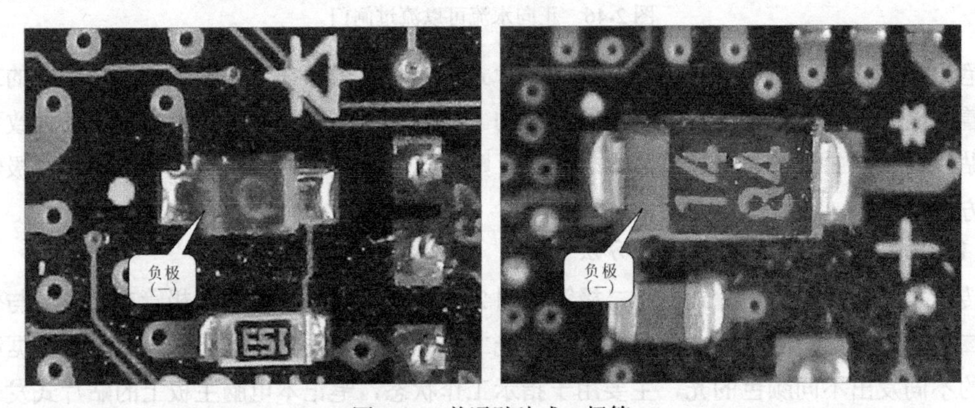

图 2-49　普通贴片式二极管

（3）贴片式双二极管的识别方法

贴片式双二极管如图 2-50 所示的外形与贴片式晶体管、场效应管较为相似，但是内部结构不同。常见的有两种：一种是由两个负极（–）相对的二极管构成；另一种是由一个二极管和一个空脚构成，在主板上常采用“Dxxx”、“ZDxxx”形式标识。

5. 贴片式晶体管的识别方法

晶体管也称晶体三极管或三极管，是电子电路中非常重要的核心元器件，其最重要的功能就是放大电流。笔记本电脑中常采用贴片式晶体管，它在电路板中的功能与传统晶体管相同但外形差别较大，如图 2-51 所示。

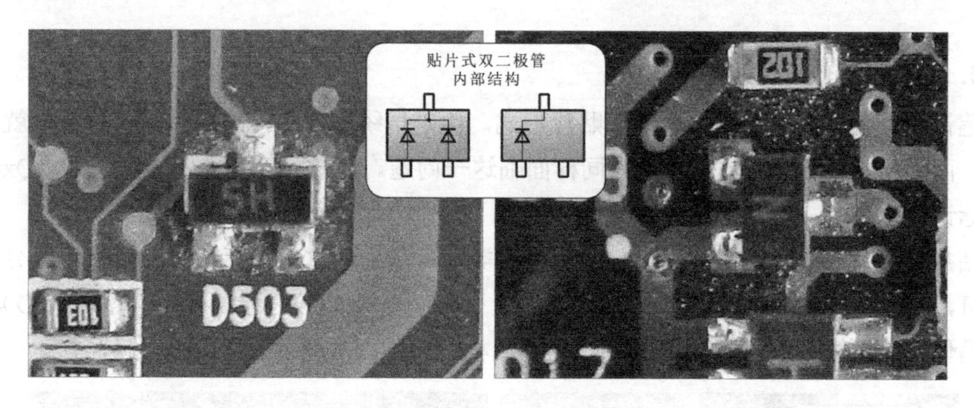

图 2-50 贴片式双二极管

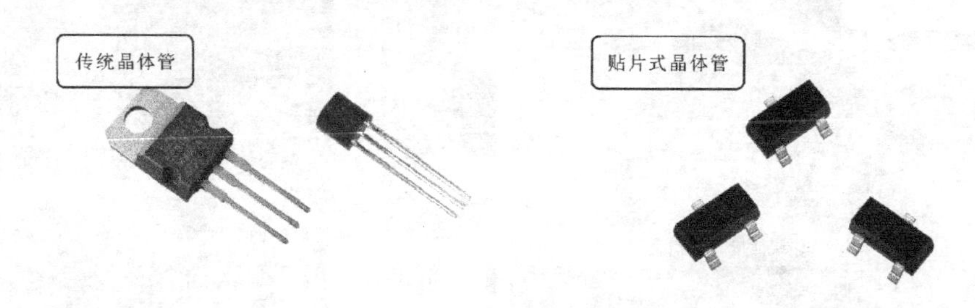

图 2-51 传统晶体管与贴片式晶体管

笔记本电脑电路板中应用的晶体管有多种型号，这些型号一般都印在元器件的表面，主板上通常采用“Qxxx”形式标识。晶体管的封装形式不同，引脚的标识也各有不同。如图 2-52 所示为不同封装形式的贴片式晶体管。只有通过仪器仪表的检测或是元器件的封装说明书才能具体区分。

图 2-52 不同封装形式的贴片式晶体管

6．贴片式场效应管的识别方法

笔记本电脑中的场效应管也采用贴片形式。由于传统场效应管与晶体管在外形上就很难区分，而贴片式场效应管与晶体管也同样面临这一问题。场效应管在主板上常采用“Qxxx”形式标识。

贴片式场效应晶体管在识别时，不用细分类型，只需通过引脚标识或图纸标识区分出引脚即可，如图2-53所示贴片式场效应管有三只引脚：栅极（G）、源极（S）和漏极（D），场效应晶体管的源极（S）和漏极（D）在内部结构上对称，从原理上看可以互换。

图2-53　贴片式场效应晶体管

> **提示**　值得注意的是，笔记本电脑主板中贴片式晶体管与贴片式场效应管的外形结构相同，代号标识相同，因此对它们进行区分比较难。不过，除通过型号对场效应管进行识别外，还可以通过其引脚标注的方法进行识别，最准确的方法就是对照笔记本电脑相应的电路图进行识别。

7．谐振晶体的识别方法

谐振晶体实际上就是石英晶体（简称晶体），石英是一种自然界中天然形成的结晶物质，具有一种称为压电效应的特性。晶体受到机械应力的作用会发生振动，因此产生电压的频率等于此机械振动的频率。相反地，当晶体两端施加交流电压，它会在该输入电压频率的作用下振动。在晶体的自然谐振频率下，会产生最强烈的振动现象，晶体的自然谐振频率由其实体尺寸及晶体的切割方式来决定。

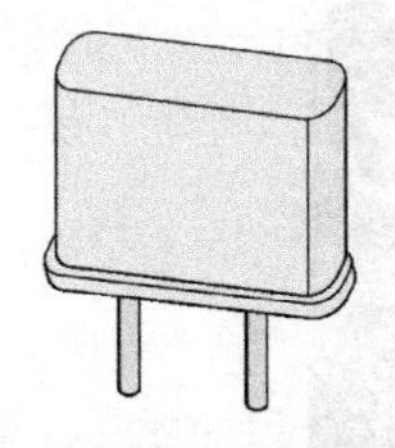

（a）标准封装的晶体　（b）基本构造（除去外壳）

图2-54　晶体

一般来说，使用在电子电路中的晶体是由架在两个电极之间的石英薄芯片及用来密封晶体的保护外壳所构成，如图2-54所示。

谐振晶体是笔记本电脑主板中不可缺少的元器件，具有选频功能，与振荡电路构成晶体振荡器，简称晶振，如图2-55所示，其中振荡电路在芯片内部，谐振晶体接在芯片外部。

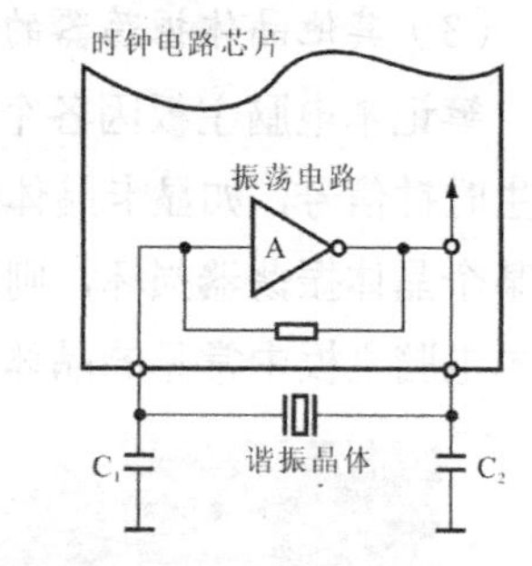

图 2-55 晶振电路的基本结构

笔记本电脑中的晶体振荡器多采用贴片形式，常采用“Yxxx”、“Xxxx”形式标识。笔记本电脑中常用的晶体振荡器主要有实时晶体振荡器、时钟晶体振荡器和其他晶体振荡器。下面详细介绍每一种晶体振荡器的识别方法。

（1）实时晶体振荡器的识别方法

实时晶体振荡器通常与南桥芯片相连，主要是为南桥服务的，如图 2-56 所示。实时晶振的频率为 32.768 kHz，主要为主板中的南桥芯片及其他器件提供 32.768 kHz 的实时时间信号。在正常工作的情况下，实时晶体振荡器的两个引脚之间的电压差为 0.5 V 左右。若实时晶体振荡器有损坏，则会导致时间不准确或主板不能启动。

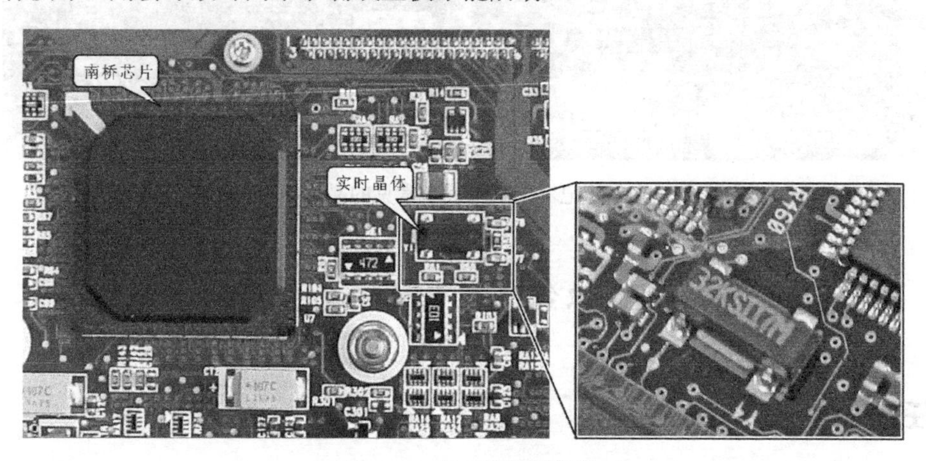

图 2-56 实时晶体振荡器

（2）时钟晶体振荡器的识别方法

时钟晶体振荡器与时钟发生器芯片相连，构成时钟电路，其频率为 14.318 MHz，如图 2-57 所示。时钟晶体振荡器与时钟发生器芯片正常工作时，两个引脚之间的电压差为 0.4 V 左右。若时钟晶体振荡器损坏，则会导致笔记本电脑主板不能启动。

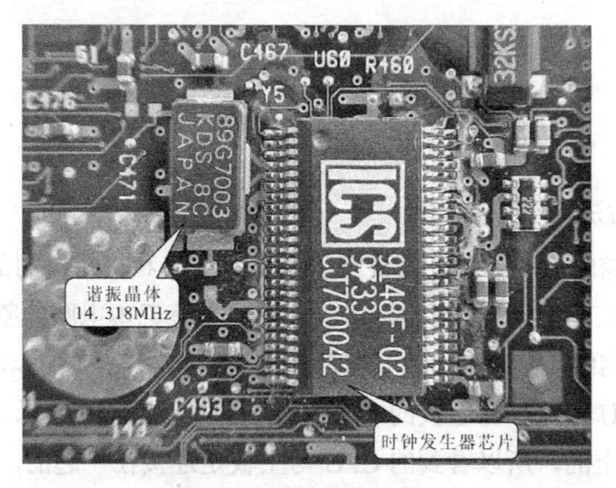

图 2-57 时钟晶体振荡器

（3）其他晶体振荡器的识别方法

笔记本电脑主板因各个型号的设计不同，一些芯片在工作时，还需要专门的晶体振荡器产生时钟信号，如显卡晶体振荡器、声卡晶体振荡器、网卡晶体振荡器等，其频率各不相同。若某个晶体振荡器损坏，则会导致与之相配合工作的芯片不能正常工作。如图 2-58 所示为笔记本电脑主板中常见的晶体振荡器。

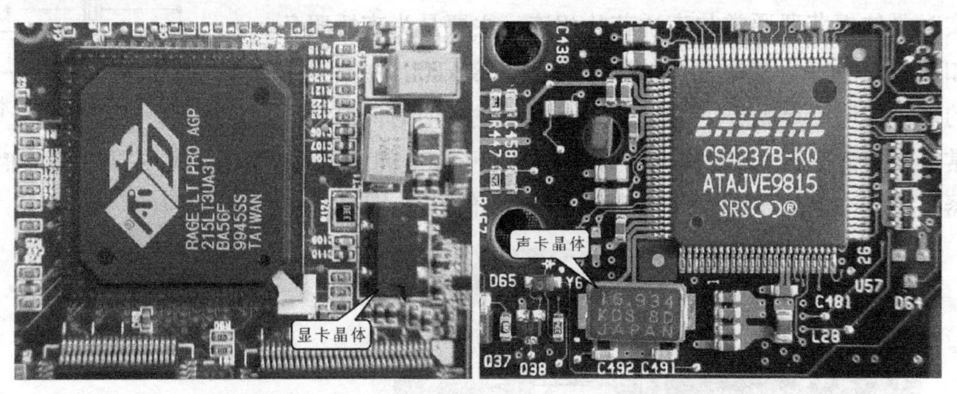

图 2-58　笔记本电脑主板中常见的晶体振荡器

任务 3　认识笔记本电脑中的专用部件

任务描述

主要介绍笔记本电脑中主要专有部件的识别方法，通过本任务的学习，力求让学习者掌握识别笔记本电脑中各种专用部件的外形特征和主要功能，并能够根据部件的标识信息了解该元器件的相关技术参数。

笔记本电脑中专用的部件主要有 CPU、BIOS、时钟发生器、显卡、网卡、声卡和各种芯片。这些都是电脑中特有的元器件，掌握其各自的识别方法对进一步掌握笔记本电脑尤为重要。

任务实施

1. CPU 的识别方法

CPU 是笔记本电脑的核心部件，是最精密、引脚最多和最昂贵的部件。它统管并协调着笔记本电脑的全部运行工作，其性能的好坏直接决定着笔记本电脑的整体性能。

CPU 是笔记本电脑中较特殊的芯片，通常都带有散热装置，通过印制线与其他芯片相连。新型笔记本电脑的 CPU 都是插在主板的 CPU 插槽上，如图 2-59 所示。旧型号的笔记本电脑的 CPU 是焊接在主板上的，所以看到的 CPU 与主板是连接在一起的，如图 2-60 所示。

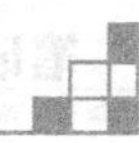

图 2-59　笔记本电脑主板上插接的 CPU 位置

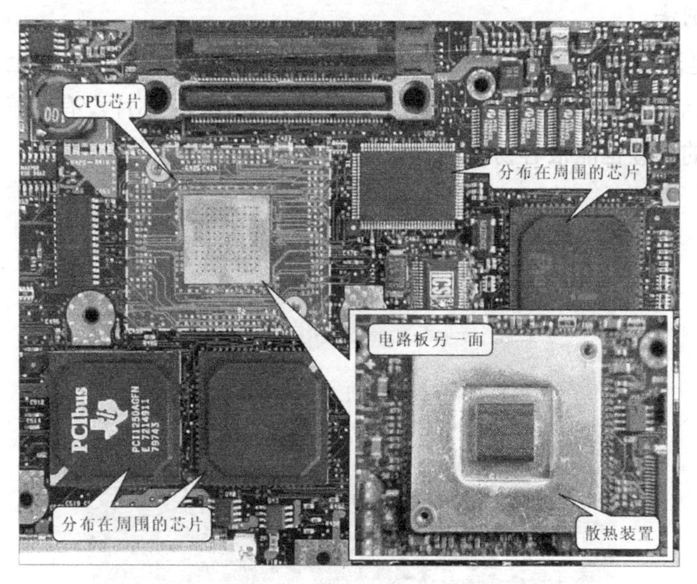

图 2-60　笔记本电脑主板上直接焊接的 CPU 位置

2．BIOS 的识别方法

BIOS 芯片是只读存储器，芯片中储存着基本的输入/输出程序、系统设置信息、开机加电自检程序和系统启动自举程序，其主要功能是为计算机提供最底层的、最直接的硬件设置和控制。通常情况下，不同主板上的 BIOS 类型是不同的，而且 BIOS 芯片的功能和设置也各有不同。

笔记本电脑主板上的 BIOS 芯片的识别方法主要有 3 种，分别是引脚识别法、标签识别法和标识识别法。

（1）引脚识别法

常见的笔记本电脑的 BIOS 芯片有 32 个引脚和 40 个引脚两种，如图 2-61 所示。其中 32 引脚的 BIOS 芯片有 4 列引脚，也可看成 2 对，一对为 9 个引脚，另一对为 7 个引脚；而 40 引脚的 BIOS 芯片有 2 列引脚，每列 20 个引脚。

（a）32 引脚 BIOS 芯片

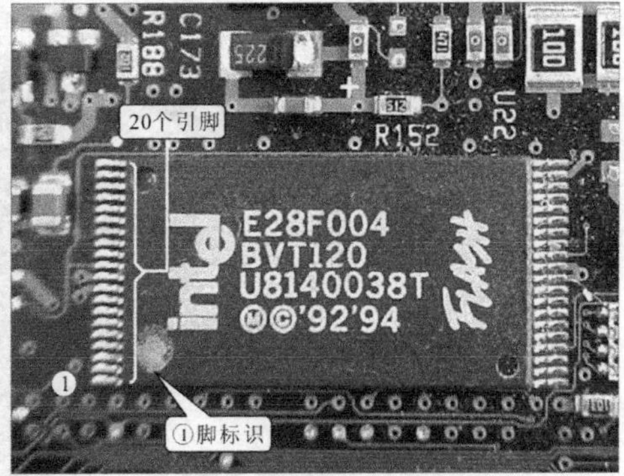

（b）40 引脚 BIOS 芯片

图 2-61　引脚识别 BIOS 芯片

（2）标签识别法

BIOS 芯片是笔记本电脑主板上唯一一块贴有标签的芯片，通常标签上会有“BIOS”或笔记本电脑品牌标识的字样，如图 2-62 所示。虽然有些 BIOS 芯片没有明确印出“BIOS”字样，但凭借外贴的标签也能很容易地将其认出。

图 2-62　标签识别 BIOS 芯片

BIOS 芯片上的标签主要起着保护 BIOS 内容的作用，因为有些 BIOS 芯片采用的是 EPROM 类型芯片，通过紫外线照射会使 BIOS 芯片的内容丢失，因此不能随便撕下。

（3）标识识别法

BIOS 芯片和其他芯片一样，都有文字标识，通过标识识别 BIOS 芯片是最准确的方法。如图 2-63 所示为 32 引脚 BIOS 芯片的文字标识，从中可以了解到，该 BIOS 芯片为 Flash 类型芯片，并且容量为 2 MB。如图 2-64 所示为 40 引脚的 BIOS 芯片的文字标识，该芯片为 EEPROM 类型的芯片，其容量为 4 MB。

从 BIOS 芯片的标识上，可以了解到生产厂家、类型、写入形式及具体的容量等信息。不同的的笔记本电脑主板所使用的 BIOS 芯片容量各不相同，常用的 BIOS 芯片容量有 1 MB、2 MB、4 MB、8 MB 等。不同容量的 BIOS 芯片，需要刷写相应大小的 BIOS 程序才能使用，但并不是1 MB的容量就可以刷写1 MB的程序，通常BIOS容量的大小，与可刷写程序的大小有如下对应关系：

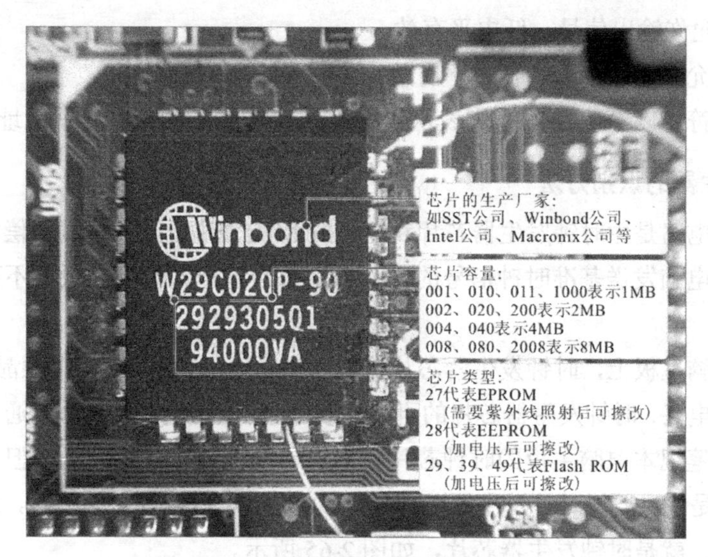

图2-63 32引脚BIOS芯片的文字标识

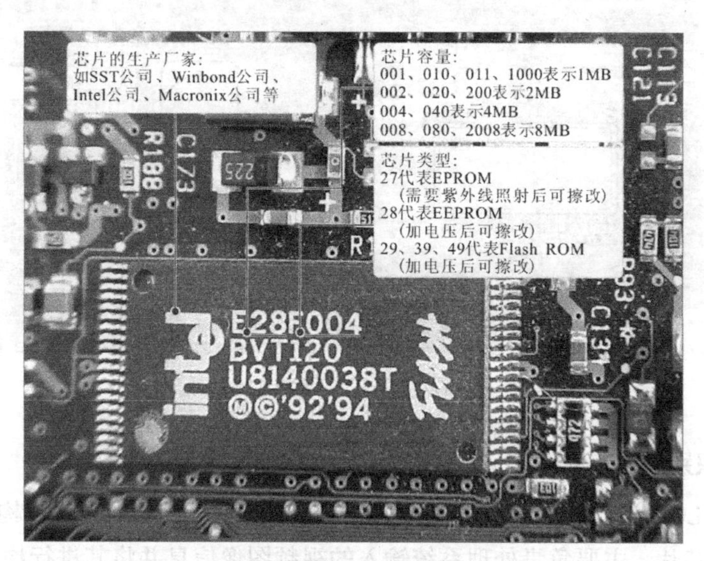

图2-64 40引脚的BIOS芯片的文字标识

1 MB的BIOS芯片应刷写128 KB的BIOS程序；

2 MB的BIOS芯片应刷写256 KB的BIOS程序；

4 MB的BIOS芯片应刷写512 KB的BIOS程序；

8 MB的BIOS芯片应刷写1024 KB的BIOS程序。

虽然BIOS芯片的生产厂家、产品型号等较多，但不论哪个厂家哪个型号的BIOS芯片，其引脚功能大致相同。

V_{PP}：编程电压（有的芯片没有，一般为12 V、5 V、3.3 V）。

V_{CC}：芯片供电电压（一般为 5 V 或 3.3 V）。

CE#/CS#：片选信号（工作选择信号），低电平有效。

OE#：数据允许输出信号，低电平有效。

WE#：数据允许写入信号，低电平有效。

另外，引脚符号以 D 开头的引脚表示数据线，以 A 开头的引脚表示地址线。

3．时钟发生器的识别方法

时钟发生器电路是由时钟发生器芯片和 14.381 MHz 谐振晶体、谐振补偿容器等器件构成的，是给笔记本电脑发送基准时钟信号的电路，是每台笔记本电脑主板所不可缺少的组成部分。

在笔记本电脑主板上，时钟发生器芯片一般和一个 14.318 MHz 的谐振晶体（简称晶体）构成时钟发生器电路，时钟发生器芯片的引脚与 14.318 MHz 的晶体相连，通常时钟芯片靠近晶体，但也有的笔记本电脑主板的时钟芯片安装在印制板的正、反面上，但是其位置是重叠在一起的。也就是说，要找时钟发生器芯片，可以先找 14.831 MHz 的晶体，然后在其附近或电路背面的芯片，就是时钟发生器芯片，如图 2-65 所示。

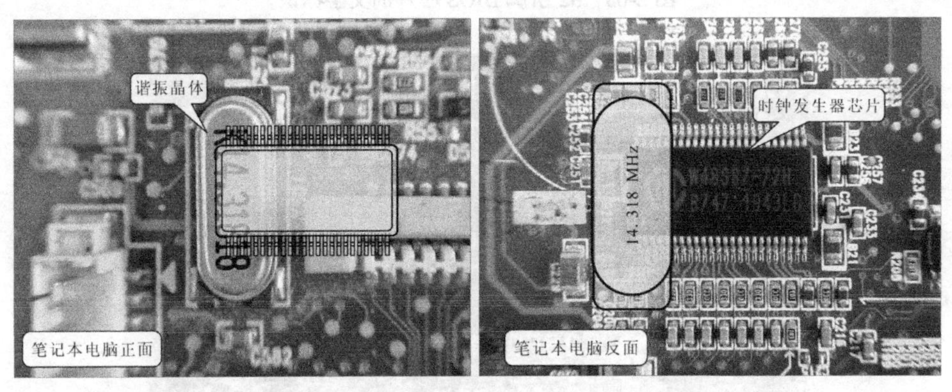

图 2-65　时钟发生器芯片和 14.318 MHz 晶体

4．显卡的识别方法

显卡具有使 LCD 液晶显示屏实现显示的功能，由显示芯片和显存芯片构成。其中显示芯片是显卡的核心芯片，主要负责处理系统输入的视频图像信息并将其进行构建、渲染等，相当于显卡的 CPU。

由于笔记本电脑的集成度和设计方面的需求，对于要求显示画面质量不高的中低档笔记本电脑多数采用集成在笔记本电脑主板上的板载显卡。但是对于要求显示画面质量较高的中高档笔记本电脑，板载显示不能满足其要求，因而采用的是独立显卡。显卡的识别比较容易，大致可分为 3 种识别方法。

（1）标识识别法

目前，市场上的显示芯片主要由 nVidia 公司和 ATI 公司生产。不论是哪个公司生产的，在显示芯片上都会有明显的显示芯片标识，如图 2-66 所示为 ATI 公司生产的 3D 显示芯片。

(2)显卡谐振晶体识别法

板载显卡的显示芯片工作时需要一个显卡谐振晶体，由于笔记本电脑主板的结构不同，显卡谐振晶体的频率也会有所区别，如图2-67所示为SAMSUNG SENS 630笔记本电脑主板上的显卡谐振晶体和显示芯片，该笔记本电脑显示芯片需要的谐振晶体为29.4989 MHz。

图2-66 笔记本电脑显示芯片标识

图2-67 显卡谐振晶体和显示芯片

(3)显存芯片识别法

笔记本电脑的板载显卡的显存多数是共享主板的内存资源，因此这对于内存容量不大的笔记本电脑相当不利。笔记本电脑上有多个显存芯片，可以将显示芯片的相关图形、图像数据存储于显存芯片中，不占用笔记本电脑的内存空间。因此笔记本电脑的显示芯片的周围带有多个相同的显存芯片，如图2-68所示。这也是识别显示芯片的一个方法。

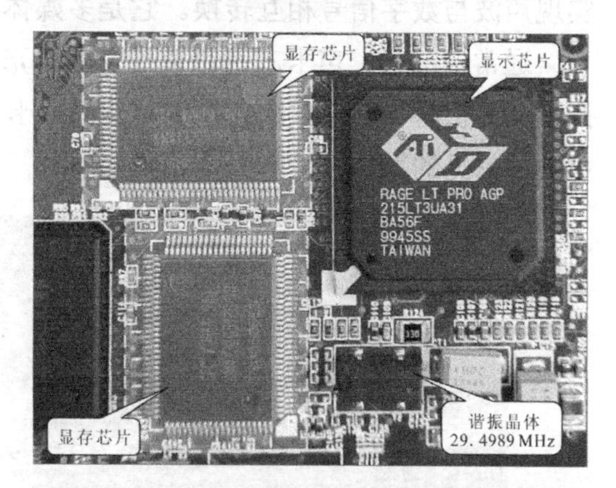

图2-68 笔记本电脑显示芯片周围的显存芯片

5. 网卡的识别方法

网卡是笔记本电脑与局域网连接的桥梁，是笔记本电脑与传输介质的接口，不仅能实现与局域网传输介质之间的物理连接和电信号匹配，还涉及数据帧的发送与接收、帧的封装与拆封、介质访问控制、数据的编码与解码，以及数据缓存的功能等。

笔记本电脑的网卡通常是集成在主板上的板载网卡芯片，网卡芯片位于主板网络接口的附近，如图2-69所示为笔记本电脑当中典型的板载网卡芯片。

图2-69 集成在主板上的板载网卡芯片

随着笔记本电脑的发展，为了更好地体现移动性，无线网卡已逐步成为主流。无线网卡模块有专门的接口插槽安装，因此查找起来比较方便，也很好识别，如图2-70所示。

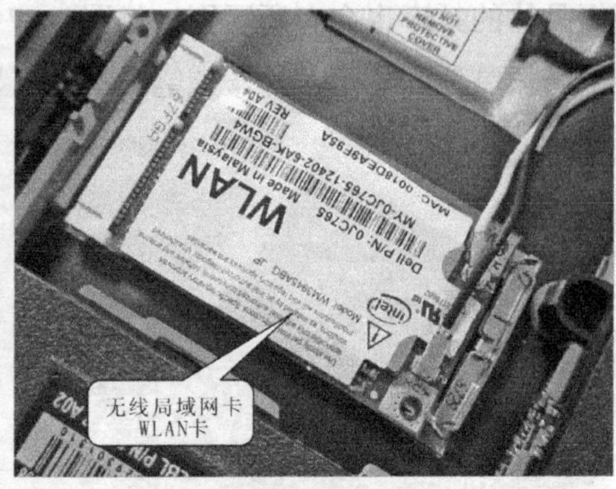

图2-70　无线广域网卡和无线局域网卡

6．声卡的识别方法

笔记本电脑的声卡通常都是集成在主板上的板载声卡，由声卡芯片和声卡谐振晶体构成，实现声波与数字信号相互转换。它是多媒体处理系统中最基本的组成部分。

通常情况下，声卡芯片可以通过其外形及型号进行识别。声卡芯片在工作时需要声卡谐振晶体提供时钟信号，因此声卡芯片与声卡谐振晶体距离很近。如图2-71所示为笔记本电脑主板中常见的声卡芯片和声卡谐振晶体。

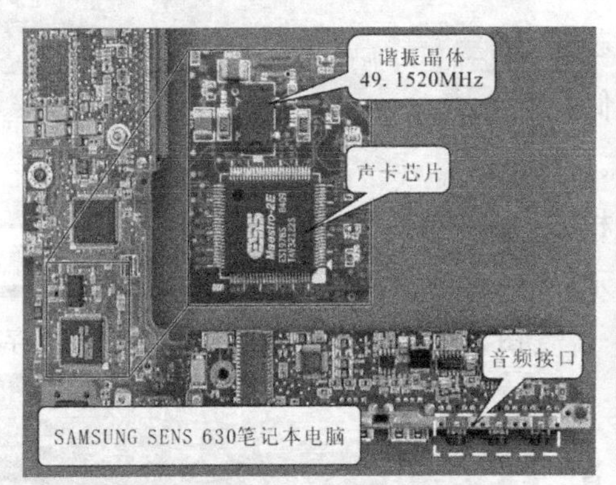

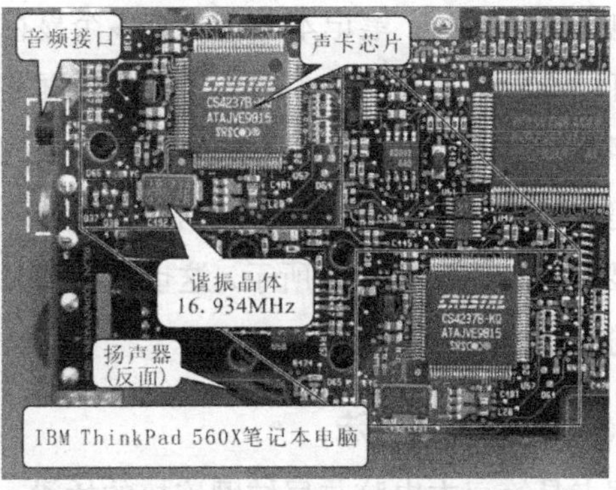

图2-71　笔记本电脑主板中常见的声卡芯片和声卡谐振晶体

习题2

一、判断题

1．笔记本电脑在进行拆卸操作之前，先将需要用到的工具准备好，包括所需要的螺丝刀（一字螺丝刀、三角螺丝刀和六角螺丝刀）、镊子和物料盒等。（　　）

2．拆卸笔记本电脑之前，先对笔记本电脑进行关机操作，并去除笔记本电脑的电源适配

器和电池。(　　)

3. 将笔记本电脑的电源适配器的电源接头从电源接口中拔出，然后推动笔记本电脑底部的电池卡锁，电池就可以整体取下。(　　)
4. 在拆卸时，拆卸人员不需要消除自身的静电。(　　)
5. 将笔记本电脑的液晶显示屏取下时，要注意液晶显示屏的转轴不要被其他部件卡住。(　　)
6. 笔记本电脑的整机结构非常紧凑，因此使得各组成部件之间的空间异常狭小，导致传统的元器件已不能满足组装需求，从而在使用传统元器件的同时使用了贴片元器件。(　　)
7. 贴片式电阻器的种类繁多，外形各异，用于笔记本电脑当中的主要有普通电阻器、熔断电阻器，以及排电阻器。(　　)
8. 陶瓷电容器与贴片式普通电阻器的外形很像，但是陶瓷电容器采用“Cxxx”形式标识其代号，并且颜色一般为浅绿色或浅灰色，两端有银色的焊点。(　　)
9. 贴片式钽电解电容器的体积较小、容量较大，因此常用于笔记本电脑的滤波电路中。并且其表面有标识有该电容器的电容量、额定电压等系数。(　　)
10. 笔记本电脑中专用的部件主要有CPU、BIOS、时钟发生器、显卡、网卡、声卡和各种芯片。(　　)
11. BIOS芯片是只读存储器，芯片中储存着基本输入输出的程序、系统设置信息、开机加电自检程序和系统启动自举程序。(　　)
12. 声卡芯片在工作时需要声卡谐振晶体提供时钟信号，因此声卡芯片与声卡谐振晶体距离很远。(　　)

二、填空题

1. 准备好基本拆卸工具，还应准备__________和__________等辅助工具，以便在对笔记本电脑拆卸完成后，对笔记本电脑进行清洁。
2. 由于在电源关闭时，笔记本电脑的电路和设备，以及芯片中可能仍然存在一些电流，因此需要__________。
3. 贴片式普通电阻器的外形呈扁平的小方块，两边有银白色的焊接引脚，笔记本电脑主板上常采用“__________”的形式进行标识，并且在其表面上有__________标识。
4. 普通电阻器数字标识法通常采用三位数字进行标识，其中__________为有效数字，__________则表示倍乘。
5. 熔断电阻器的封装形式有很多中，普通电阻式熔断电阻器与普通电阻器的外形非常相似，只是在其表面的标称值标识为“__________”或“__________”，表示该熔断电阻器的阻值为0Ω。

三、问答题

1．简述笔记本电脑硬盘和软驱的拆卸。

2．简述笔记本电脑显示屏的拆卸。

3．简述贴片式大功率电感器的识别方法。

4．简述显卡的识别方法。

项目 3

笔记本电脑 CPU 及散热系统的检修方法

笔记本电脑 CPU 及散热系统的常见故障及检修方法

常见故障： CPU 芯片安装不良，引脚有污物或锈蚀情况，散热环境不良等情况往往会引起笔记本电脑在工作过程中死机或整机工作失常。

检修方法： 对 CPU 的散热系统及 CPU 插接状态进行检查，检修流程如下图所示。

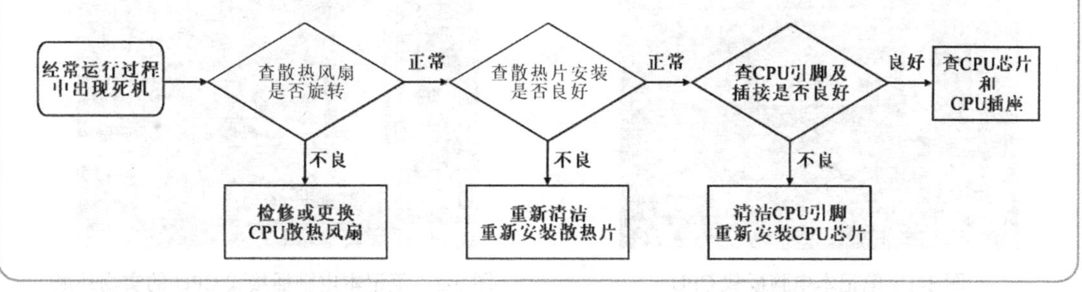

学习内容

1. 学习笔记本电脑 CPU 的类型和结构特点。
2. 学习笔记本电脑散热系统的种类和结构特点。
3. 学习笔记本电脑 CPU 的故障表现和基本检修方法。
4. 学习笔记本电脑散热系统的故障表现和基本检修方法。

任务 1 了解笔记本电脑 CPU 及散热系统的结构特点

任务描述

借助典型笔记本电脑的实例演示，全面系统地介绍笔记本电脑中 CPU 及散热系统的结构特点，力求让读者了解笔记本电脑 CPU 及散热系统的功能和工作方式，为检修打好基础。

任务实施

1. CPU 的结构特点

CPU 是中央处理单元的简称，它是笔记本电脑系统的控制中心。CPU 在笔记本电脑主板上的安装方式有两种：一种是焊装方式，又称板载式；另一种是插接式。

笔记本电脑板载 CPU 是在早期的笔记本电脑中使用的方式，这种笔记本电脑 CPU 有效地节省了笔记本电脑的空间，但同时对于笔记本电脑在维修、更换、升级时的操作带来了很大的麻烦，板载 CPU 的实物如图 3-1 所示。

插接式 CPU 的安装形式是现在笔记本电脑中常见的安装形式，安装（插入）和拆卸（拔下）方便，且可靠。这种安装形式在笔记本电脑的主板维修、CPU 的更换时都带来了极大的方便，笔记本电脑插接式 CPU 的实物外形如图 3-2 所示。

图 3-1　笔记本电脑板载 CPU

图 3-2　笔记本电脑插接式 CPU 的实物外形

CPU 的功能方框图如图 3-3 所示，主要是由总线接口、指令输入接口、指令译码器、控制单元、指令输出和执行单元、运算单元和高速缓冲存储单元等部分构成的。CPU 通过数据总线、地址总线和控制总线与外围电路相连，电源供电、复位信号、时钟信号为 CPU 提供必要的工作条件。笔记本电脑启动后，CPU 根据程序进行数据处理、数据运算和系统控制等工作。

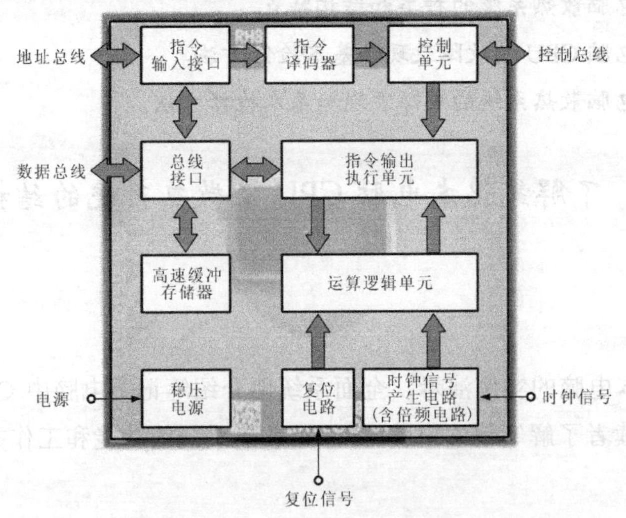

图 3-3　CPU 的功能方框图

虽然CPU的功能都是一样的，但是所体现的独特性能不同，使得CPU的内部结构也各有不同。如酷睿（Core Duo）双核CPU采用的是Yonah内核，支持移动32位运算模式，如图3-4所示，其内部植入了两个核心单元，通过SmartCache技术共享二级缓存，根据处理任务的负荷程度，在两个核心处理单元之间进行协调，然后分别同时进行指令运算，从而达到更高效的处理能力。由于CPU芯片处理数据的速度非常快，而相对内存的数据处理（存取）速度则相对较慢，为了解决运行速度不协调的问题，在CPU芯片中设置二级缓冲存储器，内存的数据先存入缓冲存储器，再由缓冲存储器为CPU提供数据，从而解决处理速度不匹配的问题。

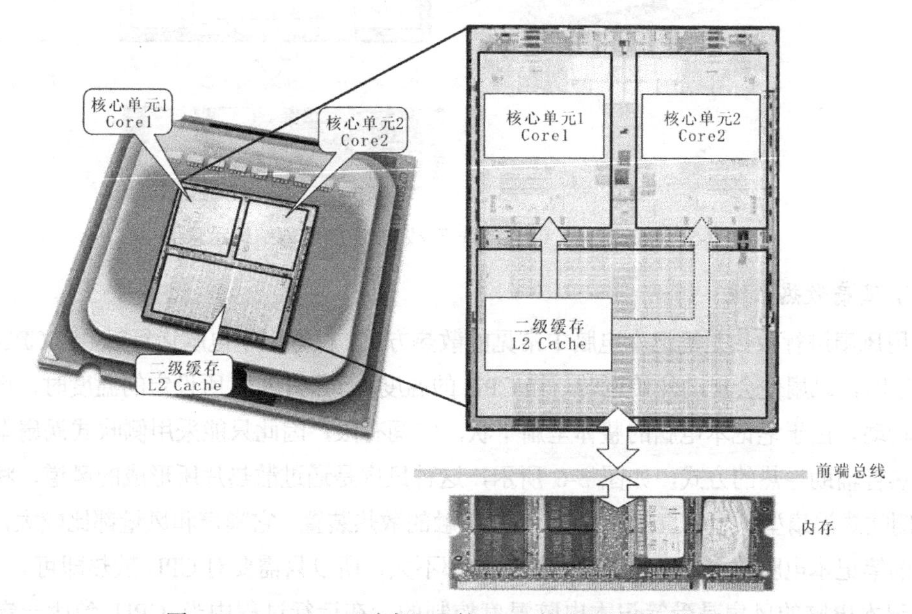

图3-4 Core Duo（酷睿）双核CPU的内部结构示意图

而酷睿2（Core Duo）双核CPU采用的是新一代内核（Core）架构，最大特色是使用了共享式L2缓存设计，同时加入了更强的分支干预及智能管理的功能，如图3-5所示。当数据载入缓存后，L2缓存中的数据可以给两个核心同时共用。这样使得每个内核之间都可共享更大的L2缓存，在特殊情况下，单独一个核心可独占缓存，因此从理论上讲每个核心都有可能获得100%的L2缓存。这在执行单核心优化的程序时，优势特别明显。即由于不需要使用第二个核心，第二个核心就会自动关闭或是降低功耗，而另一个核心则可以共享双倍于单核L2缓存容量的空间来存放数据，这种设计使得酷睿2总体执行效率大大提升。

2. 散热系统的结构特点

笔记本电脑CPU在进行信息处理的过程中会产生很多的热量，因此对CPU进行及时的散热是非常重要的，否则可能会影响CPU的正常工作，甚至使整个笔记本电脑不能正常工作。

笔记本电脑 CPU 的散热系统是指安装在笔记本电脑主机内的散热系统。比较常见的有风扇散热系统、散热管散热系统、散热板散热系统和对流散热系统等。

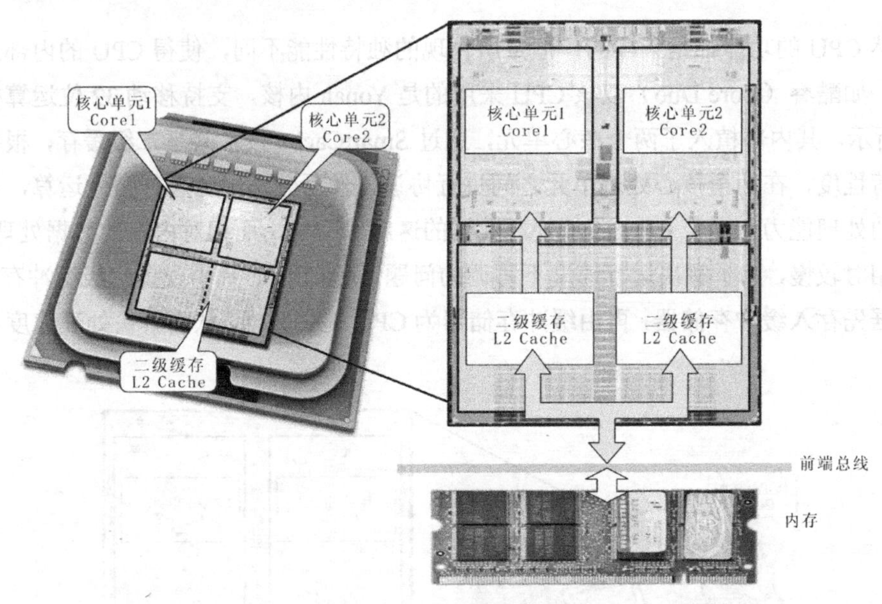

图 3-5　Core2 Duo（酷睿 2）双核 CPU 的内部结构示意图

（1）风扇散热系统

使用风扇进行散热是笔记本电脑中常见的散热方式。在笔记本电脑运行时，当 CPU 达到一定的温度时，风扇便会自动开始运转，当 CPU 的温度降低到 BIOS 所设定的温度时，风扇会自动停止转动。由于笔记本电脑的整体呈扁平状，空间有限，因此只能采用侧吹式涡扇型风扇，再配以热管辅助导热的方式，如图 3-6 所示，这种风扇是通过散热片所形成的风道，将热量带出的。侧吹式涡扇型风扇是直接和 CPU 核心接触的散热装置，它噪声和风量都比较大，这是因为早期的笔记本电脑的主板和显卡芯片发热量都不大，所以只需要对 CPU 散热即可。

笔记本电脑的风扇是受笔记本电脑温度控制的，在运行过程中当 CPU 到达一定的温度时，风扇就开始运转，而等温度降低到一定的程度时，风扇会停转。而对于一些中高档笔记本电脑，为了更有效地散热，采用双风扇散热装置，如图 3-7 所示。通常双风扇为一大一小，可以根据热量需求使风扇以单/双、低/高速模式运行，较其他的 CPU 散热风扇相比，双风扇更节电，噪声更低。

图 3-6　侧吹式涡扇型风扇

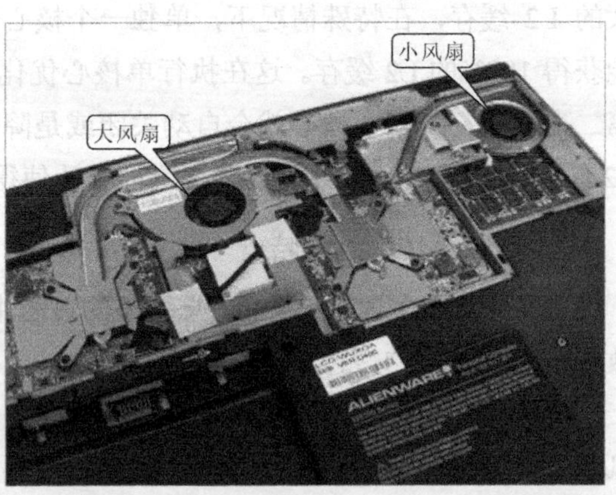

图 3-7　双风扇

笔记本电脑的散热风扇具有叶片薄，没有涡流，气流方向性好，气流密度较高和体积小等特点，但成本较高，磨损和功耗相对都比较大，由于笔记本电脑本身空间上的原因，加上噪声的影响，这种风扇非常适合用于笔记本电脑当中，如图3-8所示为笔记本电脑中所用的风扇。

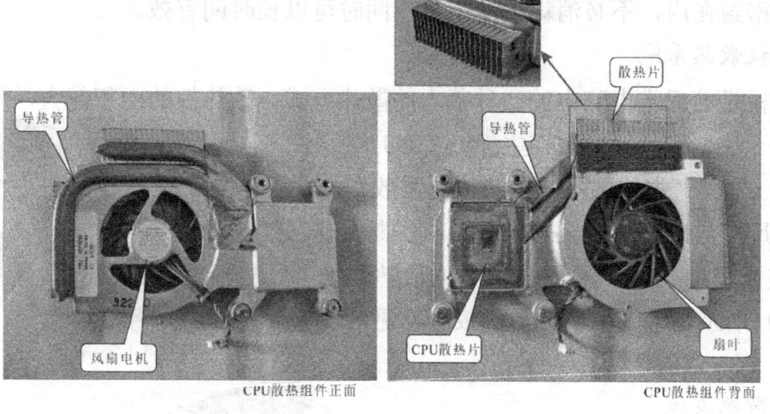

图3-8　笔记本电脑中所用的风扇

随着笔记本电脑的发展，为了适应用各种需要，主板芯片组及显卡芯片的功率最来越大，只给CPU散热的侧吹式涡扇型风扇已经不能满足笔记本电脑的散热要求了，除了使用更大功率的风扇以外，还开发了采用散热管导热的笔记本电脑散热装置。

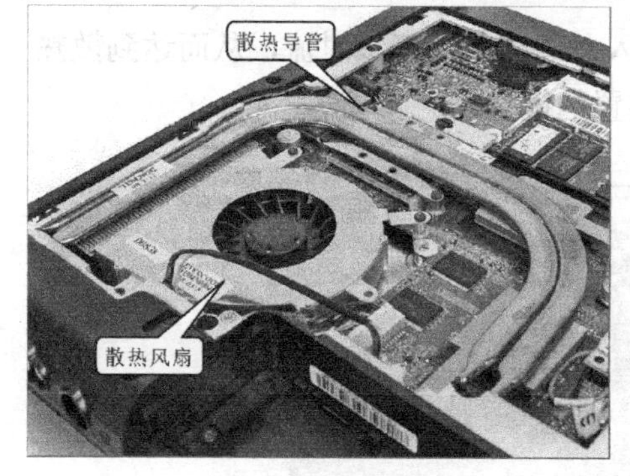

图3-9　散热导管

（2）散热管散热系统

散热管散热系统是笔记本电脑散热方式中一种最常用的散热系统，如图3-9所示。

散热管导热装置原理如图3-10所示，它是将管内抽成真空。在真空状态下，水的沸点很低，如果在管子的一端加热，水就会蒸发，把热量带到另一端，到了另一端水形成冷却水，再回流回去，如此反复，导热管就把CPU、芯片组、显卡等硬件设备发出的热量传到面积较大的金属散热板，金属散热板经由风道和空气接触或通过小型散热风扇，将热量传导出去。

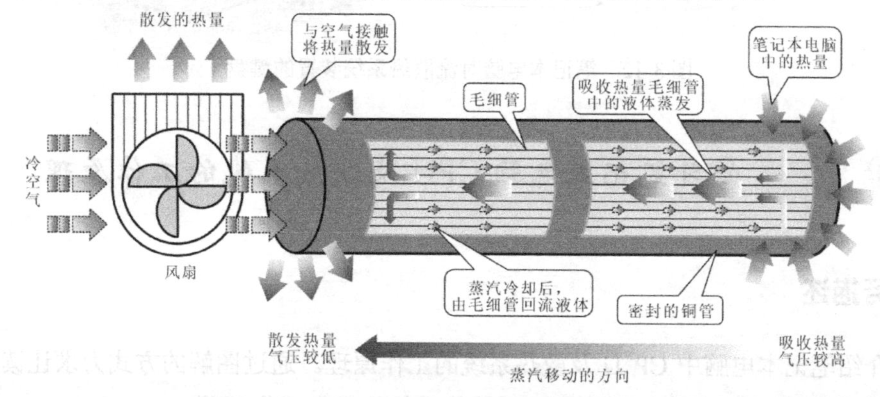

图3-10　散热管导热装置原理

由于风扇散热是笔记本电脑采用的基本散热方式，因此将散热导管与风扇相结合，能够最大限度地起到散热的功效，并且能够降低成本。

CPU 的散热系统中比较有特点的就是散热管散热方式，其优点是没有移动式的零件，全部零件都完全密封在内，不必消耗电池电量，同时可以长时间有效。

（3）散热板散热系统

采用散热板是笔记本电脑中的一种基本的散热方式。散热板的面积越大，散热的效率就越高。一般将一块金属散热板敷在主板或 CPU 的上部，以释放 CPU 产生的热量。散热板通常放在键盘的下方，尺寸与键盘基本相同。另外，散热板与散热风扇结合使用也是一种比较常见的散热系统。如图 3-11 所示是笔记本电脑散热板中常见的散热铝板。

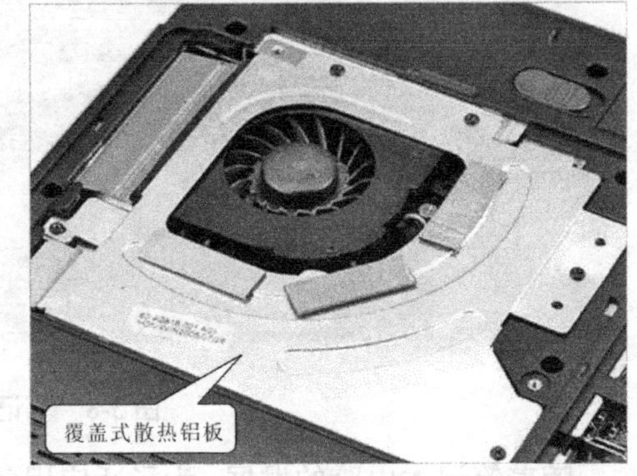

图 3-11　笔记本电脑散热板中常见的散热铝板

（4）对流散热系统

对流散热系统是利用空气对流原理进行被动散热的方式，常用于一些轻薄的笔记本电脑当中。将 CPU 产生的热量通过笔记本电脑键盘的空隙排出机外，外面的冷空气就会从机壳散热孔和按键孔流入，这样就能形成对流，从而达到散热的目的。如图 3-12 所示为笔记本电脑对流散热系统装置的键盘。

图 3-12　笔记本电脑对流散热系统装置的键盘

任务 2　学习笔记本电脑 CPU 及散热系统的工作原理

任务描述

主要介绍笔记本电脑中 CP U 及散热系统的工作原理。通过图解的方式力求让读者了解 CPU 和散热系统的工作过程，理解 CPU 及散热系统的各个工作环节。

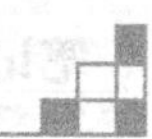

任务实施

CPU的工作原理

CPU是按照程序进行工作的，这是它与一般电路的不同之处。CPU的工作程序存在存储器中。如图3-13所示，CPU工作时，从存储器（内存）中读取程序指令，通过CPU总线接口送入CPU中，总线接口有三种分别为指令总线、地址总线和数据总线，总线接口接收的程序指令送到CPU内部的指令输入接口，其信号流程为图中的①，为了提高CPU的运行速率，程序指令有一部分会先进入高速缓冲存储器，然后经过缓存目录区，顺序进入指令输入接口，其信号流程为图中的①。

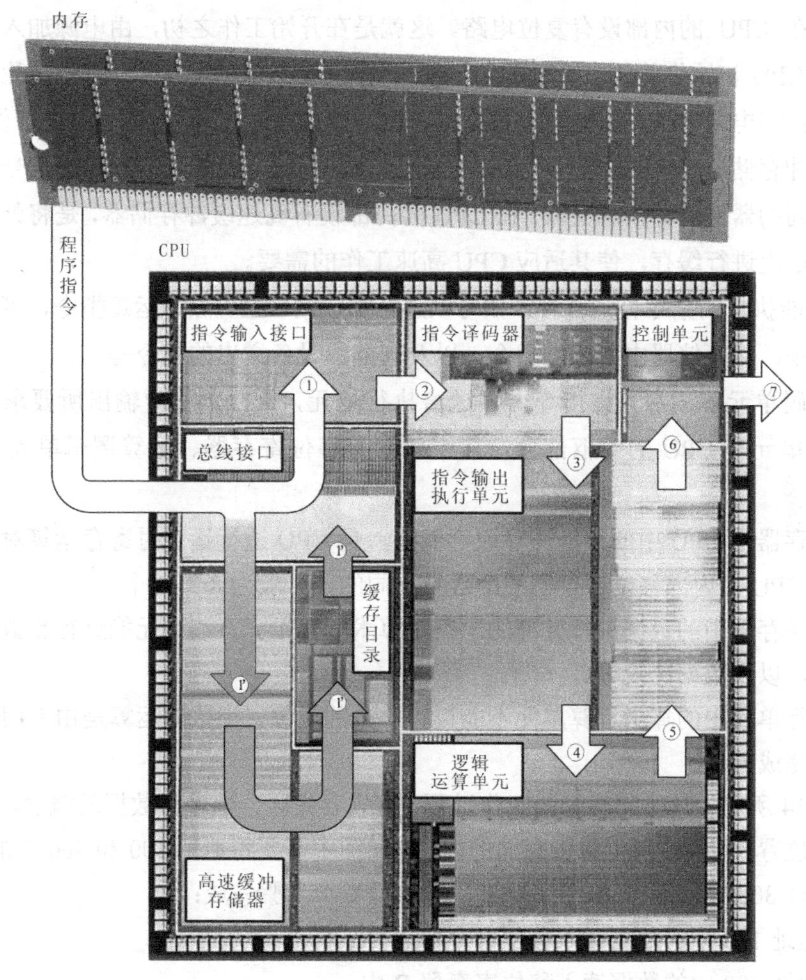

图3-13 CPU指令流程示意图

CPU指令输入接口收到程序指令后会进行暂存，然后再顺次将程序指令送入指令译码器中，其信号流程为图中的②。指令都是由二进制数字编码的信号构成的，例如“00110101”指令是什么意思，需要对操作对象做怎样的处理，就需要对指令进行解读，即译码，因此“译码”是指令译码器的任务。

译码后的程序指令会送到指令输出和执行单元，其信号流程为图中的③号方向，CPU 按照指令做哪项工作就是通过这个电路来进行处理。在执行程序指令的时候，还需要逻辑运算和逻辑控制，因此信号通过流程④就被送入了逻辑运算单元。

逻辑运算单元完成控制和运算任务后，通过流程⑤再送回指令输出和执行单元，然后由信号流程⑥送入控制单元。最后通过控制总线（总线信号），即图中流程⑦，对外部的各种电路和设备进行控制。

CPU 在工作时需要同步时钟信号（脉冲），时钟脉冲是由专门的时钟信号振荡电路提供的，该信号经倍频电路后送给 CPU。目前，CPU 都有倍频电路，可以将时钟信号进行加倍。这样，可以提高 CPU 的工作速率。

此外，在 CPU 的内部设有复位电路。这就是在开始工作之初，由电源加入时送来的复位信号，使 CPU 初始化并处于待机准备状态。整个 CPU 在工作的时候有一个稳压电路，由外部电源提供的电源电压，在这里经过稳压以后，为 CPU 内部的各种电路进行供电。

高速缓冲存储器是 CPU 中不可缺少的一部分，它用于处理数据和地址信号，也用于与外部速率不同的器件进行信息交流，在 CPU 的内部设有高速缓冲存储器，是将外部速率比较低的信号在这里进行缓存，使其适应 CPU 高速工作的需要。

CPU 所能执行的指令有几百种，如可以进行加、减、乘、除等运算指令，可以进行两个数的比较指令，从存储器中读出的指令，以及向外围设备送出的指令等。

指令译码单元解读后，将指令内容送给执行单元，执行单元便输出所要求的动作，指令输出执行单元是 CPU 的中枢部分，其中包含有移位寄存器、运算逻辑单元（ALU）等部分。

移位寄存器是 CPU 中的最高速存取存储器，是 CPU 进行运算时寄存运算对象的数据内容。不同的 CPU 其内部移位寄存器的个数是不同的，一般为 8～32 个。

对移位寄存器中的数据进行处理的电路是算术运算单元，该单元能进行整数的四则运算或逻辑运算，以及数据比较等。

但是执行单元中的算术运算单元不能进行小数的运算，小数的运算是由专门的浮点小数运算单元来完成的。

如图 3-14 所示为移位寄存器的工作过程，首先要先区分地址和数据的概念，其中地址指的是内存的位置，而数据指位置中存储的内容。如图中需要将地址 100 和 400 中的内容相加，然后存入地址 300 中，这个工作过程 CPU 要进行 6 个步骤完成：

① 将地址 100 中的数据读入移位寄存器 A 中；

② 将地址 400 中的数据读入移位寄存器 B 中；

③ 移位寄存器 A 和 B 中的数据送入运算逻辑单元中；

④ 在运算逻辑单元中将送入的数据进行相加；

⑤ 运算逻辑单元中得到的运算结果再送入移位寄存器 A 中；

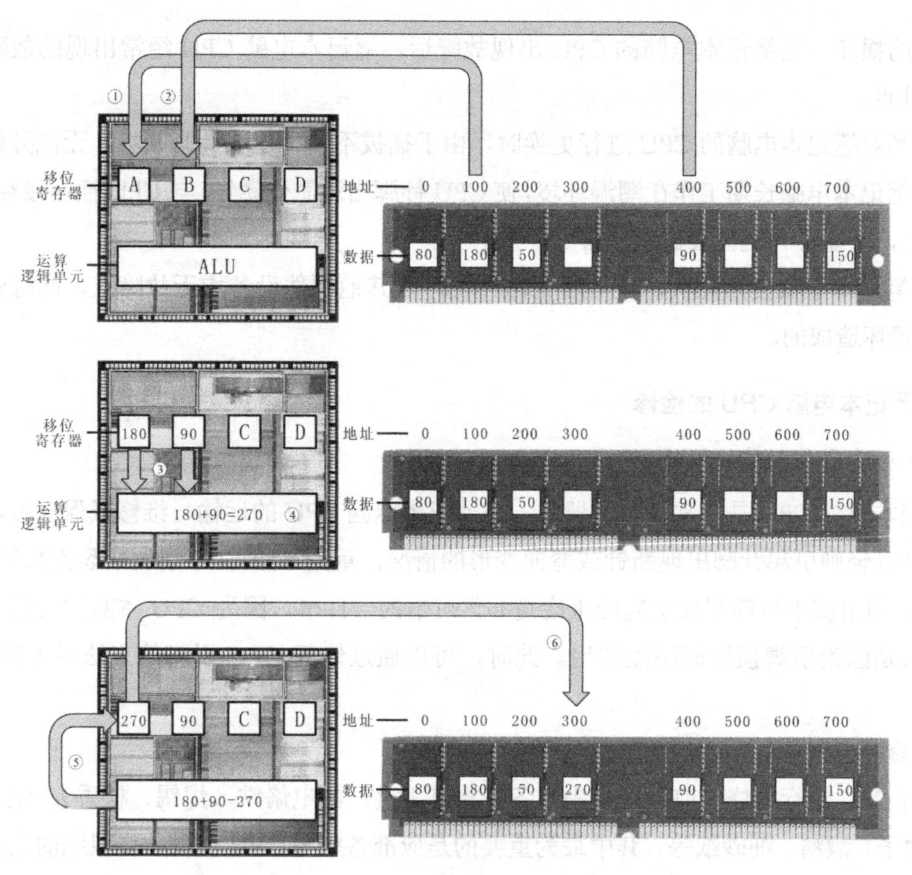

图3-14　移位寄存器的工作过程

⑥ 将移位寄存器A的数据存入内存地址300中。

从上述的运算过程可见，CPU所要执行的1条程序是如此简单，但要做一项完整的工作，实际上需要成千上万条这些简单的程序组合起来。

任务3　掌握笔记本电脑CPU的检修方法

任务描述

主要介绍CPU的故障表现，让读者首先明确CPU的故障检修思路。然后，通过对实际样机的实拆、实测、实修。将笔记本电脑CPU的检修规范、要点、流程和方法进行详细的演示。

任务实施

1．笔记本电脑CPU的故障表现

笔记本电脑CPU出现故障的概率非常小，通常是由于运输、保养、维修等外界因素造

成 CPU 的损坏。当笔记本电脑的 CPU 出现故障后，笔记本电脑 CPU 经常出现的故障表现为以下几点：

① 当对笔记本电脑的 CPU 进行更换时，由于插拔不当，造成针脚损坏，无法开机；

② 笔记本电脑长期工作在潮湿环境，使 CPU 针脚出现氧化锈蚀，与 CPU 插座接触不良，无法开机，或能够开机但会出现蓝屏、黑屏。

③ 笔记本电脑突然死机，之后再无法开机。若其他硬件设备均无故障点，此时就是由于 CPU 损坏造成的。

2. 笔记本电脑 CPU 的检修

(1) 引脚断裂故障的检修

笔记本电脑 CPU 是非常精密的器件，在笔记本电脑 CPU 的运输、维修或保养时，如果操作不当，轻则引起针脚出现断针或弯曲变形的情况，重则导致 CPU 引脚断裂而报废。

CPU 因引脚不良等现象引起的报废是非常可惜的一件事，因为 CPU 本身的性能并没有损坏，只是因为引脚损坏而不能使用。此时，可以通过修复 CPU 引脚的方法对 CPU 进行检修。

① 修复方法

在对 CPU 进行检修之前，应事先准备好检修工具，如电烙铁（焊锡、松香）、镊子、放大镜、钳子、酒精、细砂纸等，其中最为重要的是应准备好与 CPU 引脚一样粗细的铜线或漆包线，如图 3-15 所示。如果准备的是漆包线，则需要去漆后再使用，使用时，可剪成 5 cm 左右的小段，以能用手指捏稳为准，然后在铜线的一头上锡。

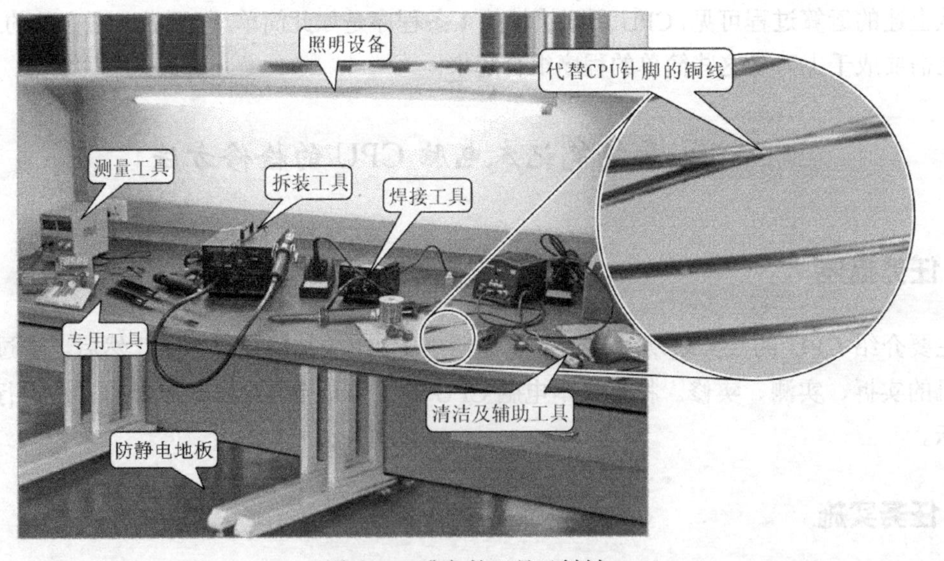

图 3-15　准备的工具及材料

② 修复步骤

在检修对 CPU 检测前，首先需要将 CPU 从笔记本电脑中取下。

【跟我做】

① 拆卸 CPU 时首先要将散热系统卸下。如图 3-16 所示，取下散热装置上的 4 个固定螺钉。

② 取下散热装置固定螺钉以后，再将连接接口取下，就可以将散热装置取下来了，如图 3-17 所示。

③ 散热装置下面就是 CPU，CPU 在主板上是由特殊的锁定装置安装的，因此需要先将 CPU 从插槽上释放开来，释放后的 CPU 就可以从主板上取下来了，如图 3-18 所示。

图 3-16　取下散热装置的螺钉

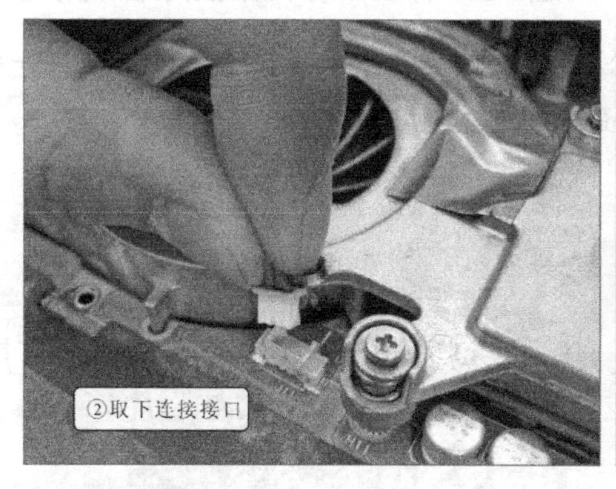

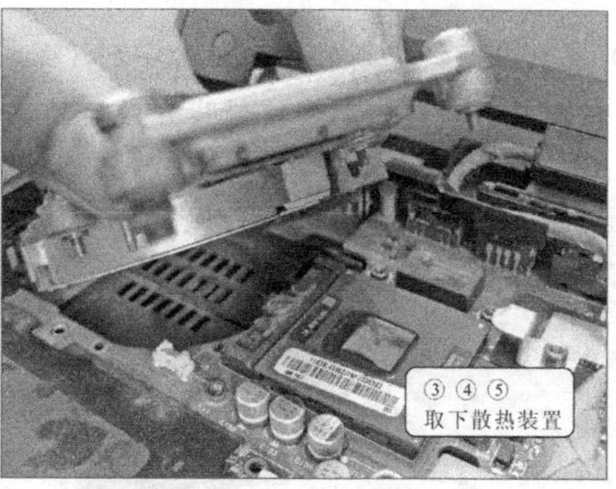

图 3-17　取下散热装置

④ 如图 3-19 所示，观察取下来的 CPU，发现有断针现象，这可能是由于插拔不当使针脚出现断针或弯曲变形引起的。

⑤ 用偏口钳子将 CPU 上折坏的针脚从根底部剪断或使用电烙铁焊掉原先的残留针脚，再用细砂纸打平，然后用黏合剂固定，其操作可在放大镜下面进行，如图 3-20 所示。

⑥ 准备焊接前，电烙铁必须进行接地，避免产生感应电压将 CPU 烧毁。性能良好的电烙铁都有自带的延长接地线，使用接地夹接地，并使烙铁头上带有很薄的一层焊锡，如图 3-21

所示。

图 3-18　取下 CPU

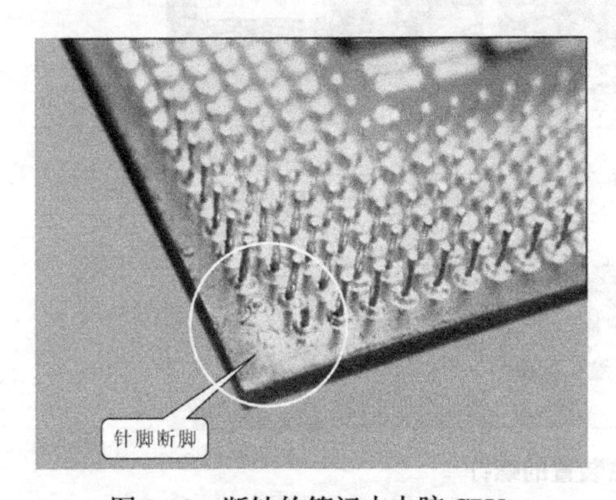

图 3-19　断针的笔记本电脑 CPU

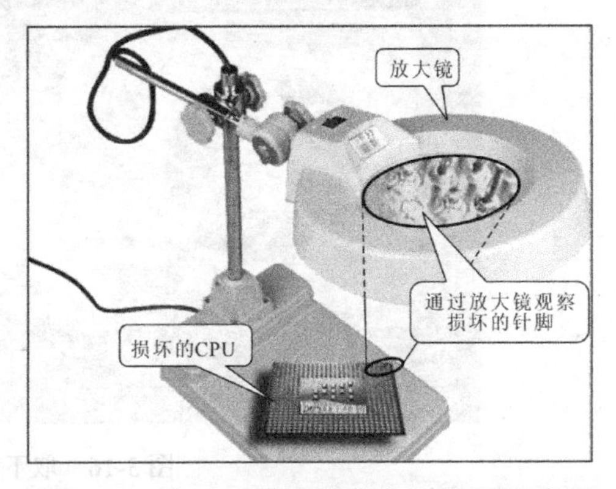

图 3-20　将 CPU 故障放在放大镜下进行处理

⑦ 在 CPU 针脚断裂处滴上助焊剂（如松香液），然后一手拿着镊子夹持铜线，一手拿着电烙铁，将针脚焊好，焊接针脚完成后的界面如图 3-22 所示。

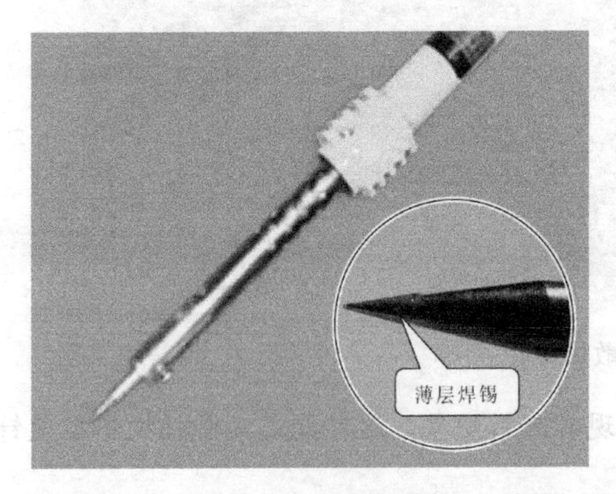

图 3-21　将烙铁头上带有很薄的一层焊锡

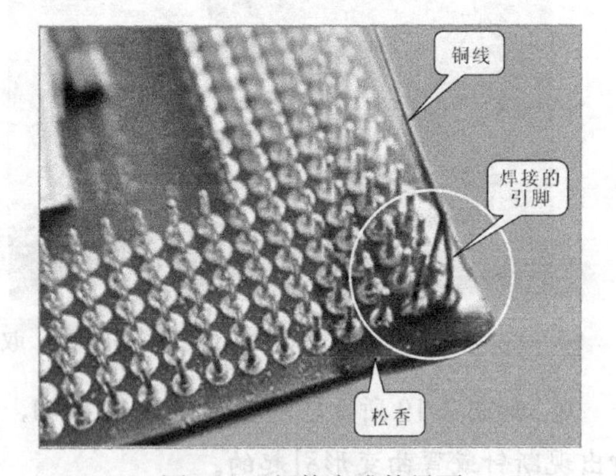

图 3-22　焊接完成的界面

⑧ 焊接完成后，每个针脚都要用力摇一摇，确认针脚焊牢，然后使用偏口钳子将多余的铜线剪掉，最后用棉签蘸取些许酒精或丙酮来洗掉残留在 CPU 针脚上的松香，并使用镊子将针脚调直，最终效果如图 3-23 所示。

⑨ 最后将修复好的CPU在主板上的CPU插槽上进行安装。确认安装没有任何问题之后，就可以试着开机。笔记本电脑能够正常开机运行，说明故障排除，然后将笔记本电脑外壳固定好即可。CPU的引脚很多，有些部位的引脚断裂后很难修复，这种情况只有通过更换CPU解决。

（2）引脚的氧化锈蚀故障的检修

如发现取下来的CPU没有断脚、扭曲的现象，而是部分针脚上有绿色的氧化锈蚀痕迹，如图3-24所示，这是由于笔记本电脑长时间的工作在潮湿的环境中，导致CPU出现被氧化的现象。

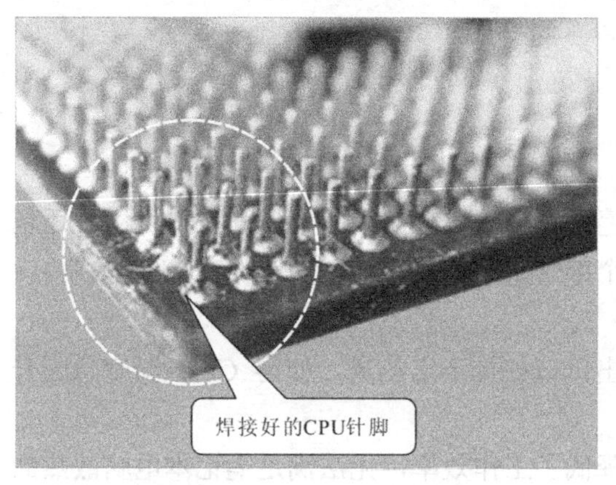

图3-23　修复引脚的CPU

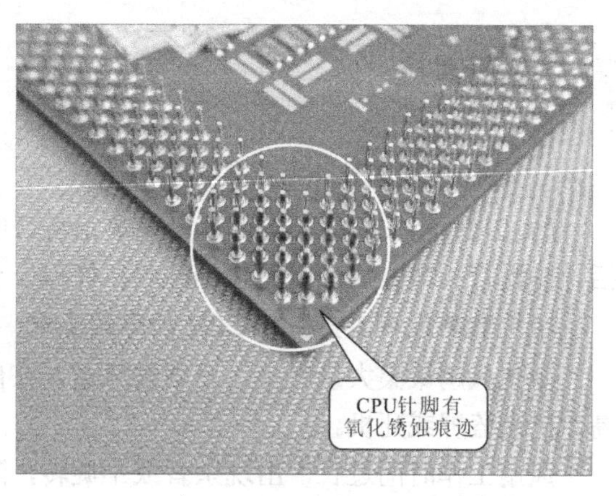

图3-24　被氧化的CPU针脚

修复方法

对于CPU针脚上的氧化锈蚀痕迹，可以使用蘸有些许酒精的棉签进行清洁，在清洁时一定要轻轻地擦拭，以除去氧化层和污物，如图3-25所示。擦拭时，应避免将CPU引脚弄弯或弄断。

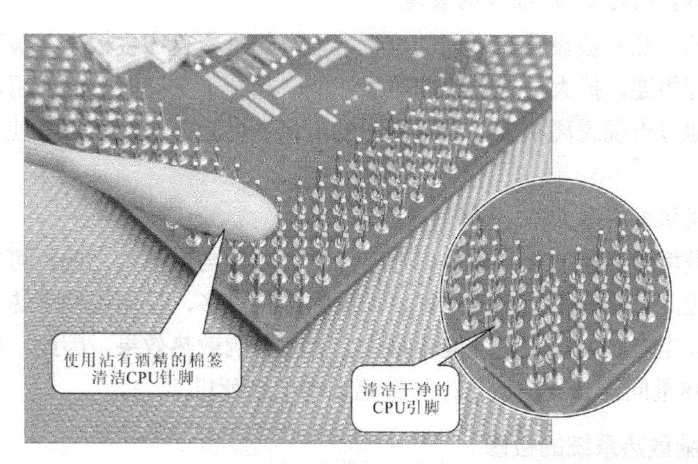

图3-25　擦拭CPU针脚

将清洁后的CPU安装在主板上的CPU插槽上。确认安装没有问题后，就可以试着开机。笔记本电脑能够正常开机运行，说明故障排除，然后将笔记本电脑外壳固定好即可。

任务4 掌握笔记本电脑散热系统的检修方法

任务描述

主要介绍笔记本电脑散热系统的故障表现，让读者首先明确散热系统的故障检修思路。然后，通过对实际样机的实拆、实测、实修。将笔记本电脑散热系统的检修规范、要点、流程和方法进行详细的演示。

任务实施

1. 笔记本电脑散热系统的故障表现

与 CPU 相关的重要配件就是散热系统，笔记本电脑的散热系统不仅是散热风扇，还包括导热铜管和散热片，以及导热硅脂，任何一个部分状况不良都可以引起 CPU 工作失常。

（1）散热风扇不良引起 CPU 故障的表现

散热风扇聚集大量灰尘，会堵塞风道，在出风口处排不出热量，使得 CPU 温度急剧升高，出现蓝屏或死机。

风扇工作时间过长，出现杂音或不旋转，降低了工作效率，无法满足笔记本电脑散热的要求，导致笔记本电脑突然死机。

（2）导热铜管不良引起 CPU 故障的表现

笔记本电脑采用了导热铜管的散热方式，能够有效地将热量通过导热铜管带出笔记本电脑，如果导热铜管与散热风扇之间的接触不紧密，就会降低导热铜管的导热性能，影响笔记本电脑整机的散热，也会使 CPU 温度升高，导致死机。

（3）散热片不良引起 CPU 故障的表现

笔记本电脑的散热片被设置在不同的位置上，有的是覆盖在主板上起被动散热作用，有的则是与导热铜管相连，扩大导热铜管的散热性能，起到了主动散热的作用。如果散热片与导热铜管相连的地方出现脱离状态，同样会影响笔记本电脑整机的散热，使 CPU 温度升高，导致死机。

（4）导热硅脂缺失引起 CPU 故障的表现

硅脂的作用是增强热量的传导效果，通常涂抹在芯片与散热片之间，可以帮助 CPU 与散热片更好地接触，但是并不是越多越好，如果涂抹得过多，反而不利于热量传导。而且，硅脂很容易吸附灰尘，硅脂和灰尘的混合物也会大大影响散热效果。因此，导热硅脂涂抹得不适量，CPU 的热量同样会无法散出，导致笔记本电脑死机。

2. 笔记本电脑散热系统的检修

（1）CPU 温度的检测方法

在笔记本电脑 CPU 及散热系统的故障检修时，需要维修人员掌握一些基本 CPU 操作方法，如检测 CPU 工作温度等。

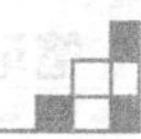

在笔记本电脑的维修中，如果笔记本电脑经常出现死机的故障，可以通过使用优化大师软件检测笔记本电脑CPU的温度，来考虑是否检查并更换散热装置。

通常情况下笔记本电脑的CPU华氏温度为60°F～80°F，查看方法可以通过BIOS程序界面或是通过专门的CPU温度查看软件查看。通过软件查询的时候，可以在“EVEREST Home Edition”软件中的“传感器”选项查询，如图3-26所示。

图3-26　选择“传感器”

在“传感器”选项中可以看到关于笔记本电脑传感器的属性，以及CPU当前的温度值，其中27表示摄氏温度，81表示华氏温度，此时说明笔记本电脑CPU的温度基本正常，如图3-27所示。如果实测温度过高，则应检修散热系统。

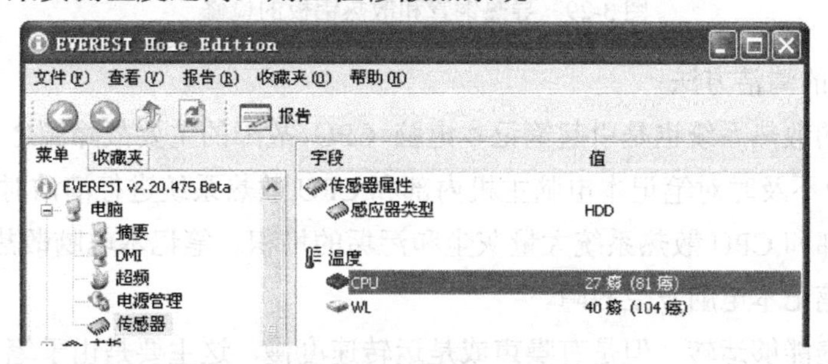

图3-27　检测出的CPU温度

（2）散热系统的检修方法

笔记本电脑散热系统主要包括风扇、散热铜管、散热铝板及导热硅胶，因此对散热系统进行检修的时候，应对所有的散热系统进行检修，如图3-28所示。

图3-28　散热系统

① 导热铜管或散热铝板的检修方法

在检查 CPU 散热系统时，先要检查笔记本电脑的散热铜管和散热片的位置。由于笔记本电脑最大的特点就是移动性，在来回搬动的过程中难免会有些磕碰，造成散热系统的导热铜管和散热片出现脱落，从而降低了笔记本电脑的整体散热性能。因此，导热铜管与散热片、散热风扇之间的接触一定要仔细检查，如图 3-29 所示。如果发现有脱落现象，要及时进行修复，以免影响笔记本电脑的散热效果。

图 3-29　导热铜管和散热铝板的检修

② 散热风扇的清洁方法

笔记本电脑的散热系统也是引起笔记本电脑 CPU 故障的主要故障源之一。当笔记本电脑长时间使用，而不及时对笔记本电脑主机内部和 CPU 散热系统进行清洁时，很容易导致笔记本电脑主机内部和 CPU 散热系统大量灰尘和污垢的堆积。笔记本电脑散热系统与 CPU 接触不良都会造成笔记本电脑发生故障。

如果散热风扇能够运转，但是有噪声或是运转速度慢，这主要是由于笔记本电脑长时间使用，而没有及时对笔记本电脑主机内部和 CPU 散热风扇进行清洁所致。将 CPU 散热风扇拆卸后，使用清洁刷将 CPU 散热风扇的灰尘进行清洁，如图 3-30 所示。

图 3-30　清洁刷清洁散热风扇及散热装置

在使用清洁刷对散热风扇或是散热装置进行清洁时，无法将灰尘完全进行清除，因此，还需要使用吹气皮囊再对 CPU 散热风扇进行进一步的清洁操作，如图 3-31 所示。

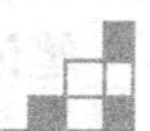

图3-31 吹气皮囊清洁散热风扇及散热装置

提示 值得注意的是，大多数笔记本电脑CPU散热风扇采用的都是自润滑形式，这种风扇不同于常见的轴承风扇（如台式机风扇），因此，如果不是在CPU散热风扇磨损很严重妨碍转速的情况下，不要随意对CPU散热风扇添加润滑剂，以免影响CPU散热风扇的正常运转。

③ 散热风扇的检修方法

如果散热风扇不能运转，首先应检查风扇本身是否正常，如图3-32所示为IBM R40笔记本电脑的散热风扇，这个风扇有三根引线（这是因为该风扇可以进行速度控制），并且在风扇内部有一个小芯片连接风扇的绕组。

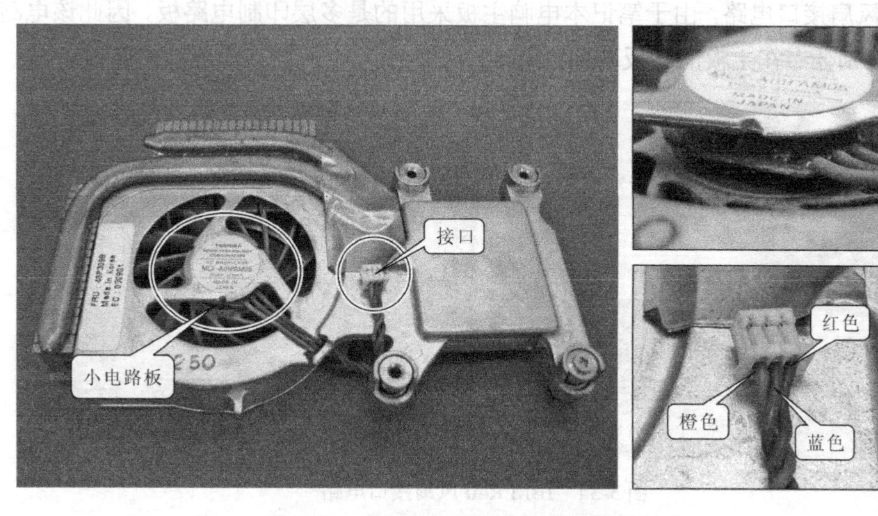

图3-32 IBM R40笔记本电脑的散热风扇

检测风扇的方法就是使用万用表分别测量各个绕组之间的电阻值，如图3-33所示，将万用表量程调整至欧姆“×1k”挡，由于该散热风扇带有小电路板，因此在使用万用表测量时，红黑表笔接触的位置不同，所测得的绕组电阻值也各有不同（见表3-1）这属于正常现象。只要测得的结果显示的不是0Ω或无穷大，就表示该散热风扇良好。

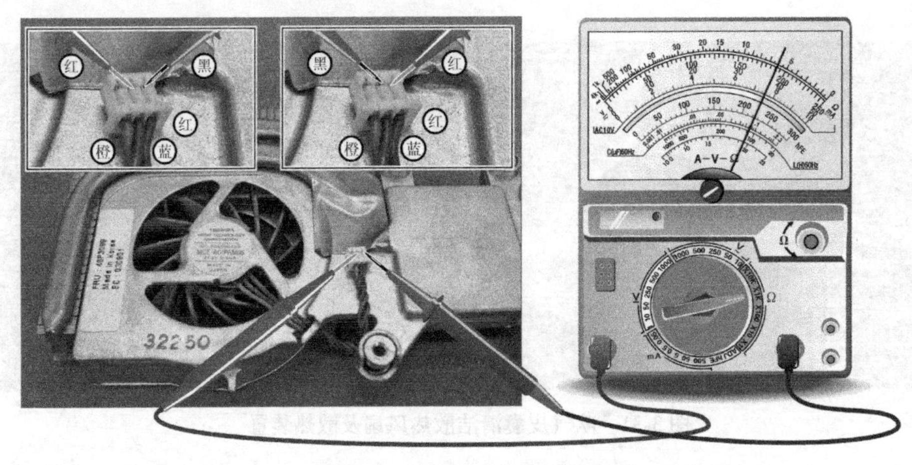

图 3-33 散热风扇的检测

表 3-1 IBM R40 散热风扇绕组电阻值

红表笔	黑表笔	绕组电阻值	红表笔	黑表笔	绕组电阻值	红表笔	黑表笔	绕组电阻值
红色	蓝色	6 kΩ	红色	橙色	8.5 kΩ	蓝色	橙色	24 kΩ
蓝色	红色	12 kΩ	橙色	红色	8 kΩ	橙色	蓝色	8 kΩ

④ 散热风扇驱动电路的检修方法

如果散热风扇良好，但是仍不能运转，则应检测风扇接口电路是否正常，如图 3-34 所示为 IBM R40 风扇接口电路，由于笔记本电脑主板采用的是多层印制电路板，因此该电路所涉及的元器件分别分布在主板的正反两面上。

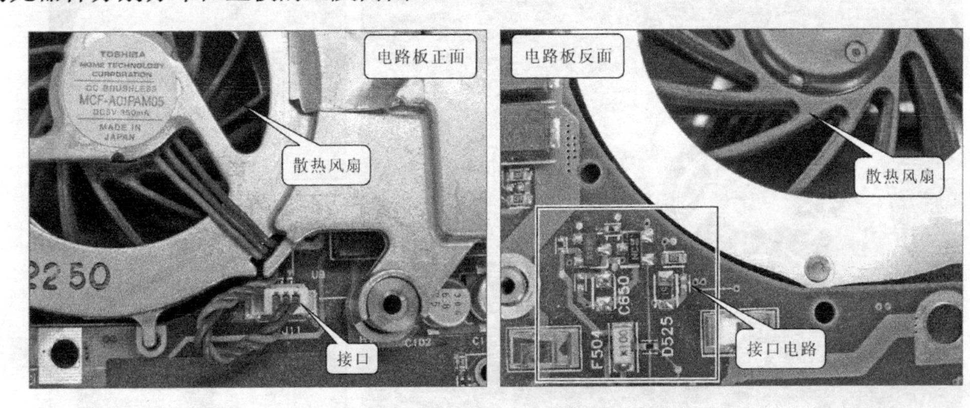

图 3-34 IBM R40 风扇接口电路

由于笔记本电脑主板电路非常复杂，因此最好结合与之相对应的电路图进行检修，如图 3-35 所示为 IBM R40 风扇接口电路图纸。FAN_ON 是电平控制信号端，送给接口电路控制信号，由 Q522 控制 Q521 是否处于导通状态，当 Q521 处于导通状态的时候，+5 V 电源就可以通过限流电阻 F504 和 Q521 送给风扇接口 J11，使散热风扇能够运转；FAN_FRQ 是速度控制端，可以控制散热风扇的运转速度；D525 起到保护作用，用来吸收电路中的高脉冲信号；滤波电容器 C651、C649 和 C650 主要起到稳定、平滑电源的作用。

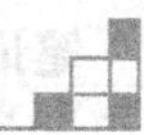

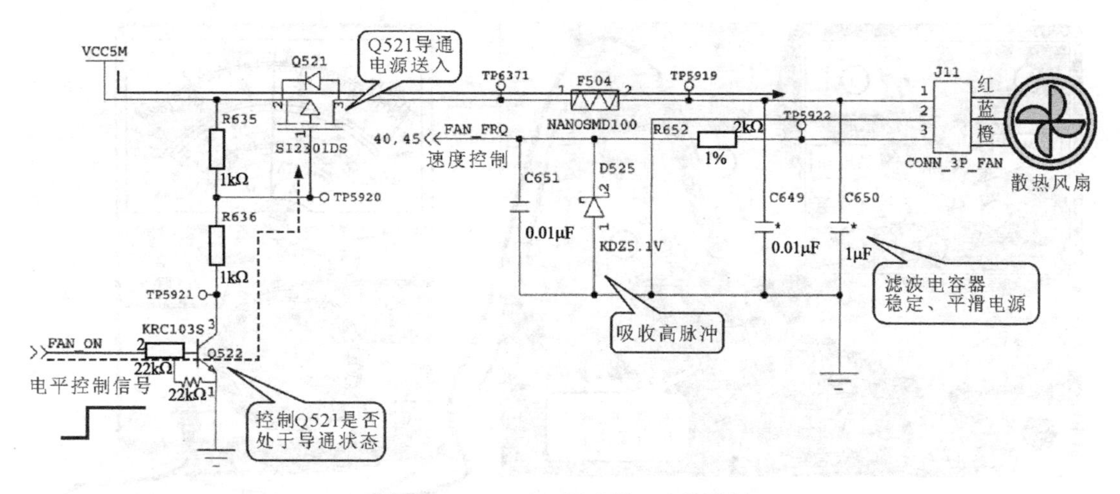

图 3-35　IBM R40 风扇接口电路图纸

如果散热风扇状态良好，但是仍不能运转，那么就有可能是风扇接口电路需要检修。首先，先检测散热风扇的工作电压是否正常，因此需要确定接口的三根引线哪个是接地端，如图 3-36 所示，可以将万用表量程调整至“欧姆”挡，黑表笔接地（金属外壳部分），红表笔分别接接口引脚，测得结果为 0 Ω 的一端就是散热风扇导线的接地端。根据图纸上的标识应该为蓝色引线端。

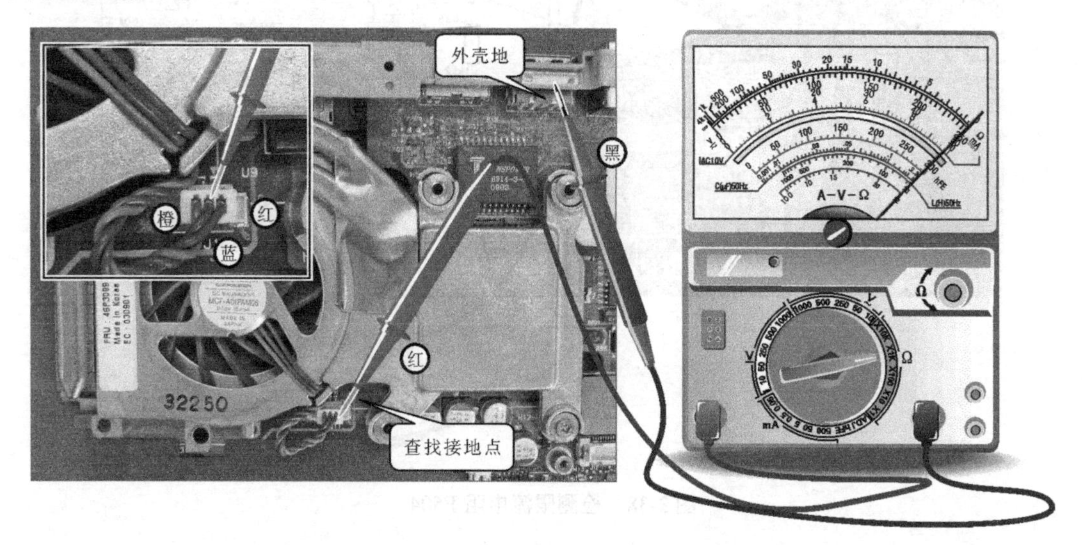

图 3-36　查找 CPU 散热风扇导线接地端

查找到 CPU 散热风扇导线的接地端后，对笔记本电脑进行通电操作。将万用表量程调整至直流“×10 V”挡，黑表笔接 CPU 散热风扇导线的接地端（蓝），红表笔接 CPU 散热风扇导线的供电端（红），如图 3-37 所示，检测此时 CPU 散热风扇的工作电压。若 CPU 散热风扇工作电压正常，则应检测到 5 V 的电压值；若无法检测到 CPU 散热风扇的供电电压，则应检测笔记本电脑的供电电路或其他部位是否出现问题。

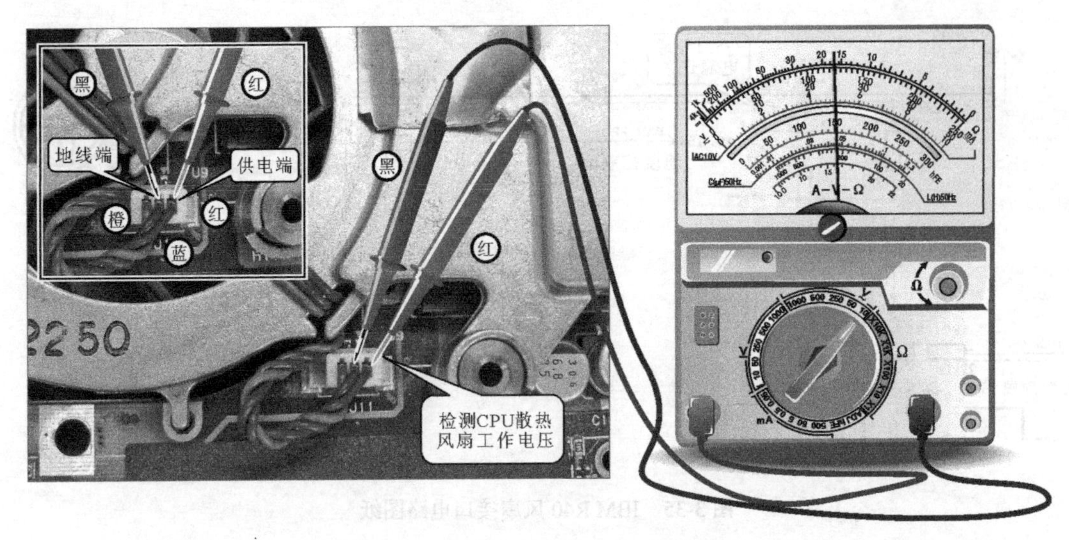

图 3-37　检测 CPU 散热风扇供电电压

通过图 3-37 可以看到影响供电的元器件主要有限流电阻 F504、场效应管 Q528 和晶体管 Q527，其中限流电阻 F504 属于易损器件，应重点进行检测，如图 3-38 所示。

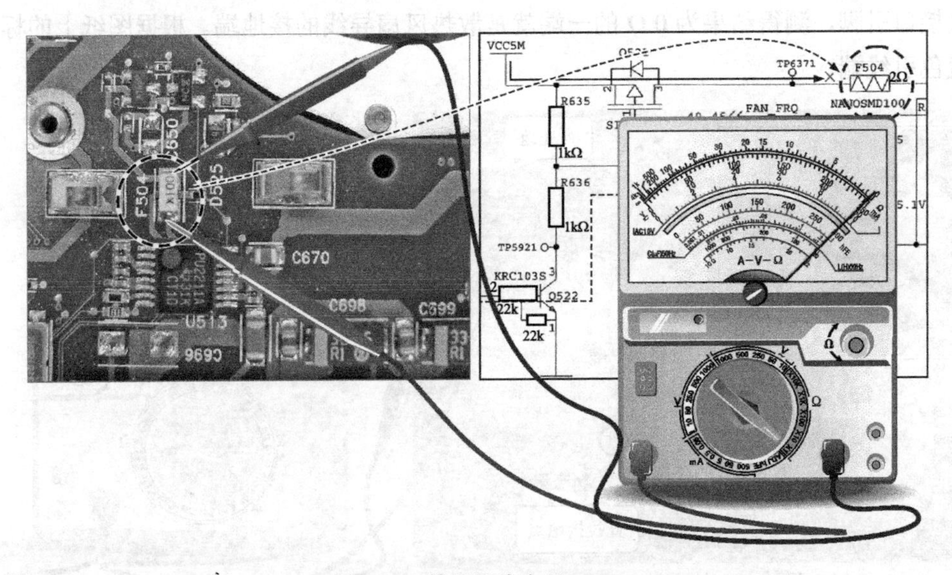

图 3-38　检测限流电阻 F504

限流电阻的阻值非常小，通常为 0.3Ω左右，如果检测发现为无穷大，则说明该限流电阻损坏。

经检测发现该限流电阻 F504 损坏，导致+5 V 电源无法送到风扇接口，因此需要对其进行更换。

⑤ 导热硅脂的检修方法

在拆装笔记本电脑的 CPU 或散热系统的时候，经常要用到导热硅脂，导热硅脂可以改善 CPU 与散热片的导热效率。如果导热硅脂涂抹的太多反而会阻碍笔记本电脑的散热，因此

在涂抹的时候，一定要适量。

然而，如果在检查笔记本电脑 CPU 时，其导热硅脂涂抹不均匀或在拆装笔记本电脑 CPU 时，不小心被擦除，要及时对笔记本电脑 CPU 涂抹导热硅脂，如图 3-39 所示，以保证 CPU 散热系统的正常工作。

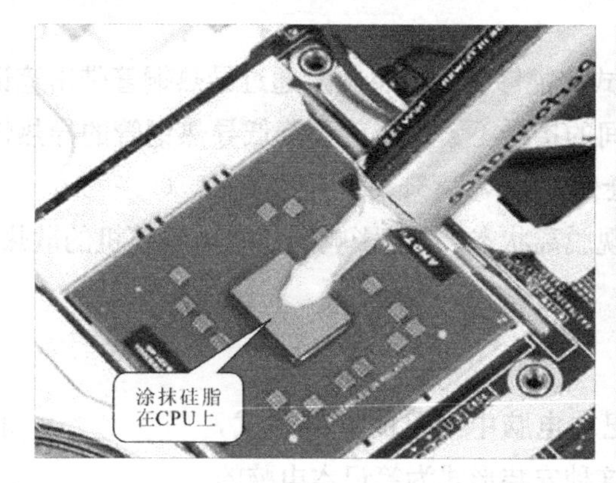

图 3-39　涂抹硅脂

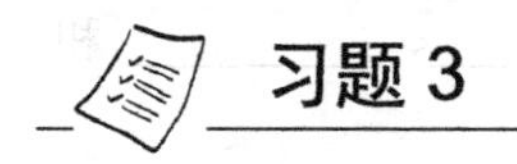

习题 3

一、判断题

1. CPU 是中央处理单元的简称，它是笔记本电脑系统的控制中心。（　　）
2. CPU 在笔记本电脑主板上的安装方式有两种：一种是焊装方式，又称板载式，另一种则是插接式。（　　）
3. 使用风扇进行散热是笔记本电脑中常见的散热方式，在笔记本电脑运行时，当 CPU 到达一定的温度时，风扇便会自动开始运转，直到关机才会自动停止转动。（　　）
4. 采用散热板是笔记本电脑中的一种基本的散热方式。散热板的面积越大，散热的效率就越高。一般将一块或多块金属散热板敷在主板或 CPU 的上部，以释放 CPU 产生的热量。（　　）
5. 对流散热系统是利用空气对流原理进行被动散热的方式，常用于一些轻薄的笔记本电脑中。将 CPU 产生的热量通过笔记本电脑键盘的空隙排出机外，外面的冷空气就会从机壳散热孔和按键孔流入，这样就能形成对流，从而达到散热的目的。（　　）
6. CPU 是按照程序进行工作的，这是它与一般电路的不同之处。CPU 的工作程序存在存储器中。（　　）
7. CPU 在工作时需要同步时钟信号（脉冲），时钟脉冲是由 CPU 内部的时钟信号振荡电路提供的，使 CPU 初始化并处于待机准备状态。（　　）
8. 高速缓冲存储器是 CPU 中不可缺少的一部分，它是处理数据和地址信号的，是用来和外部速度不同的器件进行信息交流的，在 CPU 的内部设有高速缓冲存储器，是将外部速度比较慢的信号在这里进行缓存，使其适应 CPU 高速工作的需要。（　　）

9. 移位寄存器是CPU中的高速存取存储器，是CPU进行运算时提取运算对象的数据内容。（　　）

10. 笔记本电脑CPU是非常精密的器件，在笔记本电脑CPU的运输、维修或保养时，如果操作不当，轻则引起针脚出现断针或弯曲变形的情况，重则导致CPU引脚断裂而报废。（　　）

11. 笔记本电脑采用了导热铜管的散热方式，能够有效地将热量通过导热铜管带出笔记本电脑。如果导热铜管与散热风扇之间的接触不紧密，就会降低导热铜管的导热性能，影响笔记本电脑整机的散热，也会使CPU温度升高，导致死机。（　　）

12. 如果散热片与导热铜管相连的地方出现脱离状态，不会影响笔记本电脑整机的散热，只会使CPU温度缓慢升高。（　　）

二、填空题

1. 插接式 CPU 的安装形式是现在笔记本电脑中常见的安装形式，__________和__________比较方便，而且可靠。这种安装形式为笔记本电脑的__________、__________都带来极大的方便。

2. CPU主要是由__________、__________、__________、__________和__________等部分构成的。

3. CPU 通过__________、__________和__________与外围电路相连，电源供电、复位信号、时钟信号为CPU提供必要的工作条件。笔记本电脑启动后，CPU根据程序进行__________、__________和__________等工作。

4. 引起笔记本电脑散热系统的故障原因有：__________、__________、__________、__________。

5. 笔记本电脑散热系统主要包括__________、__________、__________，以及__________，因此对散热系统进行检修的时候，应对所有的散热系统进行检修。

三、问答题

1. CPU的工作流程是怎样的？
2. 移位寄存器的工作步骤是什么？
3. 散热管导热装置的工作原理是怎样的？
4. 笔记本电脑的CPU出现故障后，常出现哪些故障表现？

项目 4

笔记本电脑内存的检修方法

笔记本电脑内存的常见故障及检修方法

常见故障： 内存条损坏，内存条与内存插槽插接不良等故障会引起笔记本电脑不能正常启动，或出现死机等情况。

检修方法： 应使用良好内存条替代试机，判别故障是由于原内存条自身存在故障还是内存插槽不良。然后分别对内存条、内存与插槽的连接以及内存插槽进行检测。检修流程如下图所示。

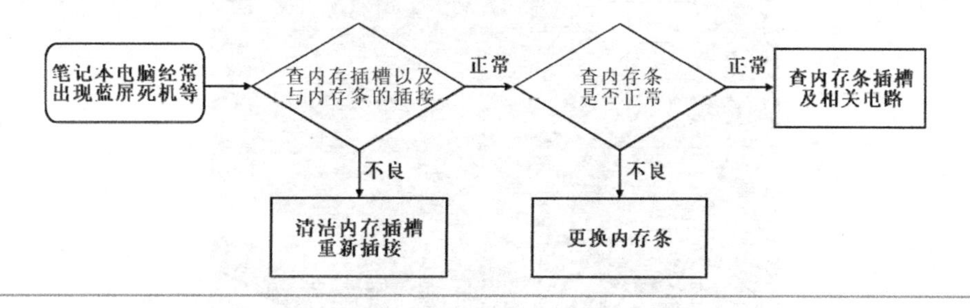

学习内容

1. 学习笔记本电脑内存的类型和结构特点。
2. 学习笔记本电脑内存的工作原理。
3. 学习笔记本电脑内存的故障表现和基本检修方法。

任务 1 了解笔记本电脑内存的结构特点

任务描述

借助典型笔记本电脑的实例演示，全面系统地介绍笔记本电脑中内存的结构特点，力求让读者了解笔记本电脑内存的功能和工作方式，为检修打好基础。

任务实施

1. 内存的结构特点

内存是笔记本电脑系统中不可缺少的一部分，其全称为内部存储器，即 Dynamic RAM（动态随机存储器），简称 DRAM。虽然内存的读写速率非常快，但是无法永久存储数据，即一旦关闭电源或发生断电情况，其中存储的程序和数据就会消失，因此内存只是用来暂时存放程序和数据。

由于笔记本电脑设计精密，因此，对于笔记本电脑内存而言，不仅可移动性好，还要有良好的散热功能，以保证笔记本电脑的良好工作状态。

为了减少笔记本电脑内存占用的空间，部分笔记本电脑的内存采用集成在笔记本电脑的主板上的形式，如图 4-1 所示，用户不能随意地进行拆卸。然而，板载内存一旦出现故障很难进行维修，并且无法对笔记本电脑的内存进行扩充升级。

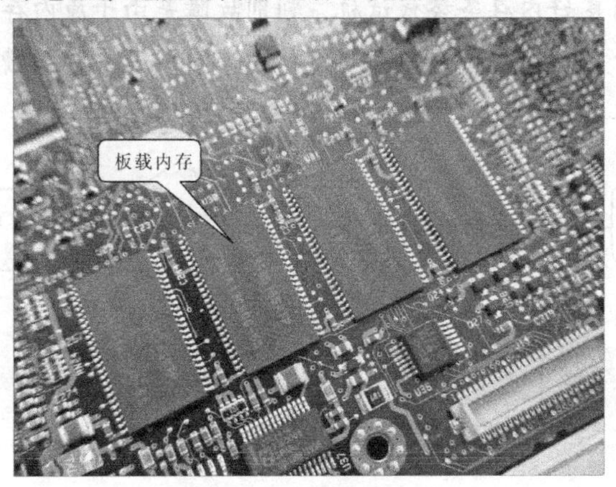

图 4-1　板载内存

为了方便用户及维修人员对笔记本电脑内存扩充升级和维修的需要，笔记本电脑上还配备了两个或两个以上的独立内存插槽，如图 4-2 所示，在更换内存时，只需要将独立的内存直接插进笔记本电脑的内存插槽即可。

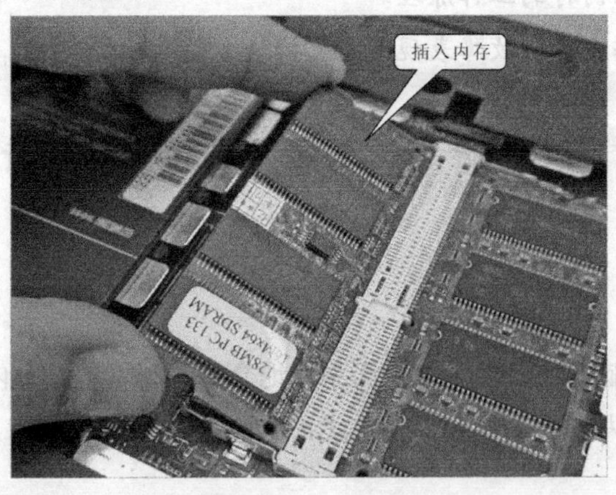

图 4-2　插入内存

笔记本电脑的内存体积比台式机的内存小很多，几乎不到台式机内存的一半，如图 4-3 所示，但同样是由多个内存芯片、电路板、贴片式电阻器（贴片式排电阻器）、贴片式电容器和引脚较少的 SPD 芯片组成的，并且在内存的一侧还有一个缺口与内存插槽相对应，以防止内存条插错方向，如图 4-4 所示。

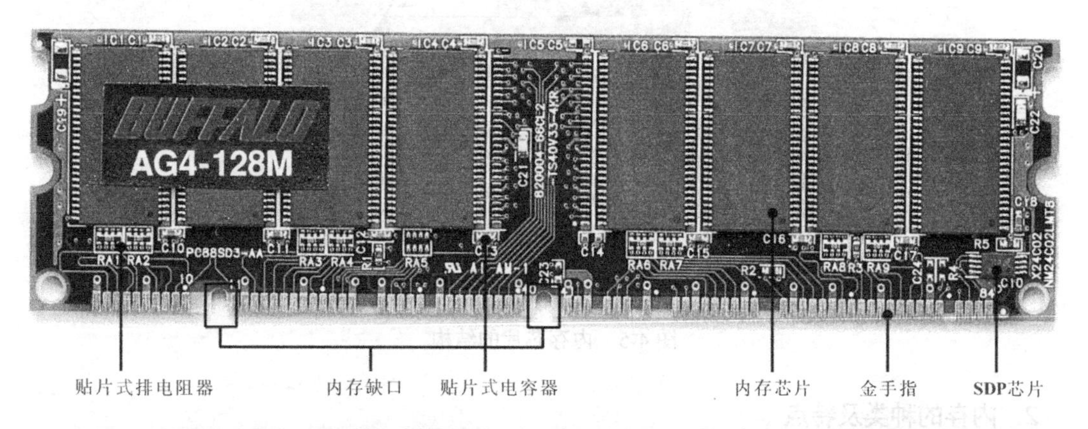

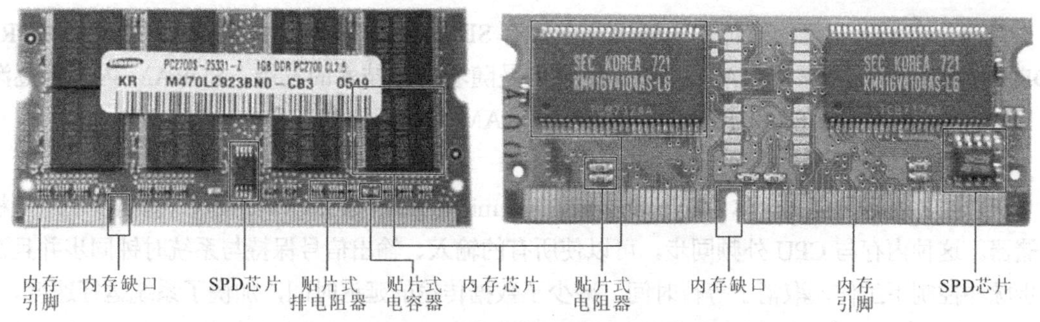

图 4-3　内存的结构

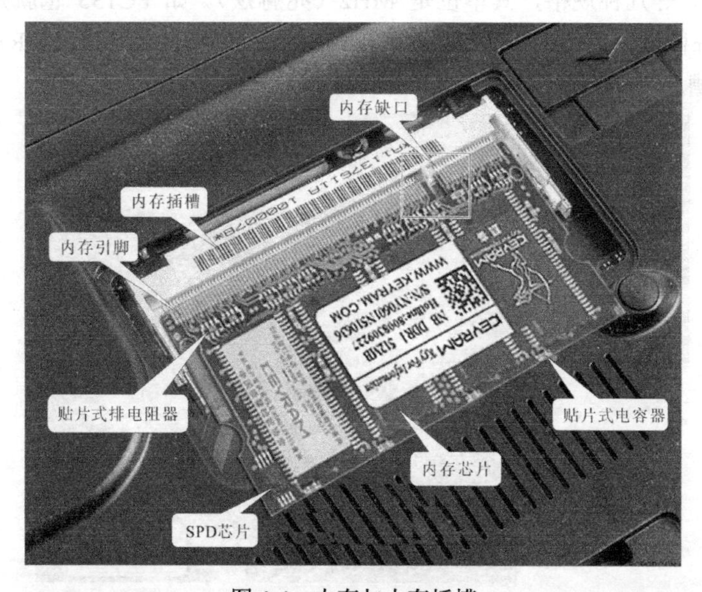

图 4-4　内存与内存插槽

不同的内存根据其容量的不同，内存芯片的数量和容量也不相同，但是内存芯片的结构是相同的，每个内存芯片都是由成千上万个排列整齐的半导体器件组成的存储单元，如图 4-5 所示。

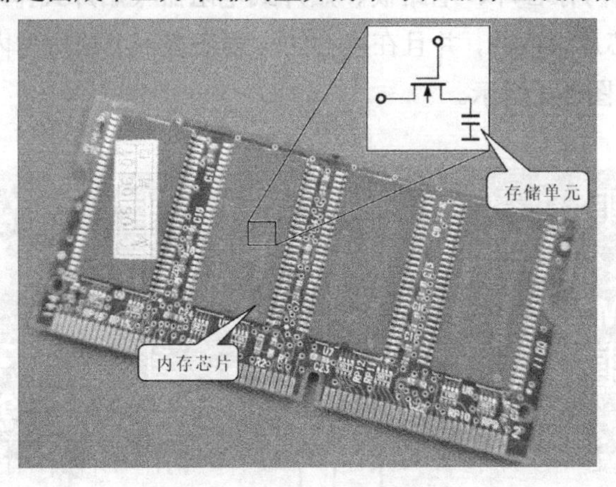

图 4-5　内存芯片的结构

2．内存的种类及特点

目前，市场上常见的笔记本电脑内存主要有 SDRAM 内存、DDR SDRAM 内存、DDR2 SDRAM 内存和 DDR3 SDRAM 内存 4 种，但是随着信息技术的发展，SDRAM 内存已逐渐被 DDR SDRAM、DDR2 SDRAM 和 DDR3 SDRAM 内存所取代。

（1）SDRAM 内存

SDRAM 内存的英文全称为 Synchronous Dynamic Random Access Memory，即同步动态随机存储器。这种内存与 CPU 外频同步，可以使所有的输入、输出信号保持与系统时钟同步并且在同步脉冲控制下工作，取消了等待时间，减少了数据传输的延迟时间，加快了系统运行速度。

依据 SDRAM 内存运行频率规格进行划分可分为 DDR66（PC66）、DDR100（PC100）、DDR133（PC133）等几种规格，其单位是 MHz（兆赫兹）。如 PC133 也就是运行 133MHz 的 SDRAM，即每秒可以运行 1.33 亿次。如图 4-6 所示为笔记本电脑的 SDRAM 内存及与其相对应的内存插槽。

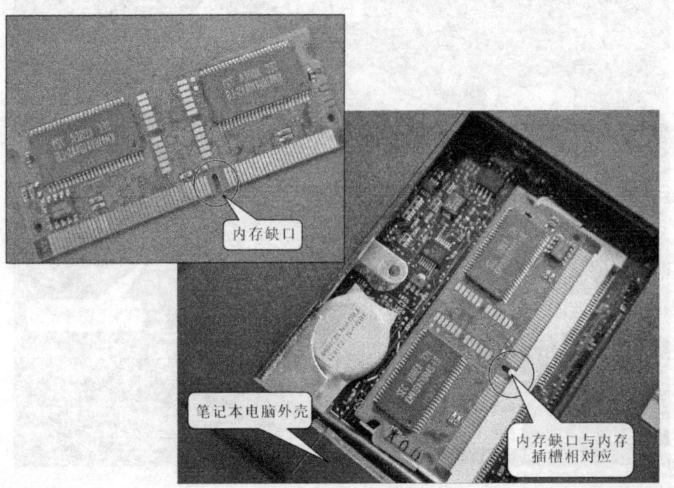

图 4-6　笔记本电脑的 SDRAM 内存及与其相对应的内存插槽

（2）DDR SDRAM 内存

DDR SDRAM 内存的英文全称为 Double Data Rate SDRAM，即双倍速率同步动态随机存储器。它可以在一个时钟周期内传输两次数据，即在时钟的上升沿和下降沿各传输一次数据。在相同的总线频率下，与 SDRAM 内存相比，DDR SDRAM 内存具有更高的内存带宽，在不提高时钟频率的情况下，数据传输率提高了一倍。

依据 DDR 内存运行频率规格进行划分可分为 DDR2 SDRAM00（PC1600）、DDR2 SDRAM66（PC2100）、DDR333（PC2700）、DDR400（PC3200）等几种规格。如图 4-7 所示为笔记本电脑的 DDR SDRAM 内存及与其相对应的内存插槽。

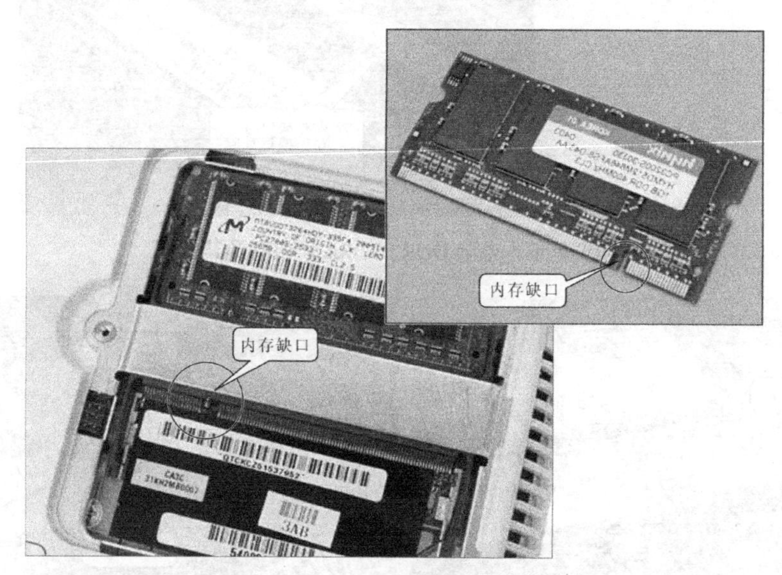

图 4-7　笔记本电脑的 DDR SDRAM 内存及与其相对应的内存插槽

（3）DDR2 SDRAM 内存

DDR2 SDRAM 内存是在 DDR SDRAM 内存技术标准上研制的，与 DDR 相同也能够在时钟脉冲的上升沿和下降沿读取数据，但其读取能力为 DDR SDRAM 内存的两倍。DDR2 的起频为 400 MHz（PC2-4200），并已经支持 533 MHz（PC2-4300）、667 MHz（PC2-5300），工作电压为 1.8 V。如图 4-8 所示，为笔记本电脑 DDR2 SDRAM 内存及其插槽。

DDR2 SDRAM 内存完全不兼容于 DDR SDRAM 内存，因为这两种内存的缺口错开了，而且针脚的疏密也有区别，如图 4-9 所示。

（4）DDR3 SDRAM 内存

DDR3 SDRAM 内存在 DDR2 SDRAM 内存的基础之上又加入了数据同步设计，提高了笔记本电脑内存的外部数据传输速率，并且在 DDR3 SDRAM 内存提高数据传输速率的同时，其工作电压相较于 DDR2 SDRAM 内存的 1.8 V 降至 1.5 V，比 DDR2 SDRAM 内存更加省电。如图 4-10 所示，为笔记本电脑 DDR3 SDRAM 内存及其插槽。

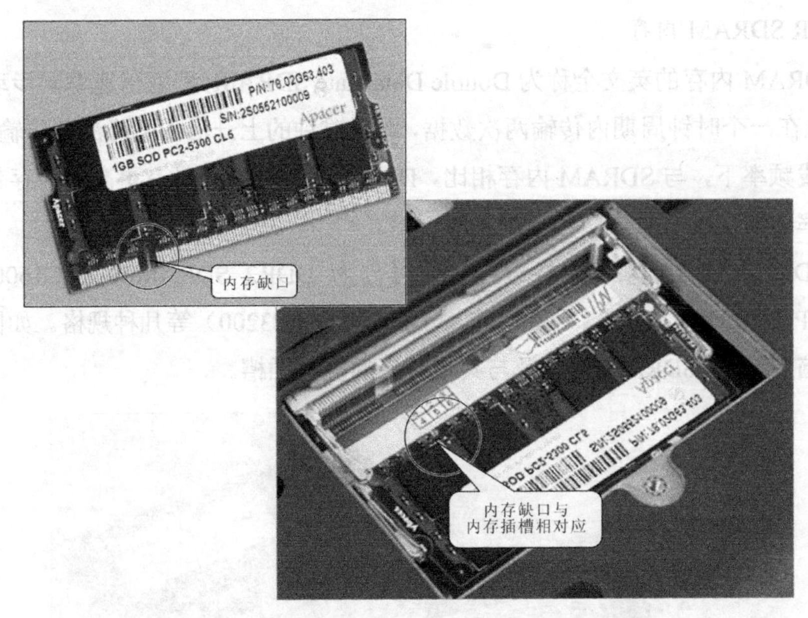

图 4-8　笔记本电脑 DDR2 SDRAM 内存及其插槽

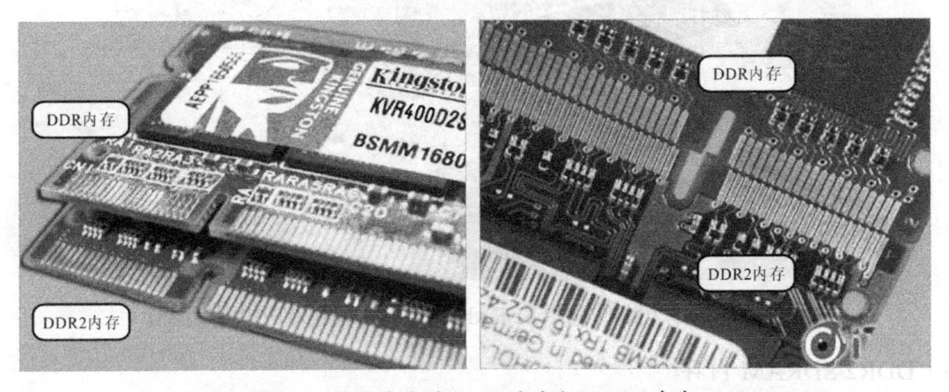

图 4-9　笔记本电脑 DDR 内存与 DDR2 内存

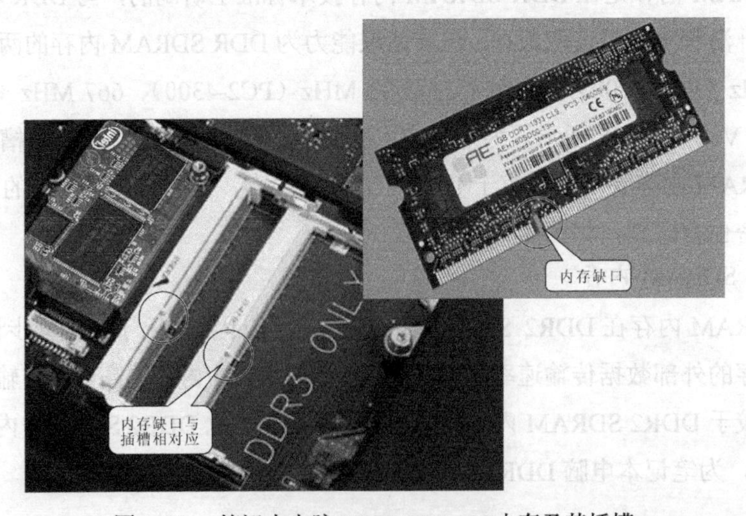

图 4-10　笔记本电脑 DDR3 SDRAM 内存及其插槽

提示

不同的笔记本电脑厂商，其内存的标识牌也不相同，然而用户可以根据内存的标识牌读出内存的相关信息，如图 4-11 所示为金士顿笔记本内存标识。

（a）正面

（b）背面

图 4-11　金士顿笔记本内存标识

如图 4-12 所示为宇瞻笔记本内存标识，从标识中可以看出，该笔记本内存容量为 2 GB，运行频率为 PC2-5300，等效于 DDR2-667，内存 CL 延迟值为 5 个时钟周期，最角上的 RoHS 表示该内存使用无铅材料制成的意思。

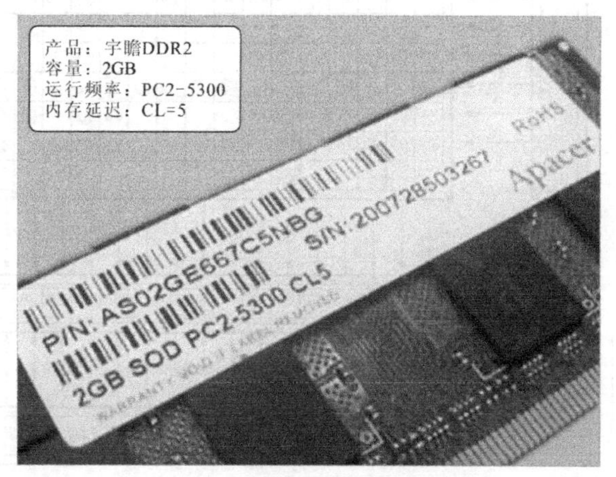

图 4-12　宇瞻笔记本内存标识

从上述两个笔记本内存标识中可以看出除了内存容量、工作频率等基本参数外，不同厂家的内存标识也不同。

任务 2　学习笔记本电脑内存的工作原理

任务描述

主要介绍笔记本电脑中内存的工作原理。通过图解的方式力求让读者了解内存和散热系统的工作过程，弄清内存的各个工作环节。

任务实施

1．内存的数据调用

如图4-13所示为内存的数据和地址的选择示意图，图中的内存单元中有小球的表示该内存单元中有数据存储，没有小球的表示没有数据存储，而这些数据存储的位置就是内存的地址。根据集成电路的制作工艺关系，当数据存储到内存单元中，都会按照一定的指令存储到相应的内存单元中，而不是随意进行数据的存储。

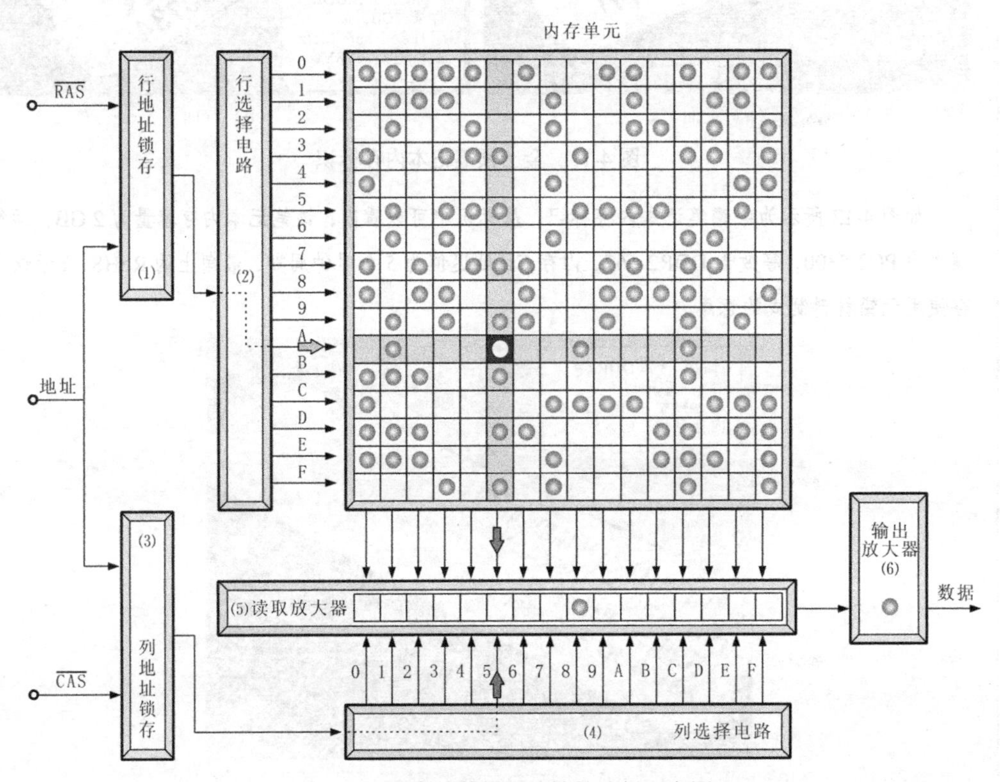

图4-13　内存的数据和地址的选择示意图

根据图4-13所示，可知当确定了内存数据的行、列序号后，便可以确定该数据的地址，并通过所选数据的地址坐标选择出所需的数据，因此可以通过存储单元内数据的地址坐标对存储的数据进行控制。

当RAS（行地址脉冲信号）信号送入行地址所存电路（1）中，寻找行坐标，再将行地址选择信号送入行选择电路（2）中进行控制信号的输出，送入A行的驱动信号端。与此同时，CAS（列地址脉冲信号）信号送入列地址锁存（3）中，寻找列坐标，再将列地址选择信号送入列选择电路（4）中进行控制信号的输出，送入6列的驱动信号端。此时，第A行和第6列的数据被锁定了，再根据控制指令的不同，写入一个数据或读出所选择的数据，经过读取放大器（5）进行读取放大，再通过输出放大器进行数据的放大输出。

内存数据的调用过程如图 4-14 所示，当需要调用内存中的数据时，CPU 芯片首先输出内存的数据地址信号，数据地址信号经过北桥芯片（存储器控制芯片）将 CPU 芯片输出的地址信号转换成行信号和列信号后，再送入内存电路。经过北桥芯片（存储器控制芯片）确认

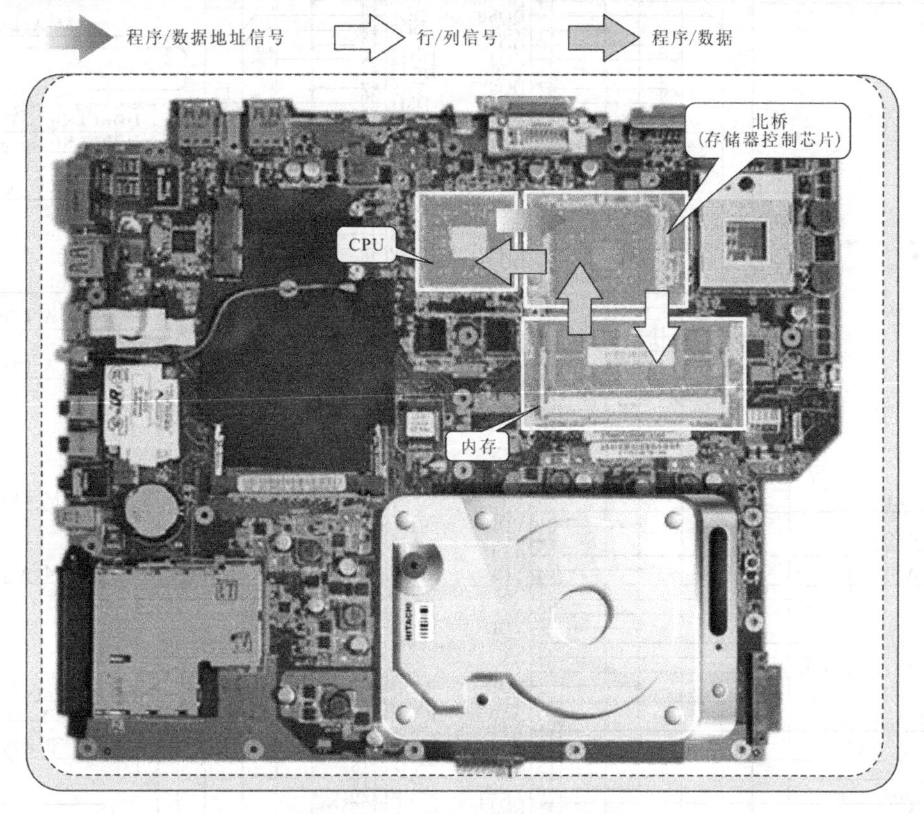

图 4-14　内存数据的调用过程

行信号和列信号的地址位置后，就可以将存储单元的数据从存储器中取出。数据取出后，经过缓冲放大器，送回北桥芯片（存储器的控制芯片）。北桥芯片（存储器控制芯片）接收到内存输送的数据后，再根据程序的指令传输给 CPU 芯片。这样，就可以通过数据总线将内存中的数据内容传入到 CPU 芯片中，满足了 CPU 芯片调用数据的要求。

2．内存插槽的工作原理

笔记本电脑内存插槽的主要功能是对内存和笔记本电脑主板进行信号的传输。如图 4-15 所示为 IBM TH 560X 笔记本电脑的内存插槽电路图。

当 3 V 供电电压输入后，笔记本电脑内存插槽便开始工作，主板中的数据/时钟信号和系统管理总线数据/时钟信号便输入到内存插槽中，再通过内存插槽输入到内存中为内存提供工作条件。此时，内存便开始进行数据和程序的存储。

当笔记本电脑主板中需要调用内存中的程序/数据时，再向内存插槽中输入内存行/列地址脉冲信号向内存输送，当行/列地址脉冲信号输入到内存时，内存再将其中的数据通过内存插槽向笔记本电脑主板中输出。

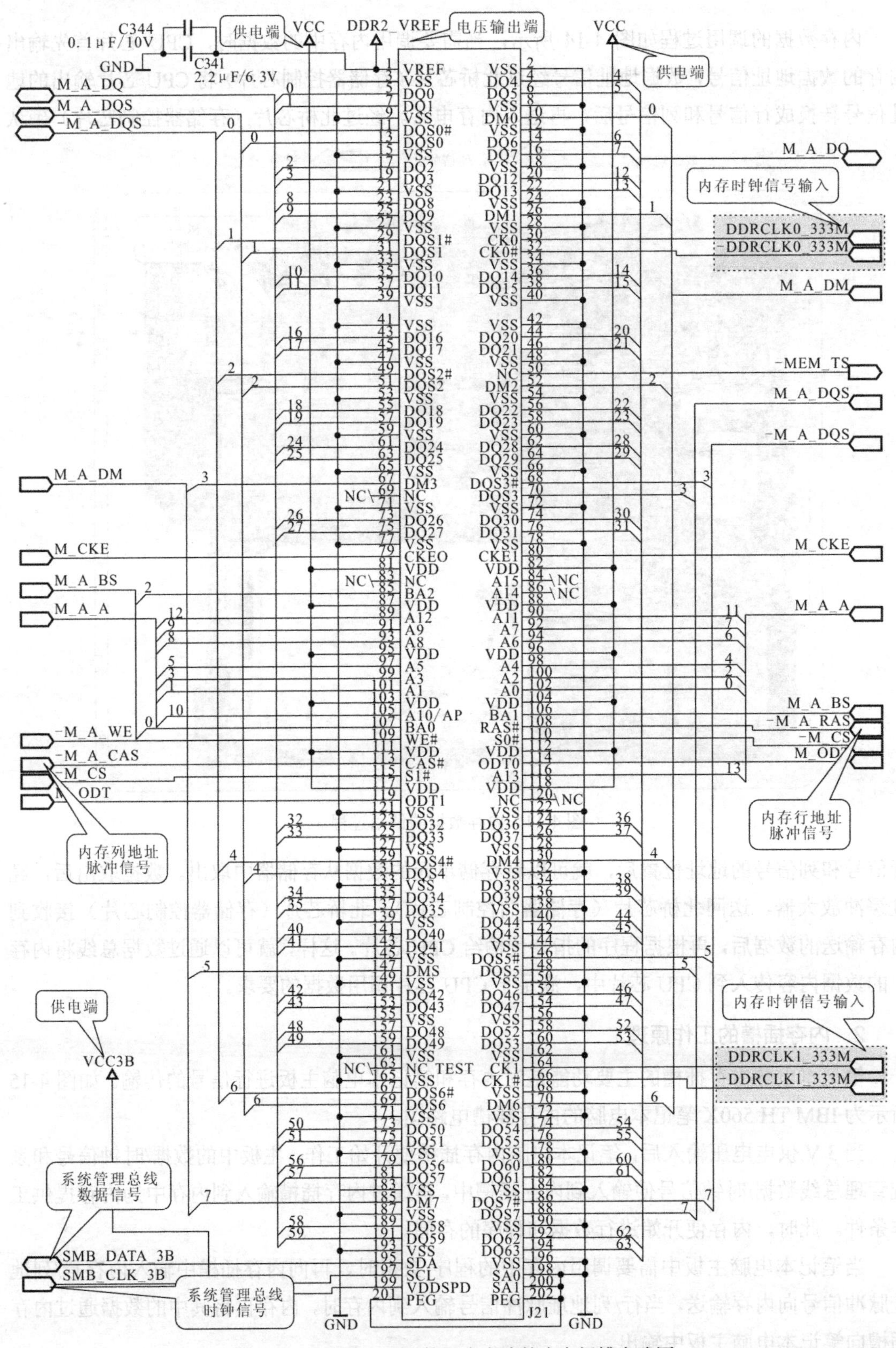

图 4-15　IBM TH560X 笔记本电脑的内存插槽电路图

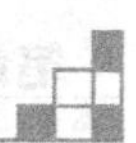

任务3 掌握笔记本电脑内存的检修方法

任务描述

主要介绍内存的故障表现，让读者首先明确内存的故障检修思路。然后，通过对实际样机的实拆、实测、实修，将笔记本电脑内存的检修规范、要点、流程和方法进行详细的演示。

任务实施

1. 笔记本电脑内存的故障特点

相对于笔记本电脑的其他部件而言，内存出现的故障比较少，如果内存出现故障，笔记本电脑将无法正常工作，其故障表现为开机后很快便死机，甚至出现无法启动的现象。

内存的故障主要分为软故障和硬故障两种，一般内存很少有硬故障，多为软故障。

（1）笔记本电脑内存的软故障

① 病毒引起的内存故障

内存如果感染病毒，将导致笔记本电脑出现不工作、死机或者蓝屏等故障。当系统运行携带病毒的程序后，COMS参数中的内存参数被病毒修改，会出现显示的内存值与内存的实际大小不符、内存的工作异常、笔记本电脑出现死机等故障。

② 系统程序引起内存故障

在使用操作系统的过程中，如果打开的程序太多、应用程序相关配置文件不合理、内存中驻留其他程序或应用程序非法访问的情况，都会导致笔记本电脑提示内存出错的症状。

③ BIOS设置不合理引起内存故障

笔记本电脑 BIOS 设置不合理将会导致在笔记本电脑开机后，多次对内存进行自检，有时还会在运行某一程序时提示“内存分配错误”，甚至会导致系统运行缓慢或突然死机等故障。

④ 虚拟内存设置不合理引起内存故障

操作系统在运行的过程中，如果物理内存不足，就会从硬盘中移出一部分自由空间作为虚拟内存，即虚拟内存就是系统分区的自由空间。而所谓的“物理”就是笔记本电脑所插装内存的实际内存总数，如装有两个128 MB内存，那么物理内存就是256 MB。

如果虚拟内存不足，当在操作系统中打开一个应用程序、软件、文件或文件夹时，系统会提示 “内存资源不足”或“没有足够的可用内存来运行此程序，请退出部分程序”等。

⑤ 内存兼容性引起内存故障

在对笔记本电脑进行内存的更换时，如果内存与主板不兼容，将导致笔记本电脑系统不能正常启动，系统检测不到内存或内存容量显示不正常。即使内存在刚开始使用时状态良好，但在使用一段时间后，笔记本电脑开始出现异常，出现系统检测不到内存或内存不足等故障现象，因此，在选用内存时，要注意所选择的内存型号、速度与笔记本电脑主板是否兼容。

⑥ 内存之间不兼容引起内存故障

在对笔记本电脑内存进行增加或更换时，由于不同的内存芯片或不同的内存频率会使内存出现彼此之间的兼容问题。如果笔记本电脑内存之间出现不兼容将会引起笔记本电脑的内存容量显示不正确、笔记本电脑在使用一段时间后出现死机，甚至会导致无法启动笔记本电脑的现象。

⑦ 插接不良导致内存故障

对内存进行插接时，如果内存与插槽接触不良，将导致笔记本电脑启动不稳定，在开机自检时检测不到内存，并且伴有“嘀”的警报声。因此，在插接笔记本电脑内存时，要注意内存的插接是否正确。

（2）笔记本电脑内存的硬故障

① 内存引脚氧化引起的内存故障

如果笔记本电脑经常工作在潮湿的环境下，内存引脚出现氧化锈蚀现象，造成内存与插槽之间接触不良，使笔记本电脑无法读取到内存的信息，严重时会出现无法开机、开机报警或开机后死机等故障现象。

② 内存元器件的损坏引起的内存故障

内存如果受静电或电击的影响，就可能会造成内存元器件的损坏。而在对内存进行插接的过程中，由于用力过大导致内存元器件的脱焊，或者内存元器件内部的损坏，都会导致内存无法正常使用，将导致内存无法正常使用，甚至导致电脑不能正常运行，出现屏幕无显示、开机报警或死机等故障。

③ 插槽引起的内存故障

内存插槽堆积大量的灰尘、污物或者内存插槽损坏，很容易导致内存的接触不良、无法识别内存，甚至烧坏内存，导致笔记本电脑无法开机、开机报警或死机等故障。

④ 板载内存的故障

目前许多笔记本电脑上同时具有板载内存和外接内存。若安装了外接内存，当板载内存出现损坏，将导致笔记本电脑内存容量值的减少；若没有安装外接内存，一旦板载内存出现损坏，笔记本电脑将会出现开机报警、死机或无法开机等故障现象。

2．笔记本电脑内存软故障的检修

由于笔记本电脑内存主要分为软故障和硬故障两种，因此，在对内存进行检修时，主要采用“先软后硬”的检修原则。

引起笔记本电脑内存软故障的原因有很多种，在检查内存是否为软故障时，首先检查笔记本电脑打开的窗口是否过多，如图 4-16 所示，或者是否开启了较大的应用程序，而造成笔记本电脑内存不足的故障。若笔记本电脑打开的窗口过多或打开了较大的应用程序，将其关闭后如果内存故障仍没有解决，再对笔记本电脑进行杀毒操作。

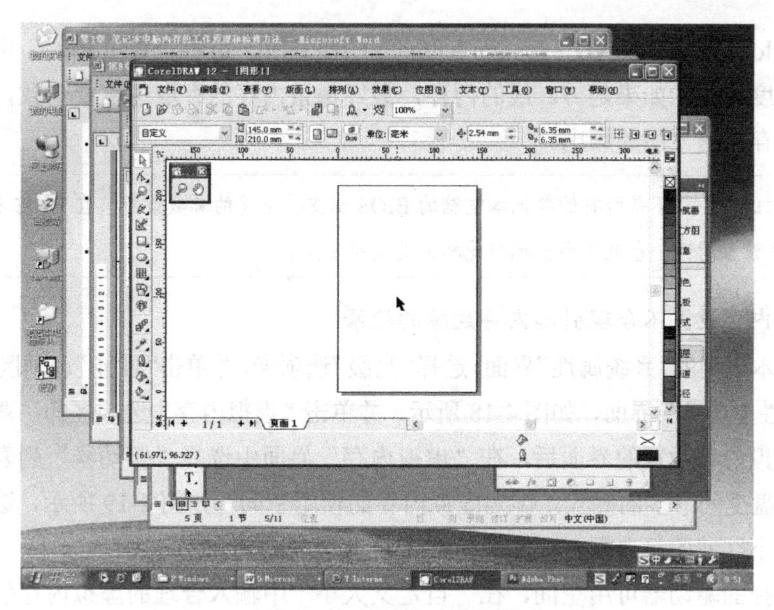

图 4-16　检查笔记本电脑打开的窗口是否过多

（1）BIOS 设置不合理引起内存故障的检修方法

BIOS 程序设置对笔记本电脑而言是至关重要的，一定要对 BIOS 程序进行合理的设置，才能支持内存的相关设置，否则会出现故障。

不同的笔记本电脑采用的 BIOS 程序不同，因此，有的笔记本电脑可以通过 BIOS 中相关参数设置内存的自检次数。进入 BIOS 程序后，将“Quick Power On Self Test”的参数值设置为“Enabled”，如图 4-17 所示，再保存设置并退出，然后重启电脑，内存自检就只进行一次。

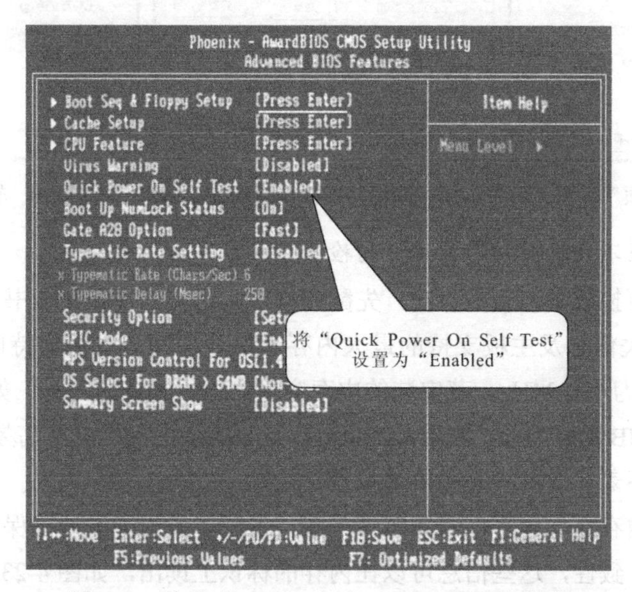

图 4-17　修改“Quick Power On Self Test”参数值

有些笔记本电脑中的 BIOS 还可以调整内存的读取速度，当系统提示“Memory allocation

error，Cannot load COMMAND，system halted”的信息时，可将“Wait Rate”进行设置，也就是将存取速度调慢。如果是 72 线的内存，最好每条内存的存取速度要一致，而对于 168 线的内存则不存在这方面的顾虑。

提示 值得注意的是，并不是所有的笔记本电脑的 BIOS 都支持上述的参数设置，在 BIOS 程序界面中找不到相关设置的话，也就不会出现与此相关的故障现象。

（2）虚拟内存设置不合理引起内存故障的检修

打开笔记本电脑的“系统属性”界面，选择“高级”选项卡，并单击“性能”选项区的 设置(S) 按钮，打开“性能选项”界面，如图 4-18 所示，并单击“虚拟内存”选项区的 更改(C) 按钮。

进入到虚拟内存设置的界面后，在“虚拟内存”界面中选择“驱动器”列表中的其他磁盘，将剩余磁盘空间最多的磁盘，作为虚拟内存的使用空间，如图 4-19 所示，选中磁盘后面的“自定义大小”前的复选框。

根据所选择的驱动器可用空间，在“自定义大小”中输入合理的虚拟内存值，输入完成后，便可以单击 设置(S) 按钮完成虚拟内存的设置，如图 4-20 所示。

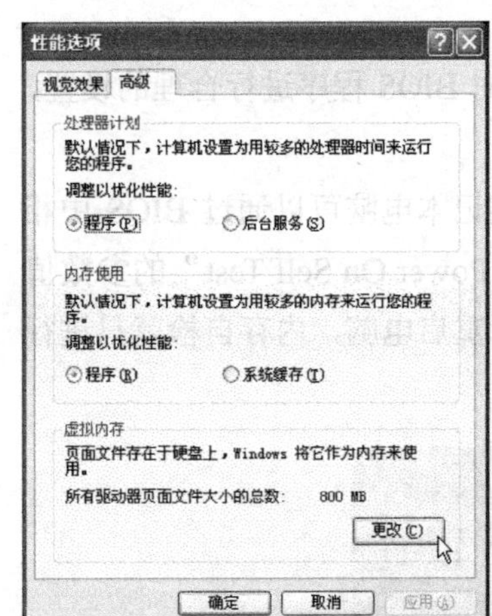

图 4-18 “性能选项”界面

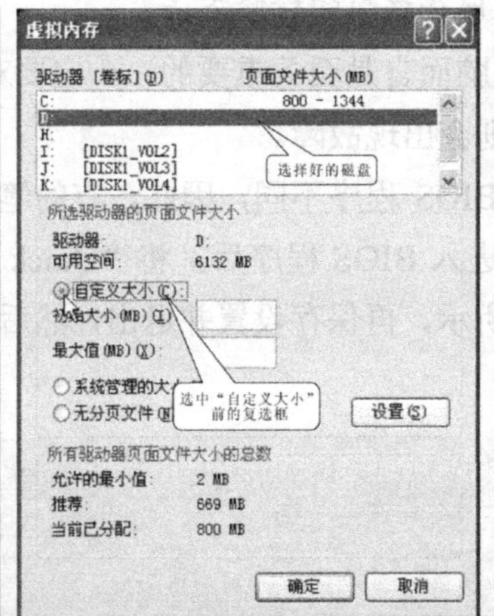

图 4-19 选择好虚拟内存的使用磁盘

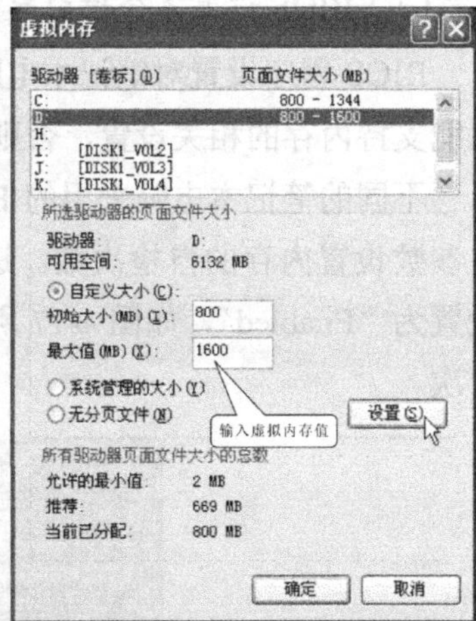

图 4-20 输入虚拟内存值

（3）内存与主板不兼容引起内存故障的检修

在对内存进行更换或插接新内存时，先翻阅笔记本电脑的主板说明书，结合网站查询笔记本电脑主板的相关信息及主板支持的最大内存容量。如某一主板支持内存的最大容量为 128 MB，工作频率为 100 MHz，若安装的内存容量为 256 MB 的内存，如图 4-21 所示，则系统只能显示 128 MB 的容量值，如图 4-22 所示，因此，该主板不支持高频率大容量的内存。

（4）内存之间不兼容引起内存故障的检修

在笔记本电脑内存之间也存在着兼容性问题，安装多条内存时要确保内存的频率、容量和规格（厂商）的一致性，这些信息可以在内存的标识上读出，如图 4-23 所示。

内存安装完成后，可以通过软件检测出所安装内存的相关信息，如图 4-24 所示，还可以通过使用测试软件测试内存的兼容性，如图 4-25 所示。

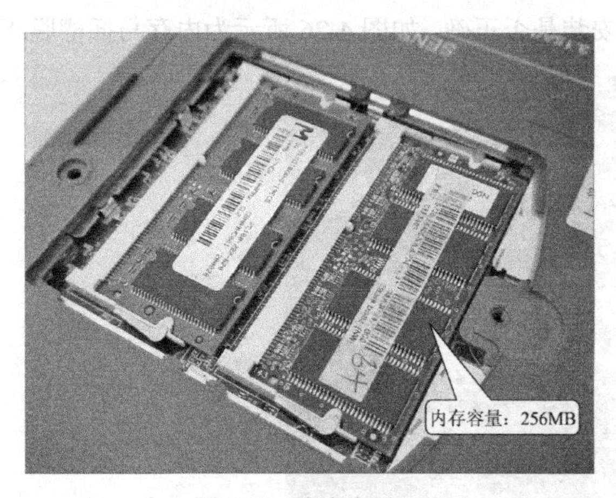

图 4-21　内存容量

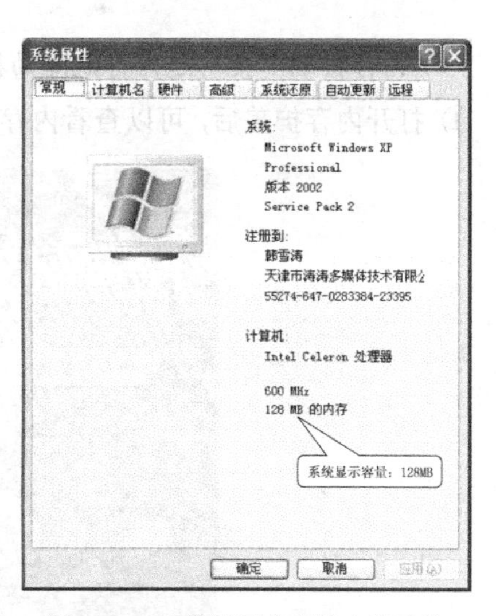

图 4-22　系统显示内存最大容量值

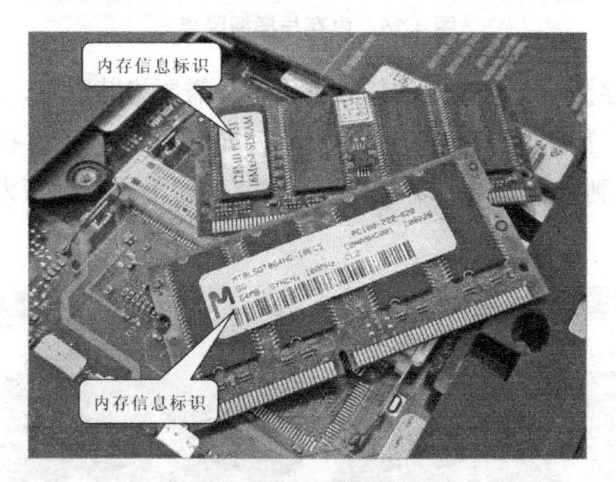

图 4-23　内存的信息标识

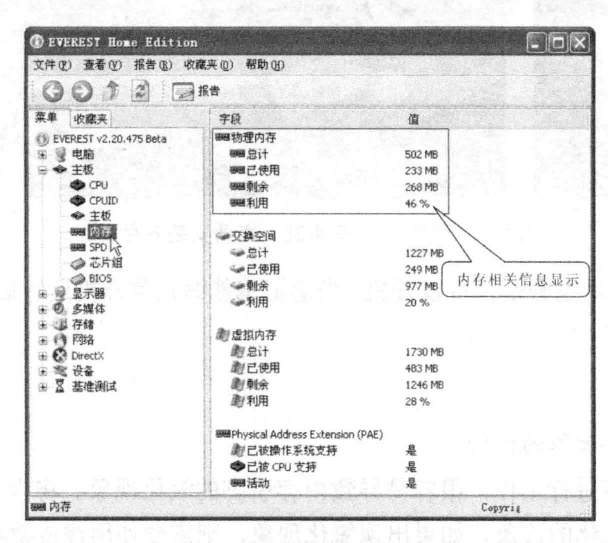

图 4-24　内存的相关信息显示

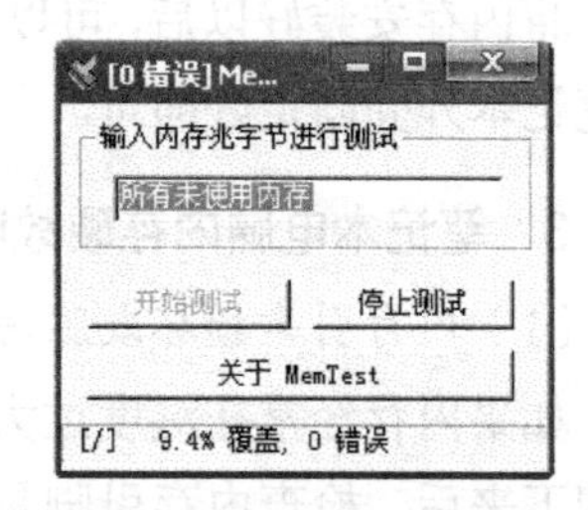

图 4-25　测试内存的兼容性

（5）内存接触不良引起内存故障的检修

① 打开内存护盖后，可以查看内存的安装是否正确，如图4-26所示为内存与插槽脱离。

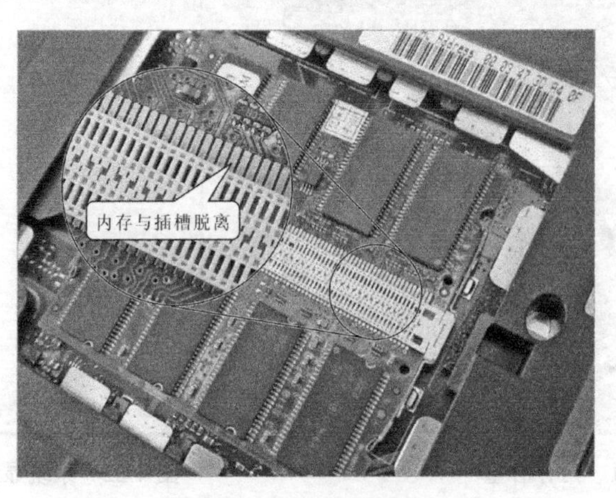

图4-26　内存与插槽脱离

② 由于内存与内存插槽无法良好的接触，因此，需要将其取下，如图4-27所示。

③ 将内存取下后，重新安装到笔记本电脑中，如图4-28所示，在对内存进行安装时，一定要注意将内存安装到位，如果出现安装不上的情况也不要使用蛮力进行安装，以免内存损坏。

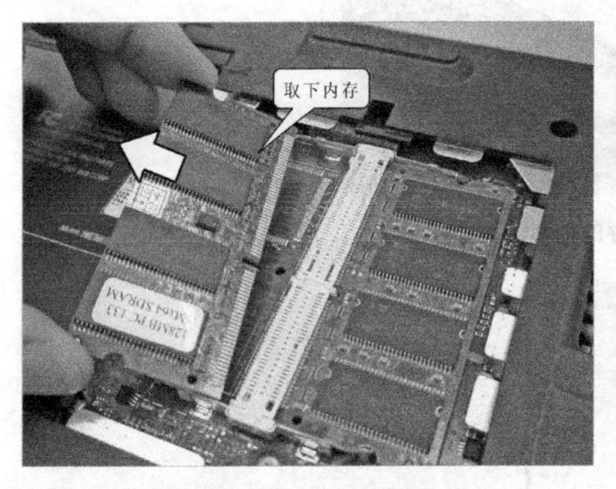

图4-27　取下插接不良的内存

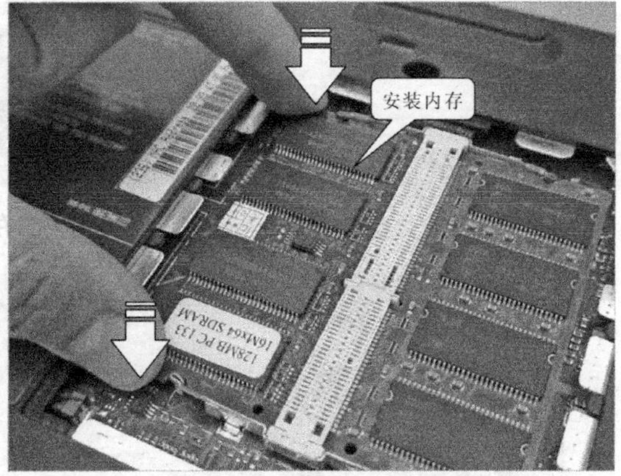

图4-28　重新安装内存

将内存安装好以后，可以尝试笔记本电脑是否可以开机，当笔记本能够正常开机运行后，将笔记本外壳固定好即可。

3. 笔记本电脑内存硬故障的检修

（1）内存引脚损坏或脏污引起内存故障的检修

如果内存经常在湿度过大的环境下进行工作，很容易导致内存引脚的氧化现象。将内存拆卸下来后，检查内存引脚是否有被氧化的迹象，如果出现氧化现象，则需要使用橡皮擦将内存引脚氧化部分擦去，如图4-29所示，再擦拭过程中用力不要过大，以免将与内存引脚连接的导线折断。

内存引脚除了有污物以外，还可能由于在插入内存时，内存插反或没有完全插入内存插槽内，以及带电插拔内存，造成内存引脚因为局部大电流通过导致烧毁故障，如图4-30所示。

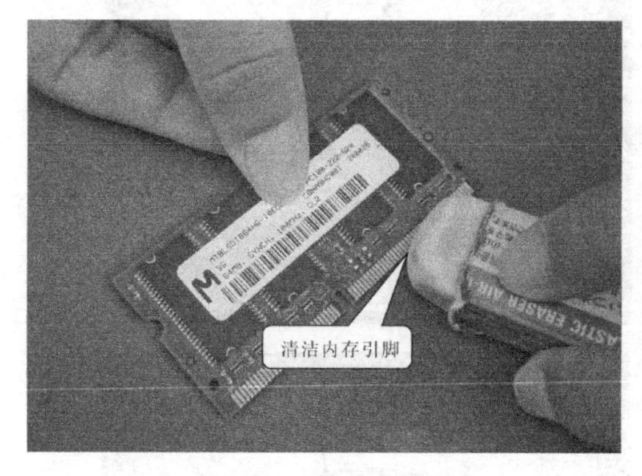

图4-29　清洁内存引脚

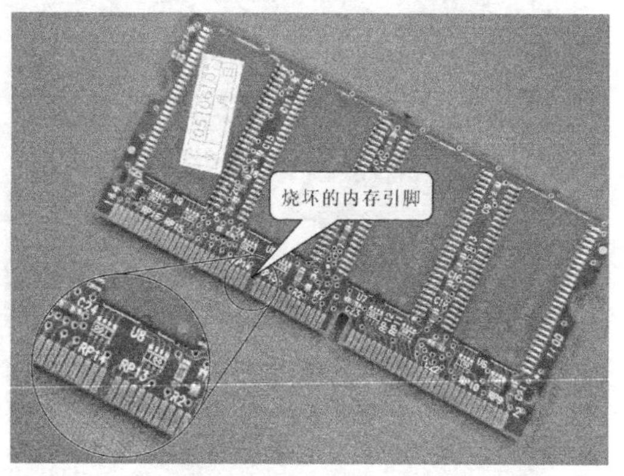

图4-30　烧坏的内存引脚

（2）元器件损坏引起的内存故障

将内存拆卸下来后，若内存引脚正常，则要检查内存元器件是否有脱焊、虚焊等现象，如图4-31所示。若没有发现元器件有脱焊、虚焊等现象，则需要使用万用表检测元器件内部是否有损坏。

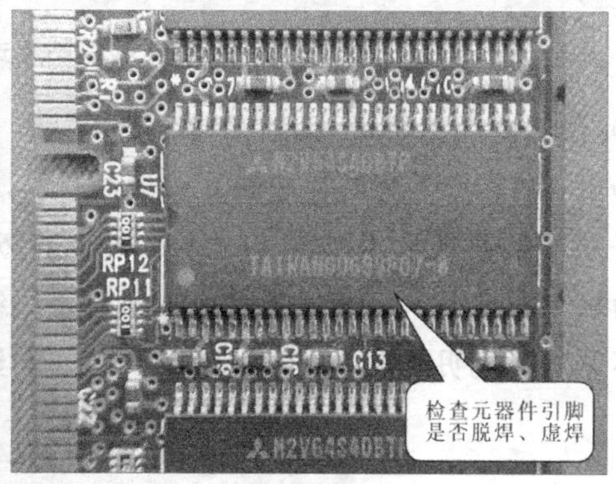

图4-31　检查内存元器件是否有脱焊、虚焊现象

将万用表调整至欧姆挡，依次检测内存的元器件。

【跟我做】

① 检测内存的贴片式电容器

将万用表调整至“×1 k”挡，现将万用表的红、黑表笔分别接在待测电容器的两端，由于在路检测的原因，检测时会有其他与之并联元器件的影响，因此，在检测时可以直接测得一定的阻值。此时将万用表的红、黑表笔调换，可测得另一固定阻值，如图4-32所示。若对电容器进行开路检测时，电容器阻值为零，则表明该电容器已经损坏，只需将其更换

为同一规格的即可。容量小的电容开路检测正常为无穷大，必须使用电容测试仪表才能测出电容值。

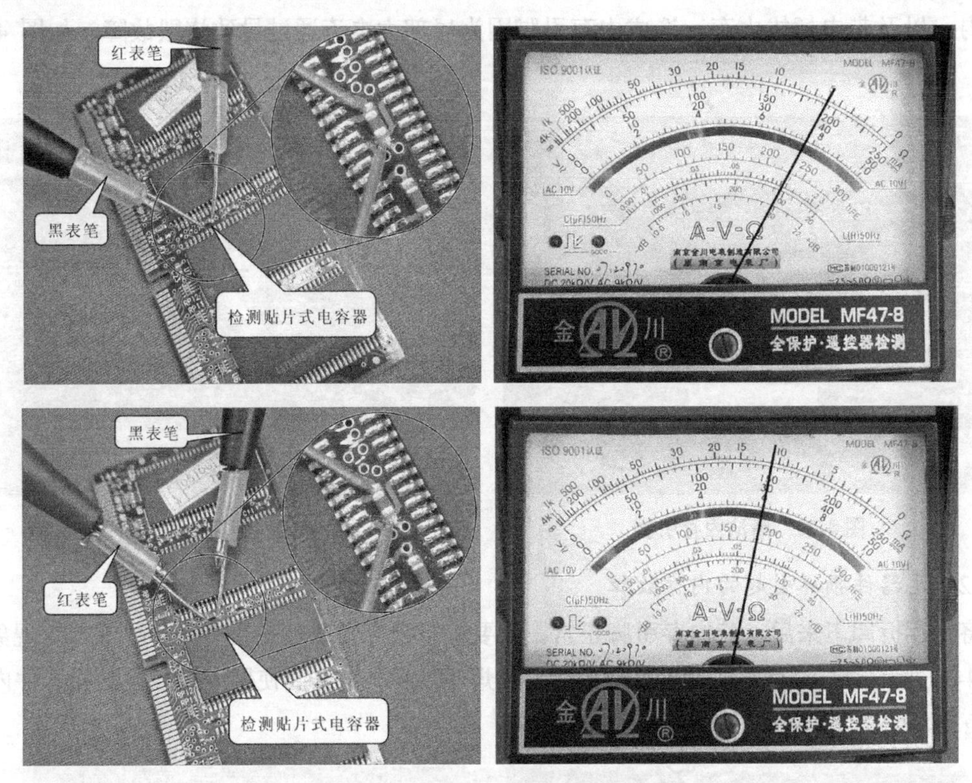

图 4-32　检测贴片式电容器是否损坏

② 检测内存的贴片式排电阻器

如图 4-33 所示为内存的贴片式排电阻器，根据上文所讲述内容对贴片式排电阻器检测时，将万用表调整至“×10 Ω”挡，可以将万用表的红、黑表笔分别接在待测排电阻器对称的两端，如图 4-34 所示，并且检测到的 4 组结果应该相同，若有一组检测的结果与其他检测值不等，则说明该贴片式排电阻器损坏，需要更换为同一规格的贴片式排电阻器。

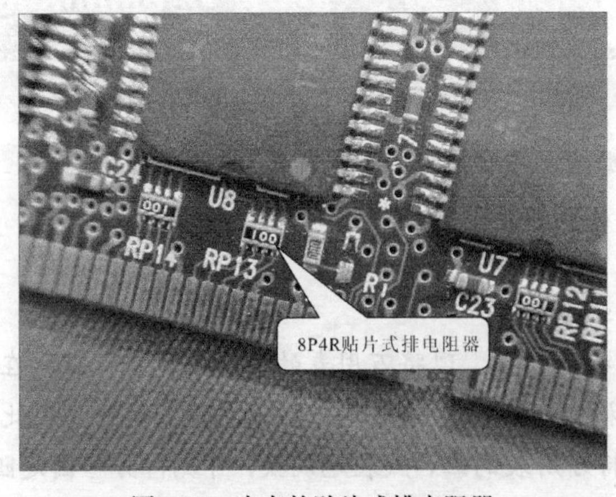

图 4-33　内存的贴片式排电阻器

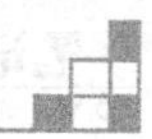

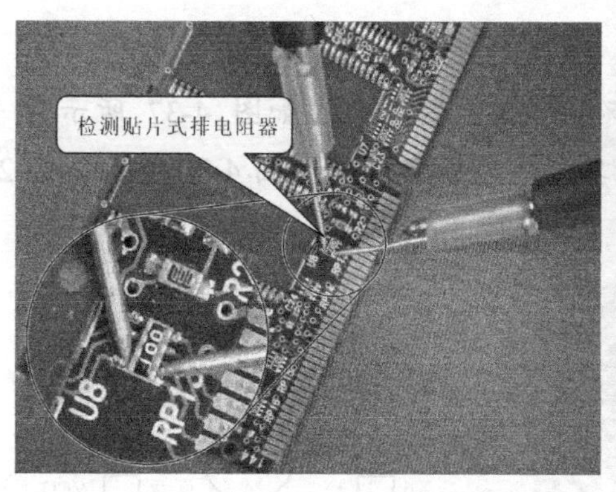

图 4-34　检测内存的贴片式排电阻器

③ 检测内存的贴片式熔断电阻器

如图 4-35 所示，为内存的贴片式熔断电阻器，根据上文所述的贴片式熔断电阻器的检测方法，将万用表调整至“×1 Ω”挡，并进行调零校正，使用红、黑表笔分别检测电阻器的两端，如图 4-36 所示。如果该电阻器正常，则检测时，万用表指针应指向零；如果检测时，检测到很大阻值或万用表指针指向无穷大，则表明该电阻器已经损坏，需要对其进行同一规格的更换。

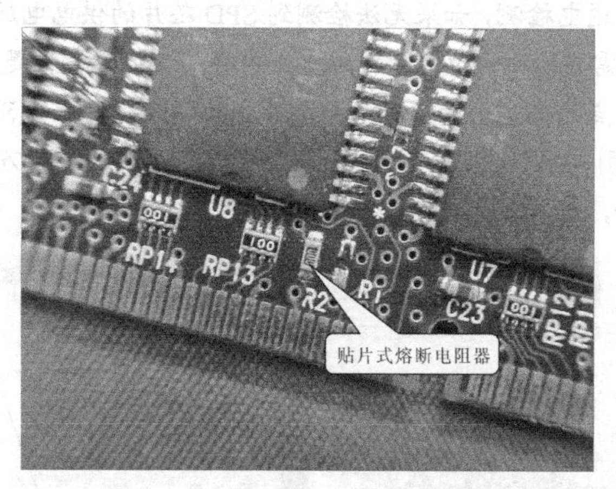

图 4-35　内存的贴片式熔断电阻器

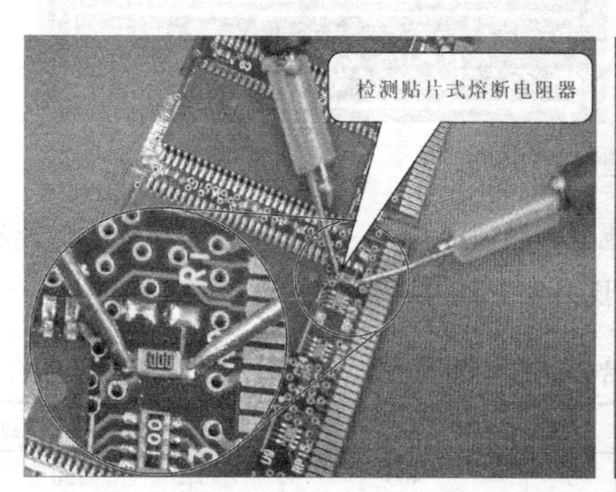

图 4-36　检测内存的贴片式熔断电阻器

④ 检测内存的SPD芯片

内存的 SPD 芯片损坏也是引起内存损坏的主要原因之一。如图 4-37 所示为 IBM TH560X 笔记本电脑内存的SPD芯片实物图，其型号为24C026。如图4-38所示24C026芯片引脚功能图。

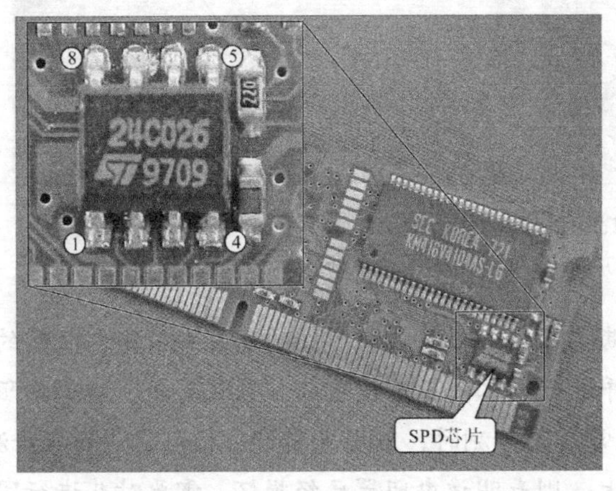

图4-37 IBM TH560X笔记本电脑内存的SPD芯片实物图

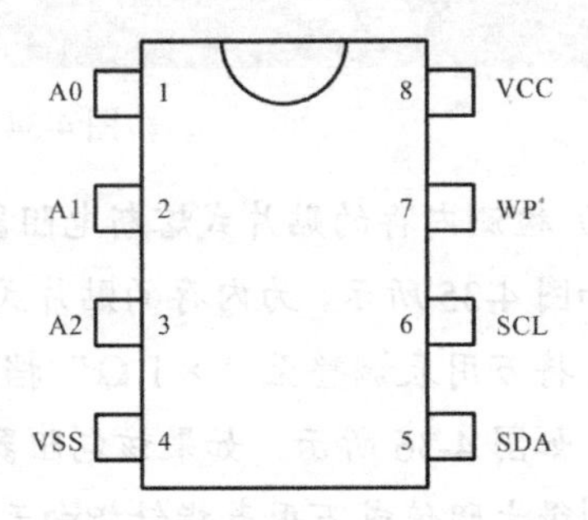

图4-38 24C026芯片引脚功能图

对笔记本电脑进行通电检测，如果无法检测到SPD芯片的供电电压，则有可能为其他原因引起内存故障，此时需要检测内存的供电电路或内存的其他元器件是否损坏；如果SPD芯片有供电电压，而故障点的确是由于内存本身所引起的，则需要检测SPD芯片是否损坏。

根据24C026芯片引脚功能图，检测该芯片引脚的对地电阻值。将万用表调整至“×100Ω”挡，将黑表笔放在4脚，红表笔分别检测24C026芯片的其他各引脚，如图4-39所示。

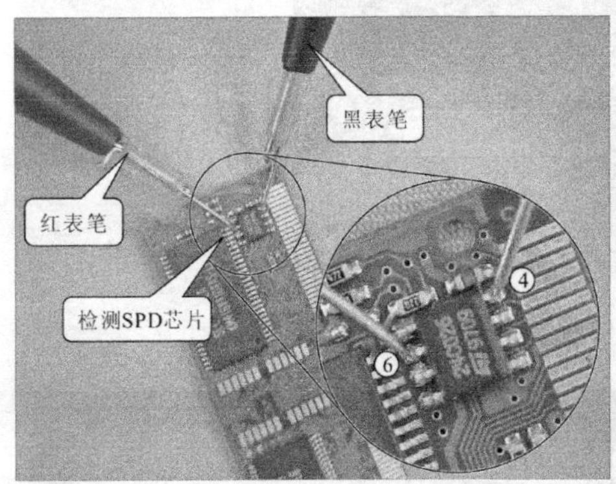

图4-39 检测SPD芯片

通过检测，正常的24C026芯片各引脚对地电阻值见表4-1。若检测时，万用表指针趋于无穷大，则表明该芯片已经损坏，只需将其更换为同一规格的即可。

表4-1 24C026芯片各引脚对地电阻值

引脚	对地电阻值（Ω）	引脚	对地电阻值（Ω）	引脚	对地电阻值（Ω）	引脚	对地电阻值（Ω）
1	0	3	0	5	400	7	750
2	0	4	0	6	50	8	750

如果检测时 SPD 芯片正常，则需要检测内存芯片是否损坏。

⑤ 检测内存芯片

如图 4-40 所示为笔记本电脑内存芯片及其引脚分布，其型号为 M2V64S40BTP。如图 4-41 所示为该芯片的各引脚功能图。

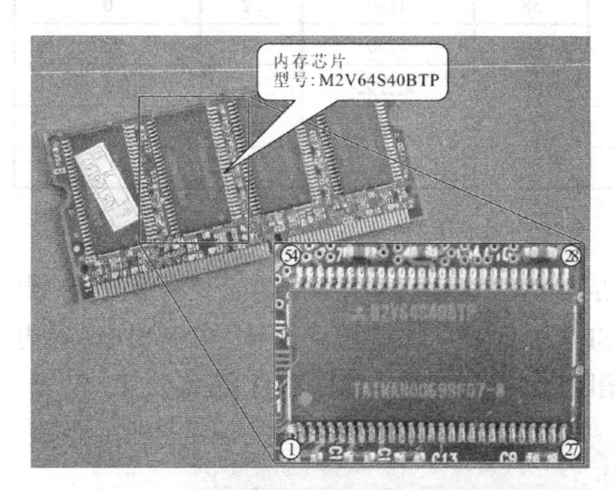

图 4-40　笔记本电脑内存芯片及其引脚分布

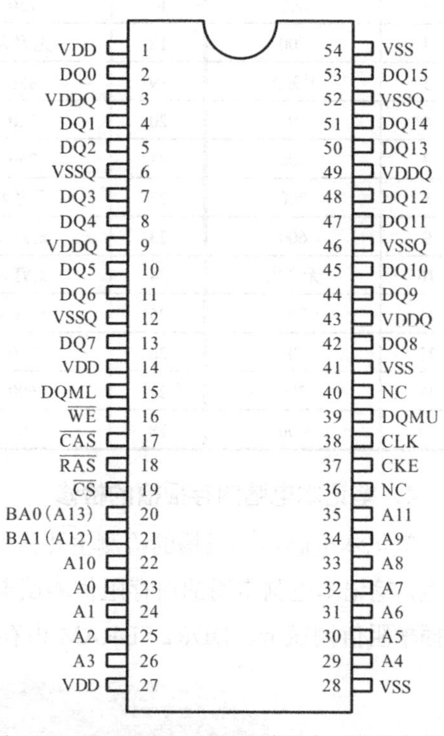

图 4-41　M2V64S40BTP 芯片的各引脚功能图

对笔记本电脑进行通电操作，如果可以检测到该芯片的供电电压，则表明笔记本电脑内存供电电路正常。若无法检测到内存供电电压，则先检查笔记本电脑内存供电电路是否正常。

若内存供电电路正常，则需要使用万用表检测该芯片各引脚的对地电阻值是否正常。如图 4-42 所示，使用万用表的黑表笔连接芯片接地端引脚，红表笔检测其他引脚。如果该芯片正常，则应检测出的对地电阻值，见表 4-2。

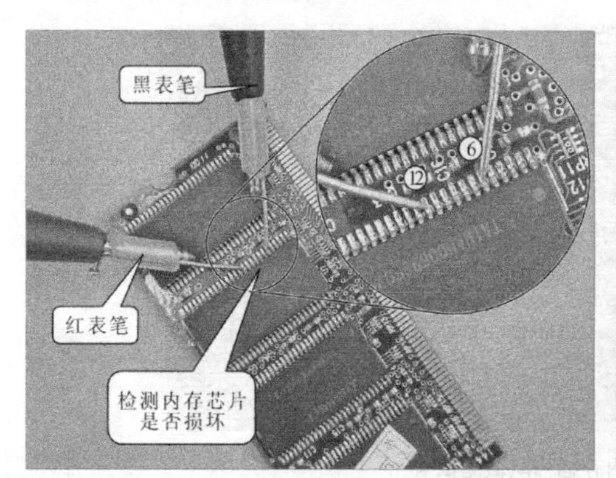

图 4-42　检测内存芯片

表 4-2　M2V64S40BTP 内存芯片对地电阻值

引脚	对地电阻值（Ω）	引脚	对地电阻值（Ω）	引脚	对地电阻值（Ω）	引脚	对地电阻值（Ω）
1	600	15	1200	29	700	43	650
2	700	16	750	30	700	44	700
3	600	17	750	31	700	45	700
4	700	18	无穷大	32	700	46	0
5	无穷大	19	850	33	700	47	700
6	0	20	720	34	700	48	700
7	700	21	760	35	700	49	650
8	700	22	无穷大	36	无穷大	50	700
9	600	23	无穷大	37	无穷大	51	700
10	无穷大	24	无穷大	38	1150	52	0
11	700	25	无穷大	39	1150	53	700
12	0	26	700	40	无穷大	54	0
13	700	27	600	41	0		
14	600	28	0	42	700		

4．笔记本电脑内存插槽的检修

笔记本电脑内存插槽的检测主要借助内存插槽阻值测试卡，检测内存插槽引脚的对地电阻值，笔记本电脑常用的内存阻值测试卡有 SDRAM 内存插槽阻值测试卡、DDR SDRAM 内存插槽阻值测试卡、DDR2 SDRAM 内存插槽阻值测试卡 3 种，如图 4-43 所示。

（1）SDRAM 内存插槽阻值测试卡

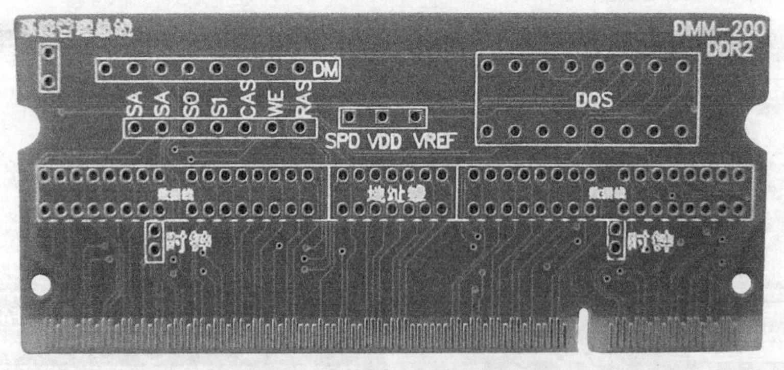

（2）DDR SDRAM 内存插槽阻值测试卡

图 4-43　内存插槽阻值测试卡

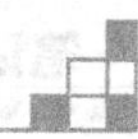

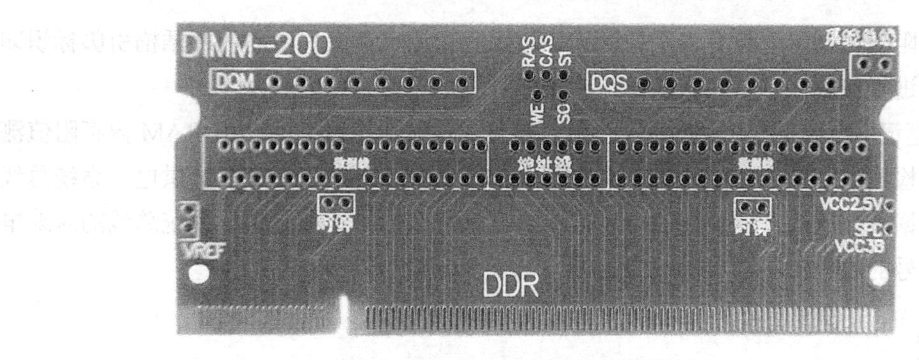

（3）DDR2 SDRAM 内存插槽阻值测试卡

图 4-43　内存插槽阻值测试卡（续）

目前，由于使用较多的为 DDR SDRAM 和 DDR2 SDRAM 内存插槽，下面就 DDR2 SDRAM 内存插槽阻值测试卡的使用为例，介绍内存插槽的检修方法。

① 插入 DDR2 SDRAM 内存插槽阻值测试卡（见图 4-44）时，应将阻值测试卡与内存插槽的缺口相对应，这样才能顺利将其插入，如图 4-45 所示。

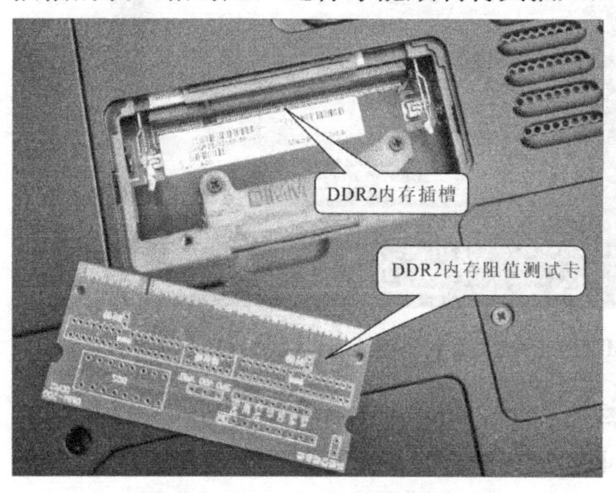

图 4-44　DDR2 SDRAM 内存插槽和阻值测试卡

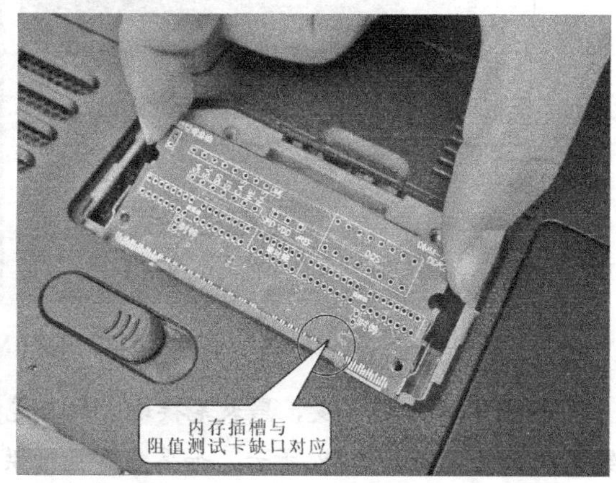

图 4-45　插入 DDR2 SDRAM 内存插槽阻值测试卡

② 插入后，用手按住 DDR2 SDRAM 内存插槽阻值测试卡的两端，即可将其插入到内存插槽中，如图 4-46 所示。

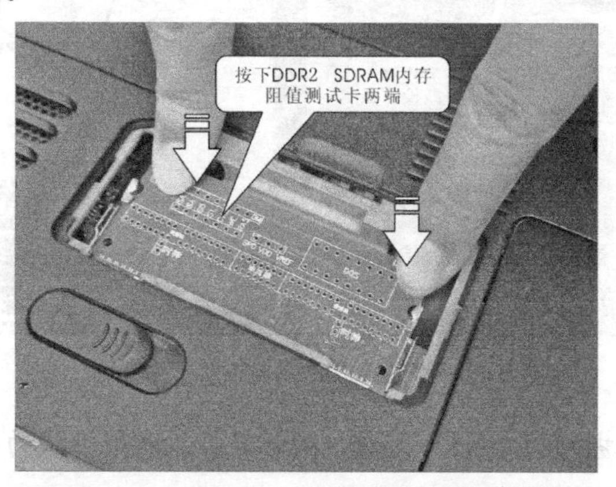

图 4-46　插入 DDR2 SDRAM 内存插槽阻值测试卡

内存插槽阻值测试卡上设有多个检测点，按照阻值测试卡上标注的内存插槽引脚标识即可对内存插槽进行检测。

③ 接通笔记本电脑的电源适配器，使用万用表或示波器检测 DDR2 SDRAM 内存阻值测试卡上的各个检测点。其中，主要检测点包括 DDR2 SDRAM 内存的 2.5 V 供电、系统总线的电压值、数据线电压值、地址线的电压值、数据地址线的对地电阻值、系统总线的对地电阻值和时钟信号的电压值。

【跟我做】

① 将万用表量程设置为“×10 V”挡，使万用表的黑表笔接地，用红表笔检测 DDR2 SDRAM 内存的 2.5 V 供电测试点，如图 4-47 所示，如果内存插槽及其供电电路正常，则应检测到 2.5 V 供电电压。

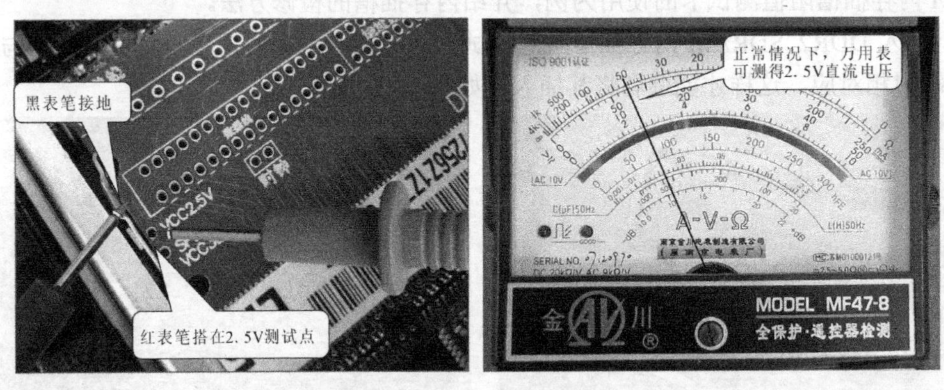

图 4-47 检测 DDR2 SDRAM 内存插槽 2.5 V 供电电压

② 万用表量程不变，黑表笔接地，红表笔检测 DDR2 SDRAM 内存阻值测试卡的系统总线的电压值，如图 4-48 所示。如果内存插槽供电电路及内存插槽均正常，则测得的电压值为 3.3 V。

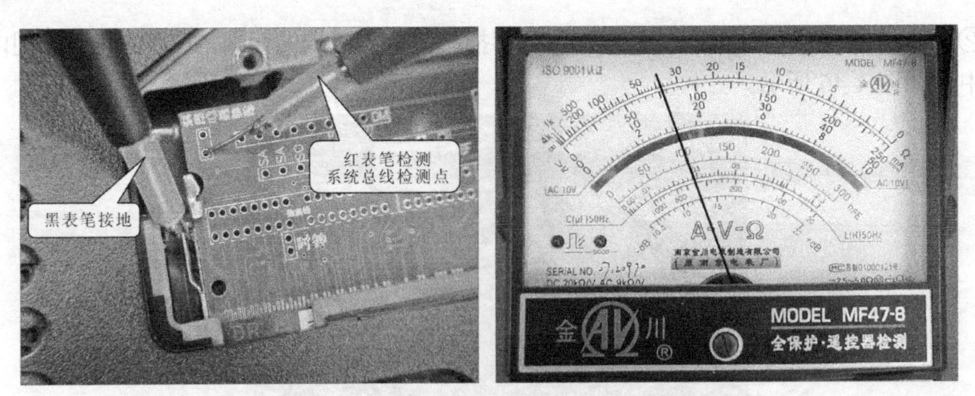

图 4-48 检测内存插槽系统总线电压值

③ 将万用表的量程调到“×2.5 V”挡，检测数据线和地址线的电压值，电压值正常为 1.25 V，如图 4-49 所示。

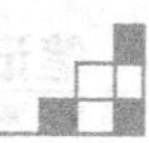

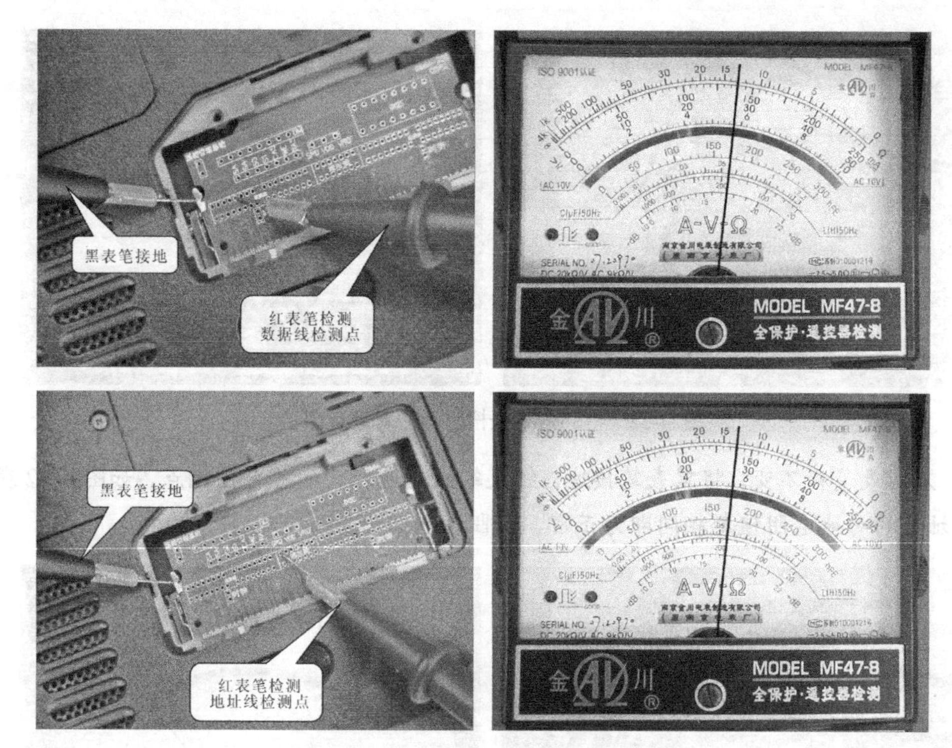

图 4-49 检测数据线和地址线电压值

④ 然后，检测时钟信号的电压值。正常时，时钟信号的工作电压为 1.6 V。一般时钟信号由北桥芯片提供，有时时钟信号也由时钟 IC 直接提供。DDR2 SDRAM 内存阻值测试卡上提供了 4 个时钟信号检测点。测量时，4 个时钟信号检测点都正常时才能确定时钟信号为正常。然而，在对时钟信号检测时，也可以使用示波器对其进行检测。使示波器接地夹接地，探笔检测时钟检测点，如图 4-50 所示，此时，示波器应显示时钟信号波形。

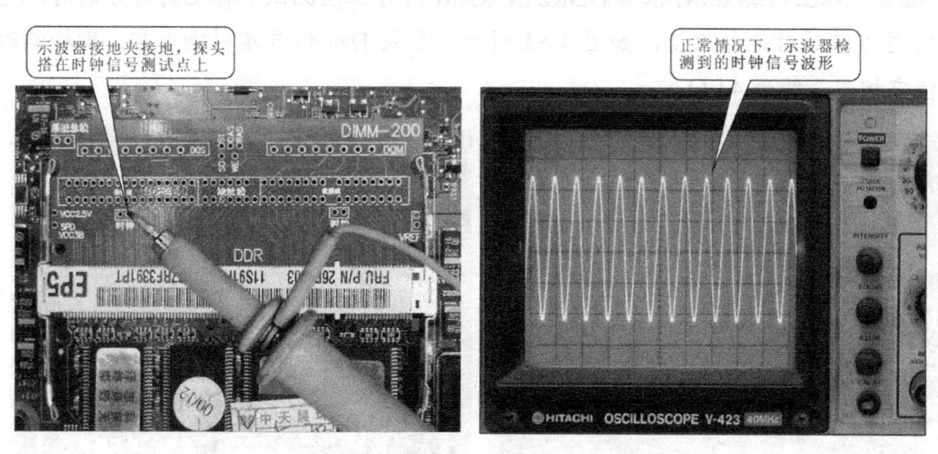

图 4-50 检测内存插槽的时钟信号

⑤ 如果以上检测并不能完全判断内存插槽是否损坏，接下来断开电源，将万用表量程调整到“×1 k”挡，将黑表笔接地，用红表笔检测数据线的各个检测点，如图 4-51 所示。如果数据线的对地电阻值都相同即为正常，其阻值约为 4 kΩ。

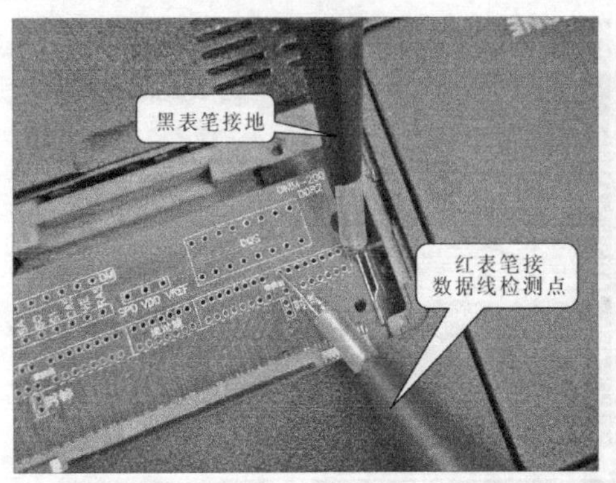

图 4-51　检测内存插槽数据线对地电阻值

⑥ 万用表量程不变，将黑表笔接地，红表笔检测地址线的各个检测点，如图 4-52 所示。如果地址线的对地电阻值都相同即为正常，其阻值约为 2.3 kΩ。

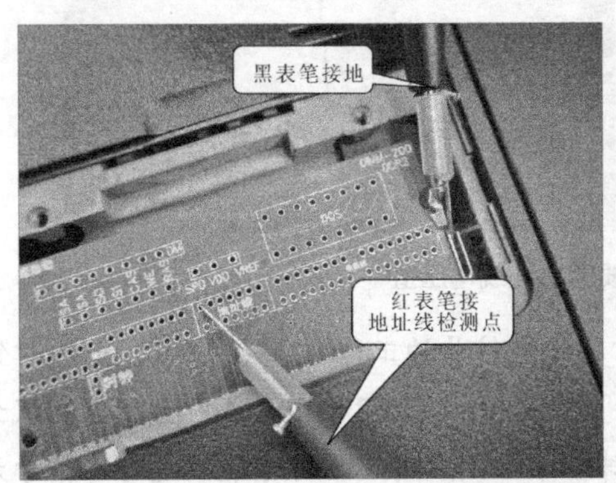

图 4-52　检测内存插槽地址线对地电阻值

⑦ 检测完以上内容后，再根据 DDR2 SDRAM 内存阻值测试卡标记的部分的对地电阻值检测 DM 信号端的对地电阻值，如图 4-53 所示。如果 DM 信号端引脚正常，则检测时所测得的阻值应相同，约为 4 kΩ。

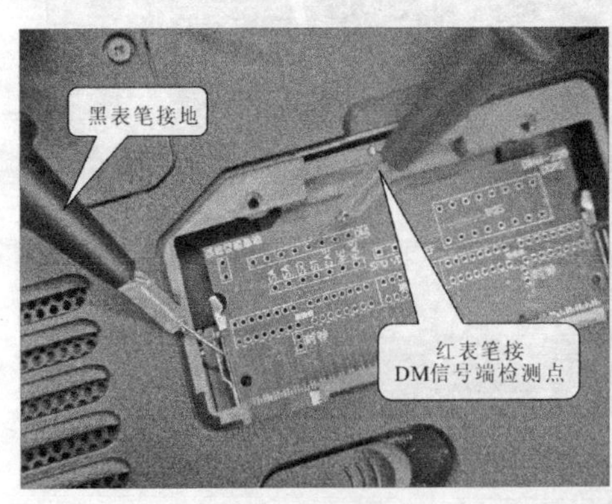

图 4-53　检测内存插槽 DM 信号端检测点

⑧ 接下来将万用表量程调整至“×100Ω”挡，使用万用表检测 DQS 信号端的检测点，如图 4-54 所示。如果该信号端正常，则检测时，所测得的阻值应相同，约为 600 Ω。

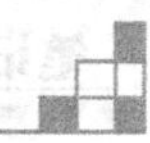

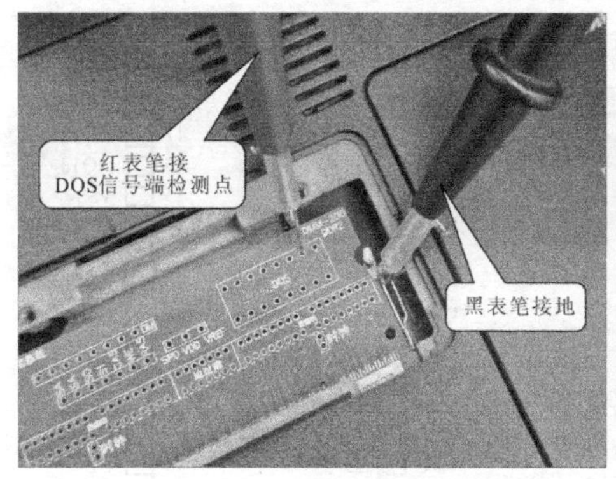

图4-54　检测内存插槽DQS信号端对地电阻值

⑨ 万用表量程不变，依次检测SA、SA、SO、S1、CAS、WE、RAS各信号端对地电阻值，如图4-55所示。若所检测的信号端正常，则第1个SA信号端对地电阻值应为200 Ω左右，第2个SA信号端对地电阻值应为0，而SO、S1、CAS、WE、RAS信号端的对地电阻值应相同，约为400 Ω。

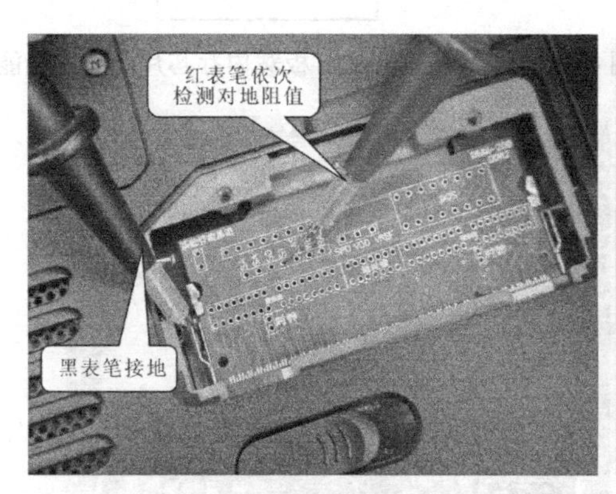

图4-55 检测内存插槽SA、SA、SO、S1、CAS、WE、RAS信号端对地电阻值

若在对内存插槽检测时，万用表指针指示趋于无穷大，则表明所检测的一端引脚有问题，需要对内存插槽进行更换，或重新安装内存插槽引脚。

5．板载内存的检修

由于有许多的笔记本电脑在使用外接内存时，还同时使用板载内存。因此，当内存出现故障时，若外接内存及内存插槽均无问题时，还要检测笔记本电脑的板载内存是否正常。

如图4-56所示为IBM TH 560X笔记本电脑的板载内存，其型号为M5M465165ATP。如图4-57所示为M5M465165ATP板载内存芯片的引脚功能图。

以M5M465165ATP板载内存芯片为例，根据图4-57所示，检测该板载内存的电压值。启动笔记本电脑，并将万用表的量程调整至“×10 V”挡，黑表笔接地，红表笔接板载芯片的电压输入端，如图4-58所示。由于板载内存的工作电压为3.3 V，如果可以检测到3.3 V工作电压，则表明板载内存的供电电路正常；如果无法检测到板载内存的工作电压，则表明该板载内存的供电电路出现故障。

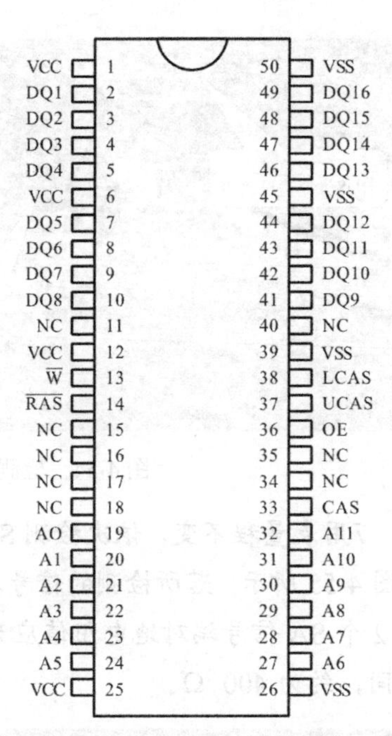

图 4-56　IBM TH 560X 笔记本电脑的板载内存　图 4-57　M5M465165ATP 板载内存芯片的引脚功能图

图 4-58　检测板载内存工作电压值

若板载内存的供电电路正常，则需要检测板载内存是否出现故障。关闭笔记本电脑并拔下电源，检测板载内存芯片的对地电阻值。将万用表量程调整至“×100Ω”挡，黑表笔接板载内存芯片的接地引脚，红表笔接其他引脚，如图 4-59 所示。

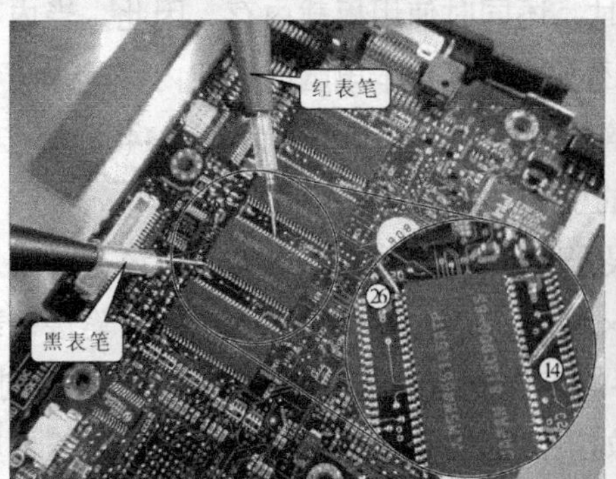

图 4-59　检测板载内存的对地电阻值

检测 M5M465165ATP 板载内存芯片正常情况下的对地电阻值见表 4-3。如果检测时，万用表所测得的阻值与正常检测的阻值不同，则表明所测板载内存芯片已经损坏，将其更换为同一规格的即可。

表 4-3　M5M465165ATP 板载内存芯片正常情况下的对地电阻值

引脚	对地电阻值（Ω）	引脚	对地电阻值（Ω）	引脚	对地电阻值（Ω）	引脚	对地电阻值（Ω）
1	400	14	600	27	600	40	无穷大
2	600	15	无穷大	28	600	41	600
3	600	16	无穷大	29	600	42	600
4	600	17	无穷大	30	600	43	600
5	600	18	无穷大	31	600	44	600
6	400	19	600	32	600	45	0
7	600	20	600	33	600	46	600
8	600	21	600	34	无穷大	47	600
9	600	22	600	35	无穷大	48	600
10	600	23	600	36	0	49	600
11	无穷大	24	600	37	600	50	0
12	400	25	400	38	600	—	—
13	600	26	0	39	0	—	—

若检测时，该板载芯片正常，则需要检测板载内存电路中的元器件是否有损坏，如果可以找到所要检测的板载内存电路图，则可以借助板载内存电路图进行元器件的检测；若无法查找到板载内存的电路图，则需要通过板载内存的印制线查找与其相连的元器件，如图 4-60 所示。查找到板载内存电路中的元器件后，便可以检测是否是由于元器件损坏导致板载内存故障。

图 4-60　查找板载内存电路元器件

【跟我做】

将万用表量程调整至“×100Ω”挡，使用万用表的红黑表笔分别检测贴片式电容器的两端，如图 4-61 所示。由于检测时采用在路检测，因此，无法检测到万用表指针的摆动情况，但可以检测出一定的阻值。将表笔调换，此时也可以检测到一定的阻值，同样无法观察到万用表的指针摆动情况。如果检测时，所测得的阻值为零，则表明该贴片式电容器已经损坏，只需将其更换为同一规格的即可。

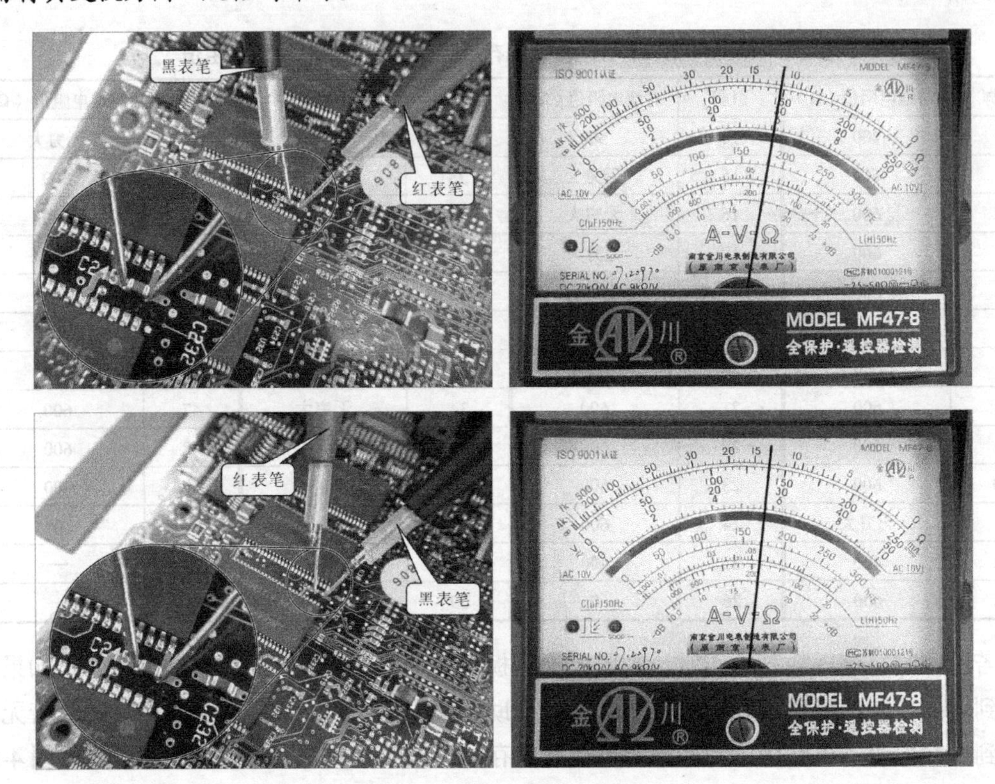

图 4-61　检测贴片式电容器

若检测时，贴片电容器正常，还需要检测与板载内存芯片电路中的贴片式电阻器是否损坏。万用表量程不变，将红、黑表笔依次检测贴片式电阻器相对两端的引脚，如图 4-62 所示。如果检测时所测得的阻值为 22Ω左右，则表明该贴片式电阻器正常；若检测时，万用表指针指向零或趋于无穷大，则表明该贴片式电阻器已经损坏。

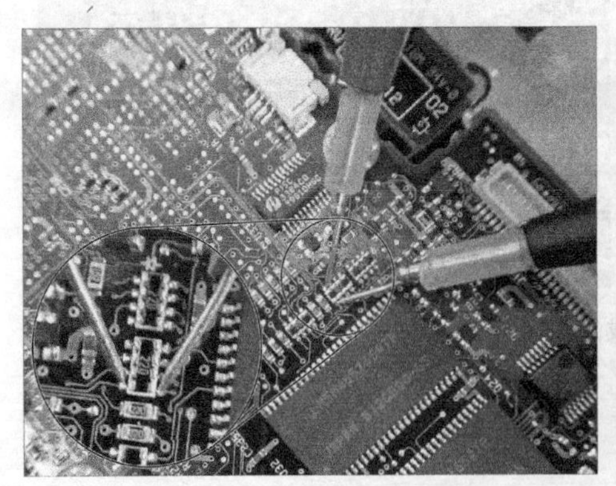

图 4-62　检测贴片式电阻器

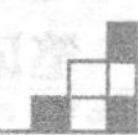

习题 4

一、判断题

1. 内存的读写速率非常快，可以永久存储数据。（　　）
2. 由于笔记本电脑设计精密，因此，对于笔记本电脑内存而言，不仅可移动性好，还要有良好的散热功能，以保证笔记本电脑的良好工作状态。（　　）
3. 不同的内存根据其容量的不同，内存芯片的数量和容量也不相同，但是内存芯片的结构是相同的，每个内存芯片都是由成千上万个排列整齐的半导体器件组成的存储单元。（　　）
4. DDR SDRAM 内存的英文全称为 Double Data Rate SDRAM，即双倍速率同步动态随机存储器。它可以在一个时钟周期内传输两次数据，即在时钟的上升沿和下降沿各传输一次数据。（　　）
5. DDR3 SDRAM 内存在 DDR2 SDRAM 内存的基础之上又加入了数据同步设计，提高了笔记本电脑内存的内部数据传输速率。在 DDR3 SDRAM 内存提高数据传输速率的同时，其工作电压相较于 DDR2 SDRAM 内存的 1.8 V 升至 2.5 V，比 DDR2 SDRAM 内存更加费电。（　　）
6. 当确定了内存数据的行、列序号后，便可以确定该数据的地址，并通过所选数据的地址坐标选择出所需的数据，因此可以通过存储单元内数据的地址坐标对存储的数据进行控制。（　　）
7. 内存如果感染病毒，将导致笔记本电脑不工作、死机或者蓝屏等故障。当系统运行携带病毒的程序后，COMS 参数中的内存参数被病毒修改，显示内存值与内存的实际大小不符、内存的工作异常、笔记本电脑出现死机等故障。（　　）
8. 笔记本电脑 BIOS 芯片损坏将会导致在笔记本电脑开机后，多次对内存进行自检，有时还会在运行某一程序时提示“内存分配错误”，甚至会导致系统运行缓慢或突然死机等故障。（　　）
9. 在对笔记本电脑进行内存的更换时，如果内存与主板不兼容，将导致笔记本电脑系统不能正常启动，系统检测不到内存或内存容量显示不正常。即使内存在刚开始使用时状态良好，但在使用一段时间后，笔记本电脑开始出现异常，出现系统检测不到内存或内存不足等故障，因此，在选用内存时，要注意所选择的内存型号、速率与笔记本电脑主板是否兼容。（　　）
10. 如果笔记本电脑经常工作在潮湿的环境下，内存引脚出现氧化锈蚀现象，造成内存与插槽之间接触不良，使笔记本电脑无法读取到内存的信息，严重时会出现无法开机、开机报警或开机后死机等故障。（　　）
11. 内存插槽堆积大量的灰尘、污物或者内存插槽损坏，很容易导致内存的接触不良、无

法识别内存，甚至烧坏内存，导致笔记本电脑无法开机，开机报警或死机等故障。（　）

12. 在对内存进行插接时，内存与插槽接触不良，将导致笔记本电脑启动不稳定，在开机自检时检测不到内存，并且伴有“嘀”的警报声。因此，在插接笔记本电脑内存时，要注意内存的插接是否正确。（　）

二、填空题

1. 笔记本电脑的内存体积比台式机的内存小很多，几乎不到台式机内存的一半，但同样是由多个______、______、______、______和引脚较少的______组成的，并且在内存的一侧还有一个缺口与内存插槽相对应，以防止内存条插错方向。
2. 在使用操作系统的过程中，如果______、______、______的情况，都会导致笔记本电脑提示内存出错。
3. 操作系统在运行的过程中，如果______不足，就会从硬盘中移出一部分自由空间作为______，即系统分区的自由空间。如果______不足，在操作系统中打开一个应用程序、软件、文件或文件夹时，总是会提出“______”或“______”等提示信息。
4. 引起笔记本电脑内存软故障的原因有很多种，在检查内存是否为软故障时，首先检查笔记本电脑打______是否过多，或者是否______，而造成笔记本电脑内存不足的故障。若笔记本电脑打开的窗口过多或打开了较大的应用程序，将其关闭后如果内存故障仍没有解决，再对笔记本电脑进行______。
5. 由于有许多的笔记本电脑在使用外接内存时，还同时使用______，进行______的存储。因此，当内存出现故障时，若外接内存及内存插槽均无问题时，还要检测笔记本电脑的板载内存的______。

三、问答题

1. 内存数据是如何调用的？
2. 内存插槽的工作原理是怎样的？
3. 笔记本电脑内存的软故障都是由哪些因素引起的？
4. 笔记本电脑内存的硬故障发生的原因有哪些？

项目 5

笔记本电脑主板的检修方法

笔记本电脑主板的常见故障及检修方法

常见故障：主板的供电失常，主板与硬盘、光驱及相关外设板卡等插接不良或是主板本身存在故障，均会引起笔记本电脑不能正常开机、工作相应时间长、频繁死机、不能进入正常工作状态等情况。

检修方法：检查时应对主板上的主要器件，如主板与硬盘、光驱及各板卡之间的接口和插件进行检查，检修流程如下图所示。

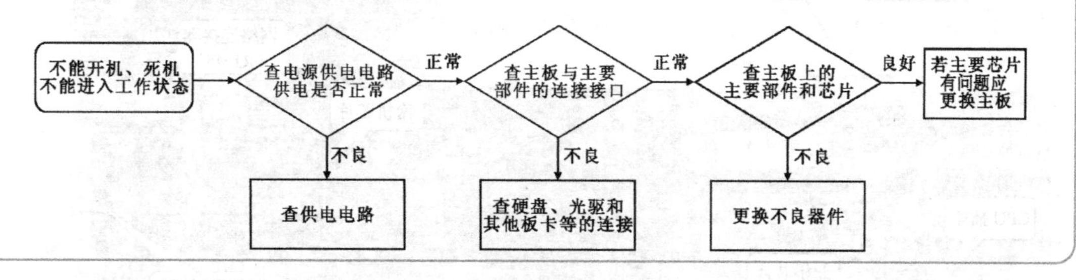

学习内容

1. 学习笔记本电脑主板的类型和结构特点。
2. 学习笔记本电脑主板各单元电路的工作原理。
3. 学习笔记本电脑主板的故障表现和基本检修方法。

任务 1 了解笔记本电脑主板的结构特点

任务描述

借助笔记本电脑的典型实例演示，全面系统地介绍笔记本电脑中主板的结构特点。根据电路结构、功能的划分，将笔记本电脑主板上的时钟电路、BIOS 电路、CPU 供电电路等进行细致地讲解，力求让读者了解笔记本电脑主板的功能和工作方式，为检修打好基础。

任务实施

笔记本电脑的主板是整机中体积最大的电路板，芯片组、CPU、内存、显卡、声卡等部件都需要主板承载、连接，也都必须安装在主板上。

如图 5-1、图 5-2 所示为典型笔记本电脑主板实物外形图。从图中可以看到，笔记本电脑的主板与台式机的主板相比有很大的区别。CPU 插座、内存插槽 A、芯片组、扩展卡（Express Card）插槽和 CMOS 电池、内存插槽 B、网络接口都分别位于主板的两面，相关的外部接口如读卡器接口、IEEE 1394 接口、VGA 接口、S-Video 接口等都位于主板的边缘。为减小体积，笔记本电脑主板上的元器件大多为贴片式器件，而且电路的密度和集成度很高。

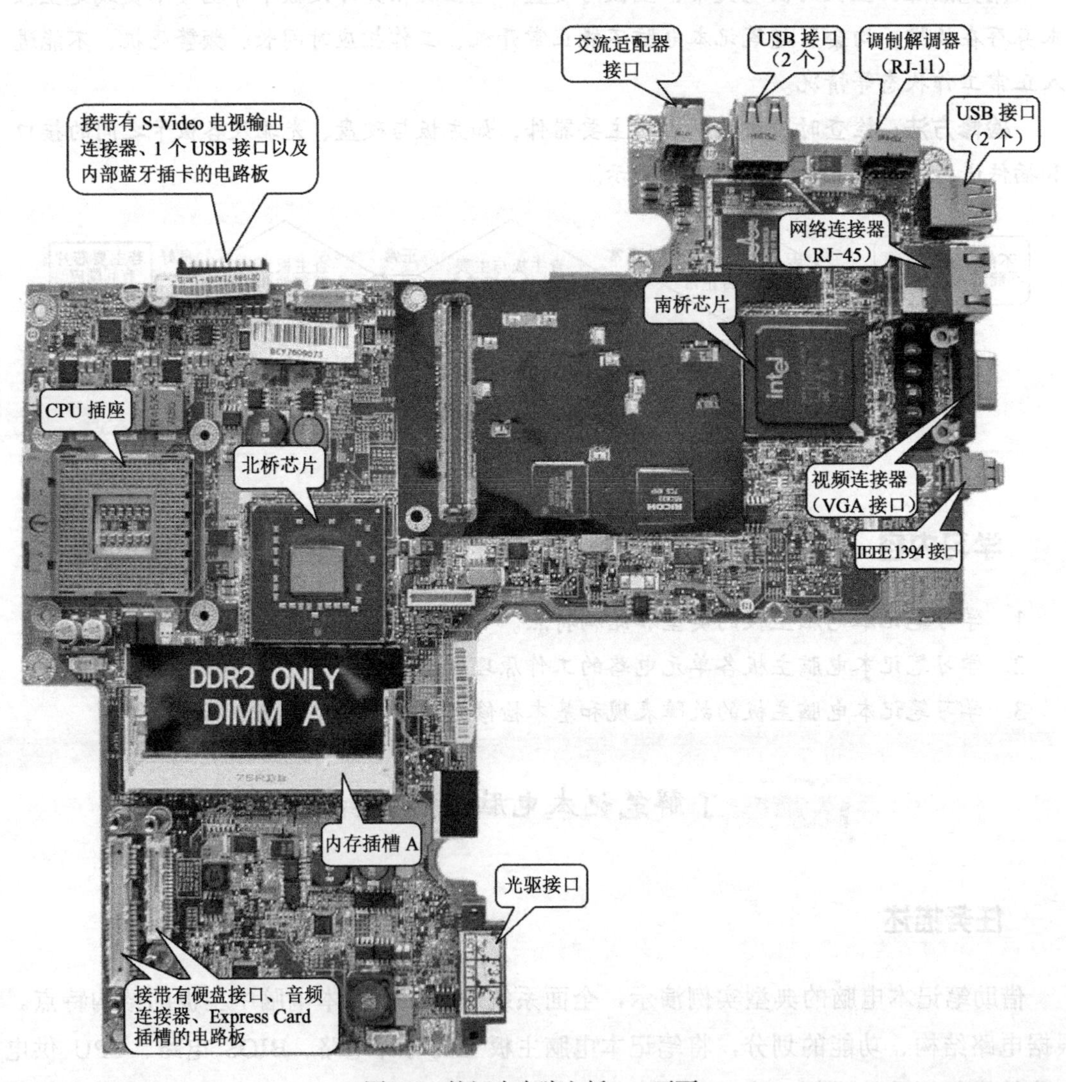

图 5-1　笔记本电脑主板——正面

通常，笔记本电脑的主板会随着笔记本电脑的整体设计而定，所以不同厂家、不同型号的笔记本电脑的主板之间并没有互换性。不同的笔记本电脑所使用的主板形态也各不相同。虽然笔记本电脑主板在外形上各有不同，但是其内部结构基本相似，如图5-3所示为笔记本电脑主板的电路方框图。

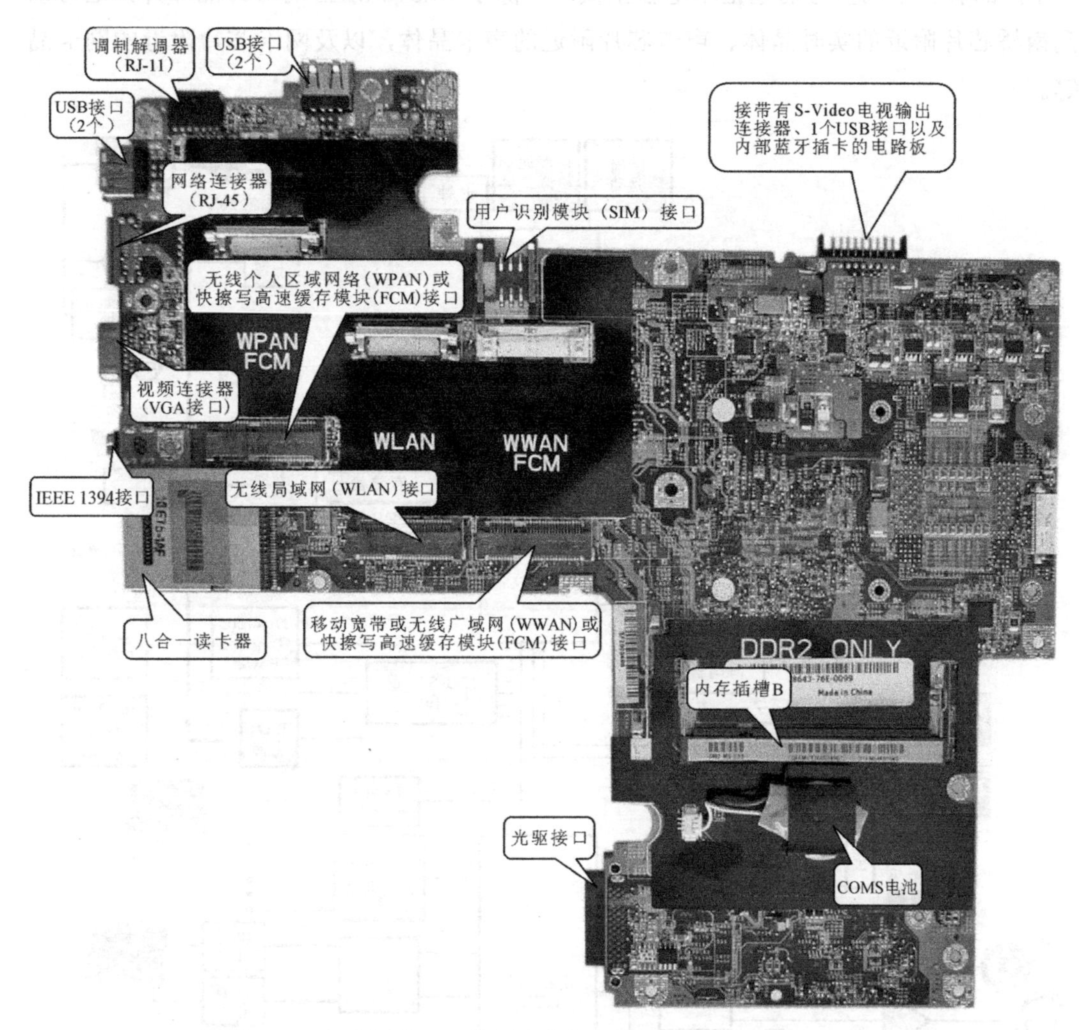

图5-2　笔记本电脑主板——反面

1. 笔记本电脑主板的时钟电路

笔记本电脑主板上的时钟电路主要由14.318 MHz的晶体、时钟发生器芯片、谐振补偿电容器、电感器、限流电阻器等组成。如图5-4所示为典型的笔记本电脑（SAMSUNG SENS 630笔记本电脑）主板时钟电路。由于该笔记本电脑主板在设计上的要求，14.318 MHz晶体和时钟发生器芯片分别分布在笔记本电脑主板的正、反面。

（1）14.318 MHz 晶体

时钟电路中的晶体也叫做时钟晶体，实际上就是一个14.318 MHz的石英谐振器，如

图 5-4 所示。该晶体有 4 个引脚，其中两个引脚与振荡电路和谐振补偿电容器相连，另外两个引脚为接地端或空脚。14.318 MHz 晶体的主要作用是与时钟发生器中的振荡电路形成晶振，把电压信号转换为相应的频率信号，再输送给笔记本电脑主板上的相应部件。

不同品牌、不同型号的笔记本电脑主板上，除了 14.318 MHz 的时钟晶体外，还可以看到南桥芯片附近的实时晶体、声卡芯片附近的声卡晶体，以及网卡芯片附近的网卡晶体等。

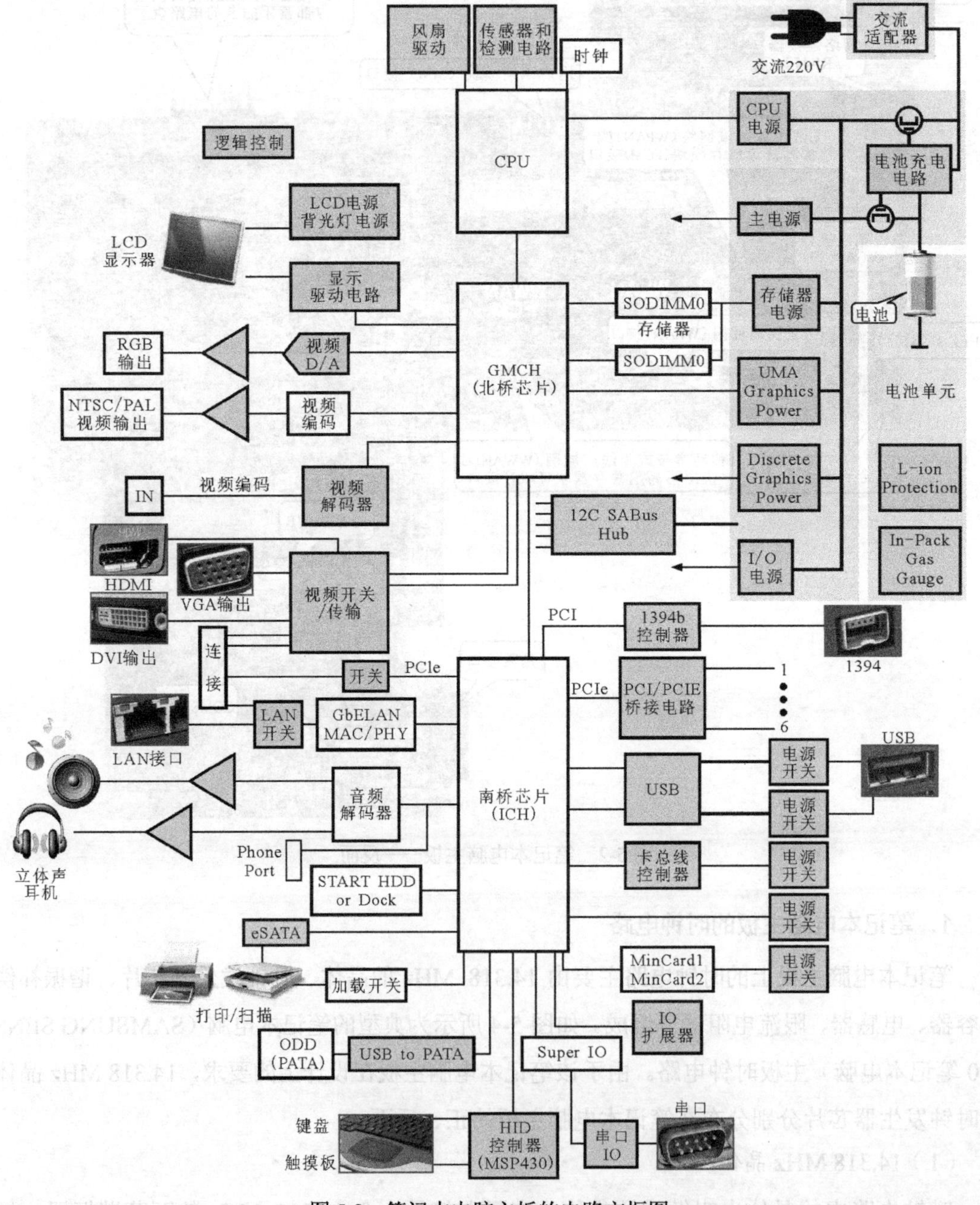

图 5-3　笔记本电脑主板的电路方框图

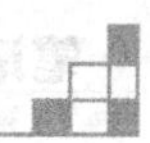

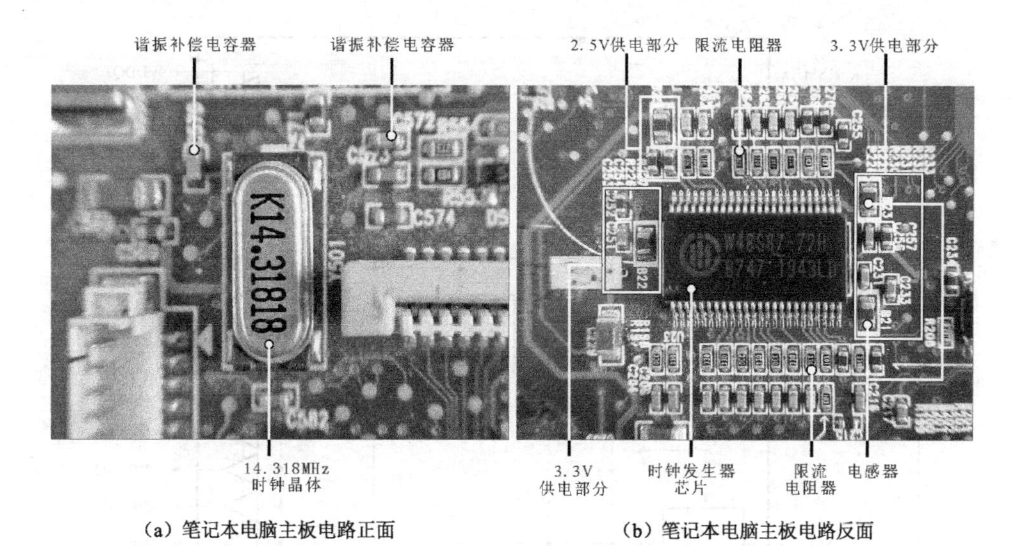

（a）笔记本电脑主板电路正面　　（b）笔记本电脑主板电路反面

图 5-4　笔记本电脑主板时钟电路

（2）时钟发生器芯片

时钟发生器的种类较多，但其作用都是将 14.318 MHz 晶体送来的时钟频率进行升频或降频后，输出给主板上的 CPU、芯片组、扩展槽等部件。如图 5-5 所示为 SAMSUNG SENS 630 笔记本电脑中使用的时钟发生器芯片 W48S87-72H，该芯片共有 48 个引脚，其各引脚功能及内部结构分别如图 5-6 和图 5-7 所示。

由图可知，时钟发生器芯片内部有一个晶体振荡器、一个倍频器和多个分频器，其中多个分频器采用程序控制方式。分频器将晶体振荡器产生的 14.318 MHz 频率的信号进行分频，使之输出不同电路所需要的时钟信号，提供给主板的各主要部件。

图 5-5　时钟发生器芯片 W48S87-72H 的实物外形

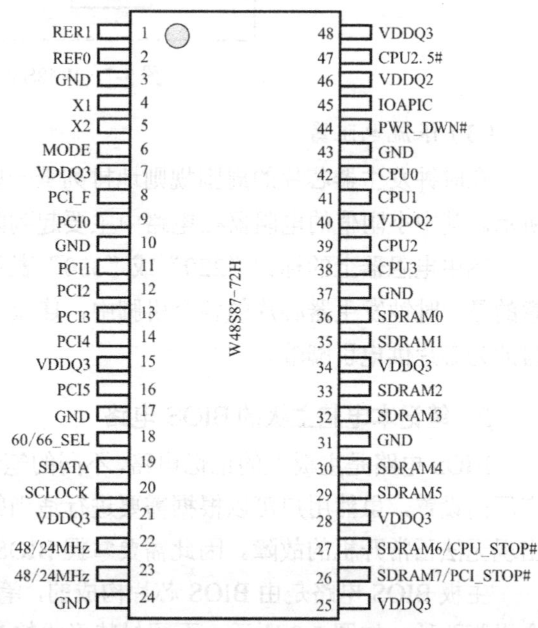

图 5-6　W48S87-72H 的各引脚功能

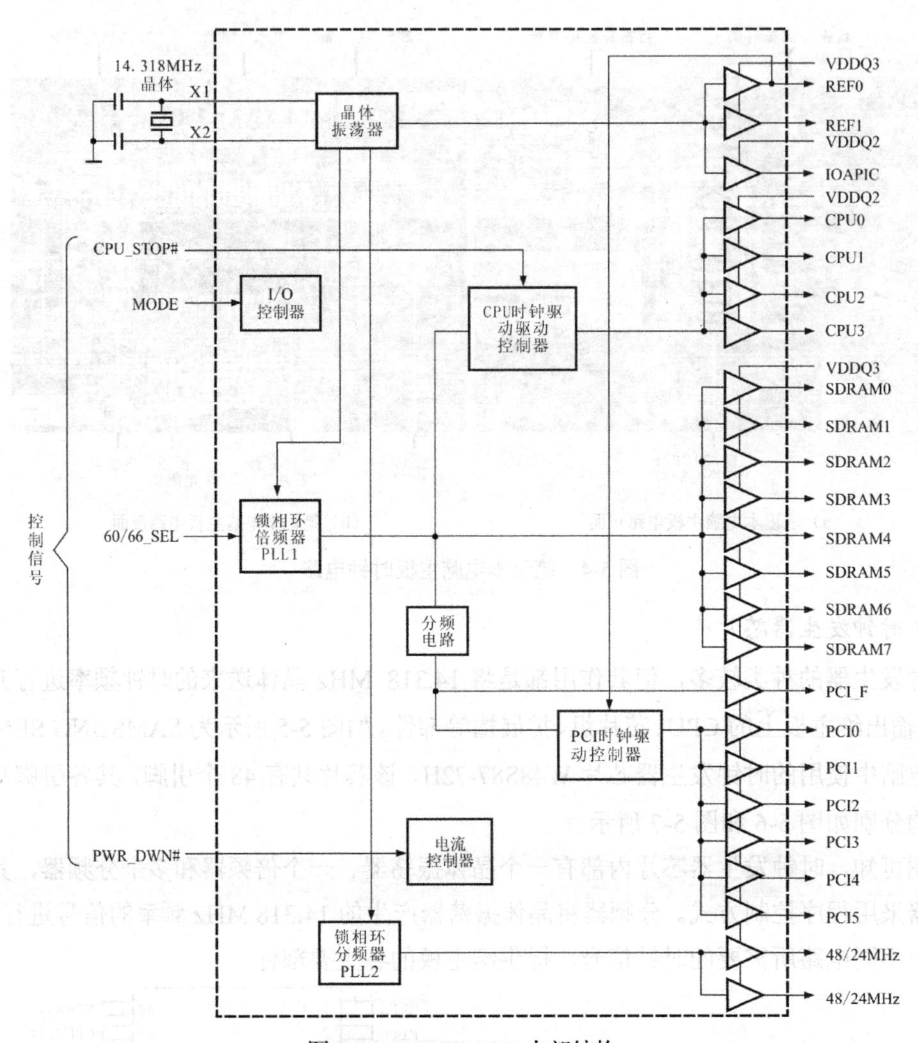

图 5-7　W48S87-72H 内部结构

（3）限流电阻器

在时钟发生器芯片的周围规则地排列着一些小阻值电阻器、电容器或电感器，如图 5-8 所示。其中小阻值的电阻器在电路中主要起到限流的作用。

图中电阻器上的标识“220”或“330”表示该电阻器的阻值为 22Ω或 33Ω。另外值得注意的是，时钟发生器芯片的各个引脚中，连接电阻器的为频率输出引脚，连接电容器或电感器的为芯片供电引脚端。

2. 笔记本电脑主板的 BIOS 电路

BIOS 电路是主板上的记忆电路，不同的笔记本电脑主板上的 BIOS 电路存储的数据由生产厂商设置，虽然用户可以根据需要进行适当的参数设置，但如果设置不当，笔记本电脑将出现无法正常开机的故障。因此需要掌握 BIOS 电路的工作原理，以便判断故障点。

主板 BIOS 电路是由 BIOS 芯片构成的，笔记本电脑的 BIOS 芯片主要有 32 个引脚和 40 个引脚两种，如图 5-9 所示。不同封装形式的 BIOS 芯片的引脚标识也不相同。

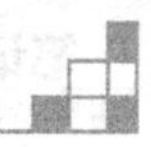

图 5-8　时钟发生器芯片周围的元器件

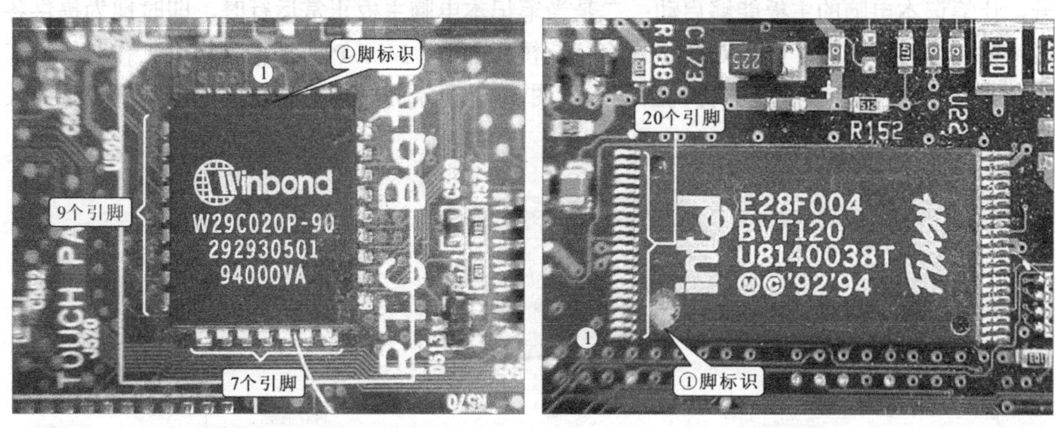

(a) 32个引脚BIOS芯片　　(b) 40个引脚BIOS芯片

图 5-9　笔记本电脑 BIOS 芯片

3. 笔记本电脑主板的 CPU 供电电路

CPU 电源供电电路从结构上而言，主要是由电源管理芯片、场效应晶体管、电感器、电容器等构成，这些器件都位于 CPU 的附近。如图 5-10 所示，为 IBM R40 笔记本电脑 CPU 供电电路的结构图。

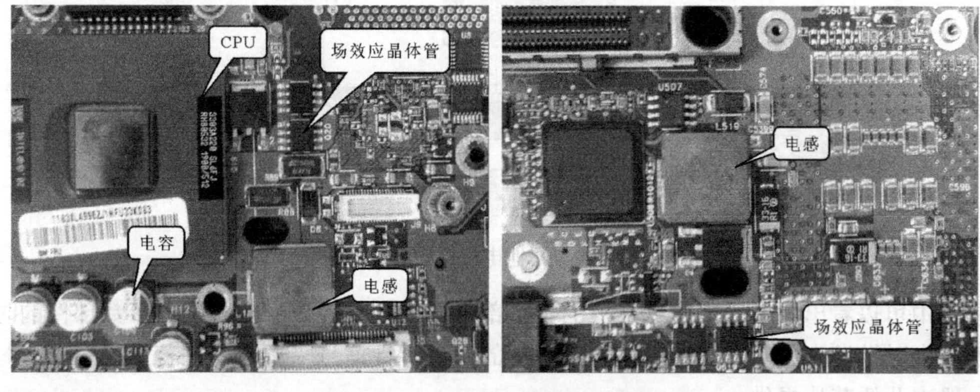

图 5-10　CPU 供电电路的结构图

任务2 学习笔记本电脑主板的工作原理

任务描述

主要介绍笔记本电脑主板各单元电路的工作原理。通过图解的方式力求让读者了解笔记本电脑主板中时钟电路、BIOS 电路、CPU 供电电路，以及主板供电电路的工作过程，并通过电路分析搞清主板各单元电路的工作环节。

1. 笔记本电脑时钟电路的工作原理

笔记本电脑主板的时钟电路主要有两个作用，一是在笔记本电脑启动时提供初始化时钟信号，让笔记本电脑的主板能够启动；二是当笔记本电脑主板正常运行时，即时地为提供各种芯片需要的时钟信号，如为 CPU、内存、北桥、南桥、Mini-PCI 插槽等提供工作时钟（工作频率），使主板各个模块能够协调工作。如图 5-11 所示为时钟电路与其他电路或设备的关系示意图。

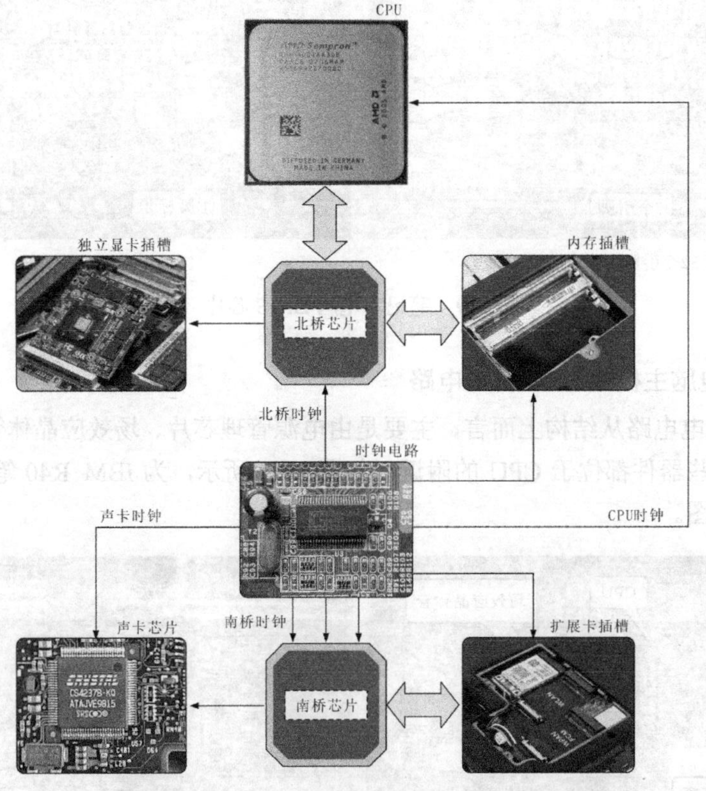

图 5-11　时钟电路与其他电路或设备的关系示意图

从图中可以看出，笔记本电脑主板的各个部件都需要时钟信号，且绝大多数部件的时钟信号都是由时钟发生器芯片提供的。声卡芯片的部分时钟信号来源于南桥芯片，内存的时钟信号一般由北桥芯片提供。

当3.3 V、2.5 V供电电压启动后，时钟发生器芯片内部振荡器开始工作，并形成14.318 MHz的时钟信号。该信号经过其内部升频、降频等处理后，得到不同数值的时钟频率（如14.318 MHz、33 MHz、48 MHz等），然后经时钟发生器芯片的各个引脚输出，再经芯片外围的限流电阻器（22Ω、33Ω等）后分别送到笔记本电脑主板的各个模块中，为其提供需要的时钟信号。

如图5-12所示为Lenovo（联想）V22笔记本电脑时钟电路图，该图采用大规模集成电路ICS950602为核心电路。

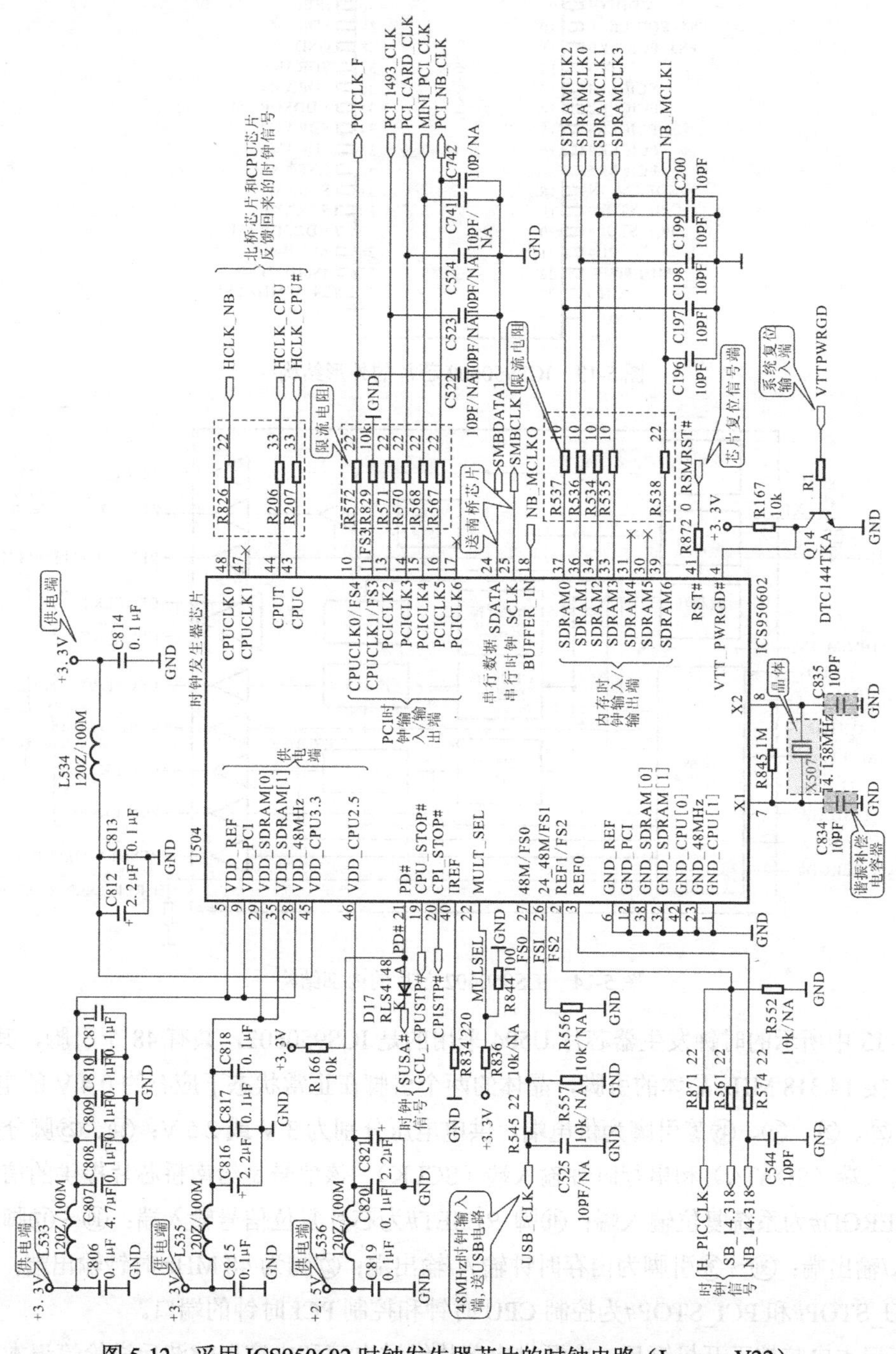

图5-12 采用ICS950602时钟发生器芯片的时钟电路（Lenovo V22）

ICS950602 芯片共有 48 个引脚，其外形结构和内部结构分别如图 5-13 和图 5-14 所示。

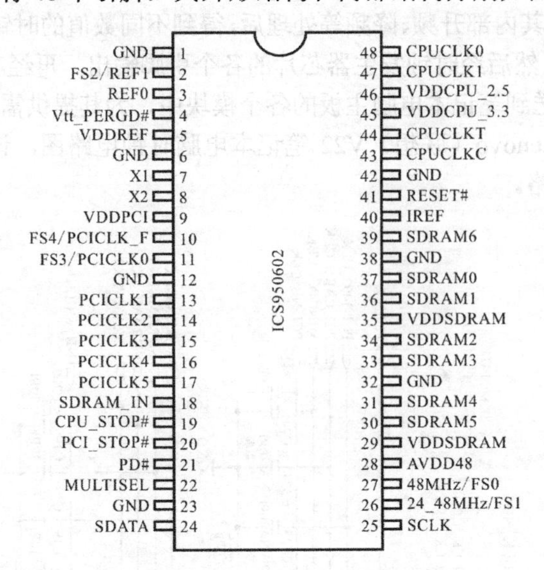

图 5-13　ICS950602 芯片的外形结构

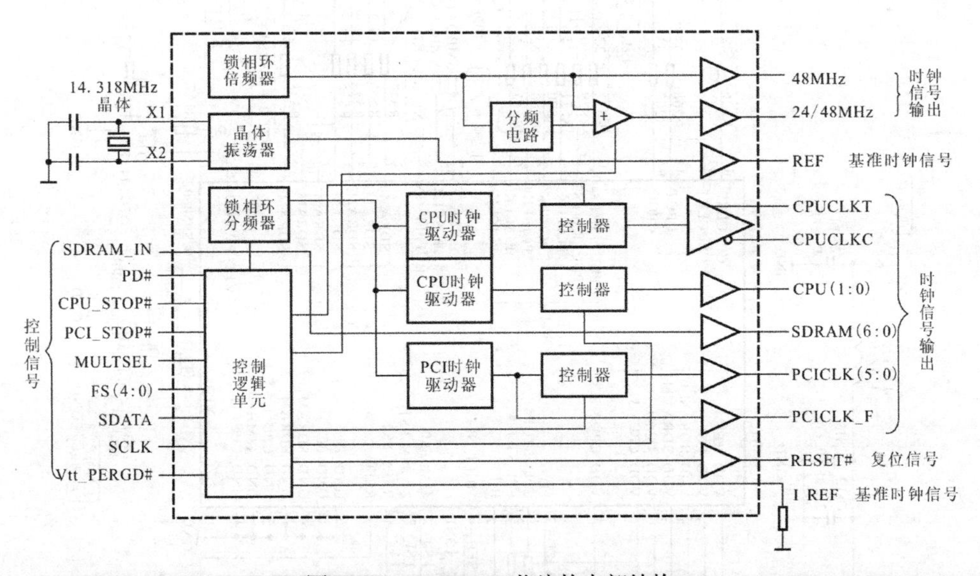

图 5-14　ICS950602 芯片的内部结构

图 5-13 中所示的时钟发生器芯片 U504 采用的是 ICS950602，共有 48 个引脚，其中⑦、⑧脚为连接 14.318 MHz 晶体的引脚，晶体的两个引脚在正常状态下应有约 0.4 V 的电压差；⑤、⑨、㉘、㉙、㉟、㊺等引脚为供电端，供电电压分别为 3 V 或 2.5 V；㉔、㉕脚分别为串行数据输入端（SDATA）和串行时钟输入端（SCLK），该信号是给南桥芯片提供的信号；④脚 Vtt_PERGD#为系统复位输入端；㊶脚 RESET#为芯片复位信号输入端；⑩～⑰脚为 PCI 时钟输入/输出端；㉚～㊴引脚为内存时钟输入/输出端；㉗脚为 48 MHz 时钟输出端；⑲、⑳脚的 CPU_STOP#和 PCI_STOP#为控制 CPU 时钟和控制 PCI 时钟的端口。

当笔记本电脑按下开机键后，电源供电芯片经过电感和电容器滤波后送给笔记本电脑主板上的时钟发生器芯片U504的供电引脚，为时钟芯片提供所需电压。待CPU供电正常后输出的系统复位信号，送入U504的④脚（Vtt_PERGD#）。时钟发生器芯片U504内部的振荡电路开始工作，为U504芯片内的倍频、分频电路提供14.318 MHz的时钟信号。该信号在U504内部经过升压、降频等处理后得到14.318 MHz、33 MHz、48 MHz等时钟信号，再经过芯片U504的引脚输出，通过22Ω和33Ω的限流电阻器为笔记本电脑主板的各个单元提供所需要的时钟信号（工作频率）。

2. 笔记本电脑BIOS电路的工作原理

BIOS电路是存储基本的输入/输出系统程序的电路，其实质是被固化在笔记本电脑主板中的一组检测程序，为主板提供最基本和最直接的硬件控制。与其他程序不同的是，BIOS程序存储在BIOS芯片中，而不是存储在磁盘中。

BIOS程序在每次开机和重新启动时自动运行。

如图5-15所示，BIOS程序首先要对内部各个设备进行检测，即启动BIOS内部的POST加电自检程序，完成POST自检，包括检测CPU内存、扩展内存、CMOS存储器、串并口、显卡、软/硬盘系统，以及键盘。若自检中发现问题，系统就会给出提示信息或鸣笛警告。POST加电自检后，BIOS芯片将按照系统CMOS设置的启动顺序搜索软/硬盘驱动器及CD　ROM、网络服务器等有效的启动程序，读入操作系统的引导记录（数据），并由系统引导记录控制系统，完成系统的启动。由此也可以看出，BIOS电路是笔记本电脑硬件与软件的转换器或接口。

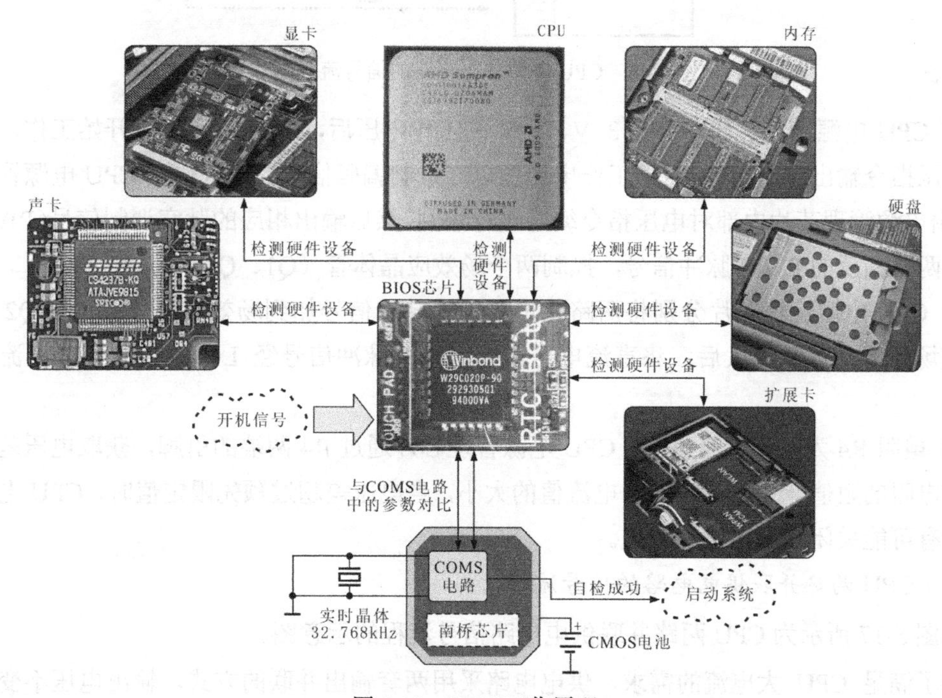

图5-15　BIOS工作原理

3. 笔记本电脑CPU供电电路的工作原理

CPU 供电电路是为 CPU 提供电能，用于满足 CPU 正常工作的需要。笔记本电脑中的CPU的供电与台式机不同，其电压比较低，相对耗电较小，主要分为单路供电和两路并联供电的方式。

（1）CPU 单路供电电路的信号流程

如图 5-16 所示为 CPU 单路供电电路的信号流程图。

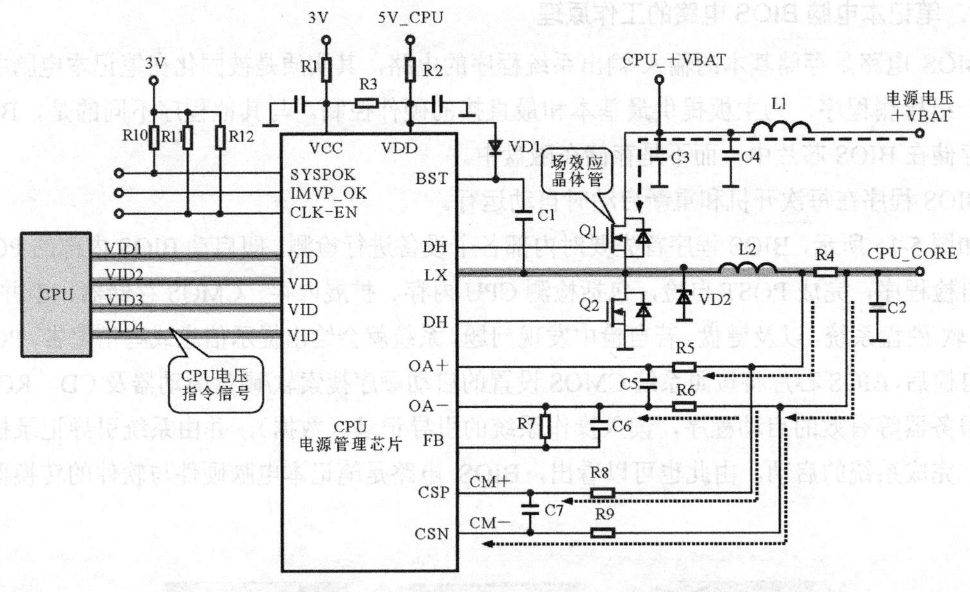

图 5-16　CPU 单路供电电路的信号流程图

① CPU 电源管理芯片，得到 3 V、5 V 的工作电压后，CPU 供电电路开始工作。CPU 供电电压指令输出脚，将其所需的工作电压值以二进制编码信号的形式送到 CPU 电源管理芯片中，由电源管理芯片内部对电压指令编码进行识别，然后输出相应的脉宽调制信号（PWM），即输出两路相反的 PWM 脉冲信号，控制两个场效应晶体管（Q1、Q2）的轮流导通。

② CPU 电源管理芯片分别将两路相位相反的脉冲信号加到场效应晶体管 Q1、Q2 的栅极，由场效应晶体管放大后，将直流电压转换成开关脉冲信号经 LC 滤波后变成直流电压输出。

③ 电阻 R4 为电流检测电阻，CPU 电源管理芯片通过 R4 两端的引脚，获取电压差，并根据该电阻的阻值计算出此时输出电流值的大小，当电压差超过预先限定值时，CPU 电源管理芯片有可能关闭电源电压的输出。

（2）CPU 两路并联供电电路的信号流程

如图 5-17 所示为 CPU 两路并联供电电路信号流程的示意图。

为了满足 CPU 大电流的需求，供电电路采用两套输出并联的方式，输出电压不变，输出电流可为两路之和，这种方式满足了 CPU 大电流的工作要求，但不增加输出场效应晶体管的负担。

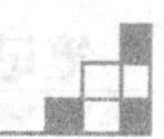

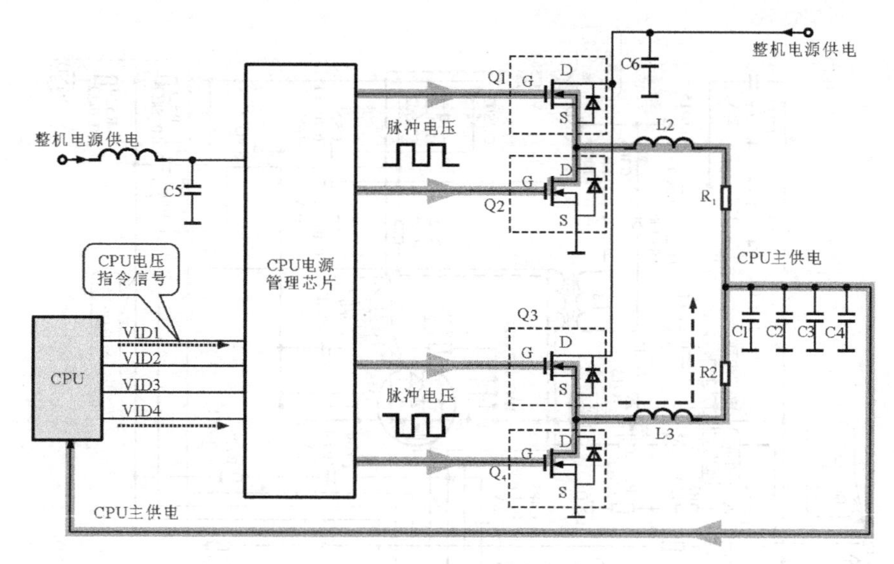

图 5-17　CPU 两路并联供电电路信号流程的示意图

4．笔记本电脑主板供电电路的工作原理

笔记本电脑的正常工作离不开电源供电电路，而笔记本电脑针对不同的供电需求，主要分为电池供电电路和电源适配器供电电路。由于电源适配器输出 7.2～14.8 V 的电压，电池输出 12～24 V 的电压，这两个电压范围均不能直接为主板供电，因此在主板的供电电路中会有各种稳压电路，对电压进行转换、稳压、滤波后，才能为主板供电。

（1）笔记本电脑+3.3 V/+5 V 开关稳压电源的工作原理

笔记本电脑主板上的很多芯片都需要+5 V 和+3.3 V 供电。如图 5-18 所示为 IBM ThinkPad T60 笔记本电脑的+3.3 V/+5 V 开关稳压电源电路图。该电路是由电源管理芯片 MAX1901ETJ 和开关、控制场效应晶体管等部分组成的。来自电池输入电路的 VINT20 电压经开关控制电路后，分别输出+5 V 和+3.3 V 直流稳压电源。

Q16、Q46 和平滑滤波电路组成+5 V 稳压电路。Q18、Q17 和 RC 电路组成+3.3 V 稳压电路。电源管理芯片 MAX1901ETJ 的⑱、㉓引脚输出脉宽调制（PWM）信号，分别加到场效应开关晶体管 Q17、Q46 的栅极。与此同时，电源管理芯片 MAX1901ETJ 的⑭、㉗脚输出高电平，使 Q16 和 Q18 导通。由于 Q46 和 Q17 的栅极受脉冲信号的驱动，因而两个场效应管都工作在开关状态，其漏极输出开关脉冲信号，该信号经滤波后输出直流电压。

在输出电路中设有电流检测电路，+5 V 输出电路中 R525 为电流检测电阻器，+3.3 V 输出电路中 R492 为电流检测电阻器。电流检测电阻器将电流转换成直流电压，送到电源管理芯片 MAX1901ETJ 中，进行电流检测和限流控制。

此外，在输出电路中还设有误差检测电路，分压电阻器 R528 和 R529（或 R298 和 R299）构成误差取样电路。如果输出电压不稳，电阻器的分压点电压也会成比例地变化，这种变化作为取样电压反馈到电源管理芯片 MAX1901ETJ 的负反馈端 FB3（FB5），进行稳压控制。

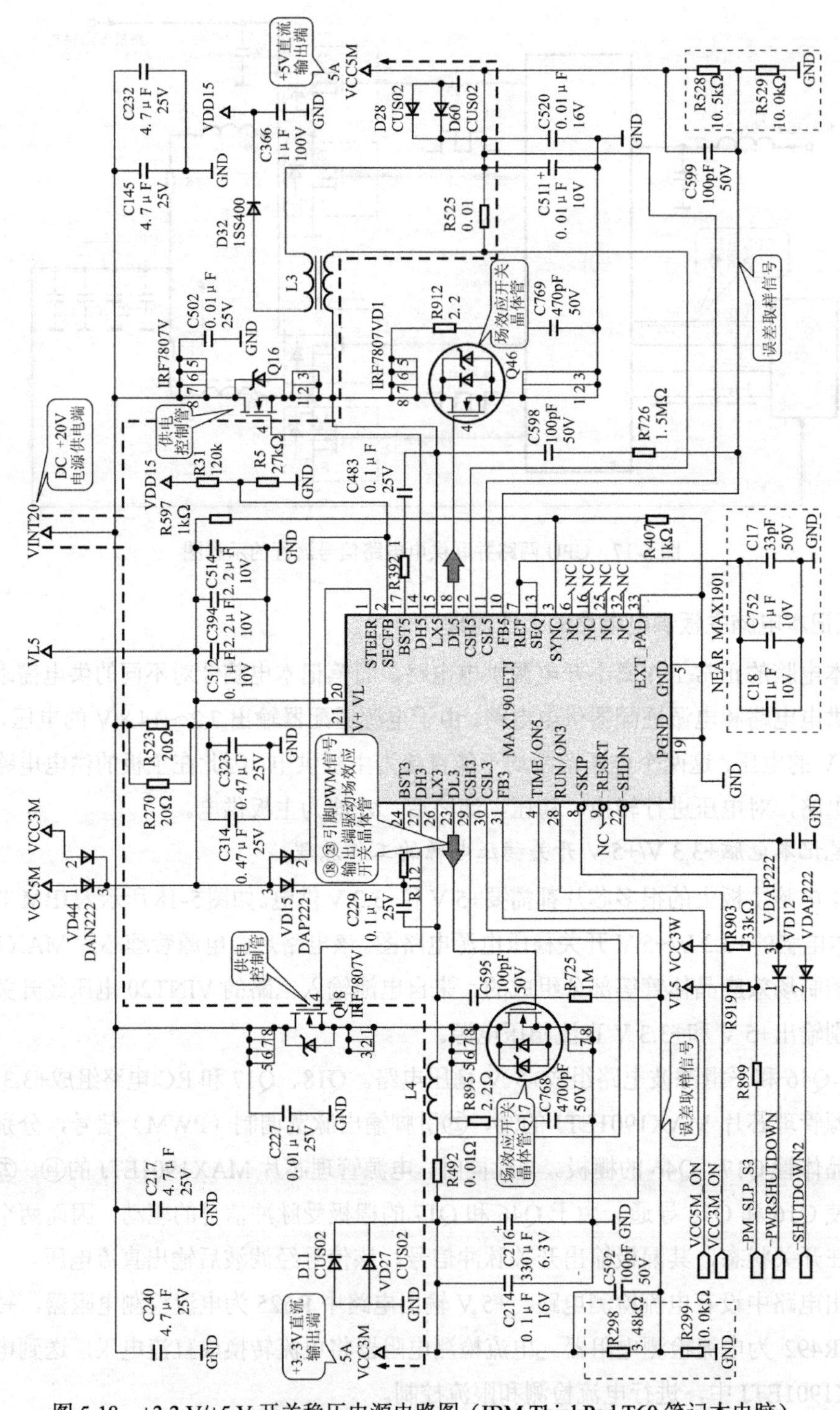

图 5-18　+3.3 V/+5 V 开关稳压电源电路图（IBM ThinkPad T60 笔记本电脑）

（2）笔记本电脑+1.8 V/+0.9 V 稳压电源的工作原理

如图 5-19 所示为 IBM ThinkPad T60 笔记本电脑的+1.8 V/+0.9 V 稳压电源电路图。该电路是由电源管理芯片 MAX8632 和开关、滤波电路组成的。在电源管理芯片 MAX8632 中设

有振荡和开关信号产生电路，⑬、㉑脚输出相位相反的 PWM 信号，分别驱动 Q43、Q49。使 Q43 和 Q49 交替导通，输出 PWM 开关脉冲，该信号经 L11、C597、C272 滤波后输出+1.8 V 电压（VCC1R8A）。

电源管理芯片 MAX8632 的⑯脚为输出电压检测端，⑮脚为取样电压输入端。通过对误差信号的取样进行负反馈控制。

电源管理芯片 MAX8632 的⑫脚输出+0.9 V 的直流电压为主板供电，由于该电压的电流较小，因而电路比较简单。

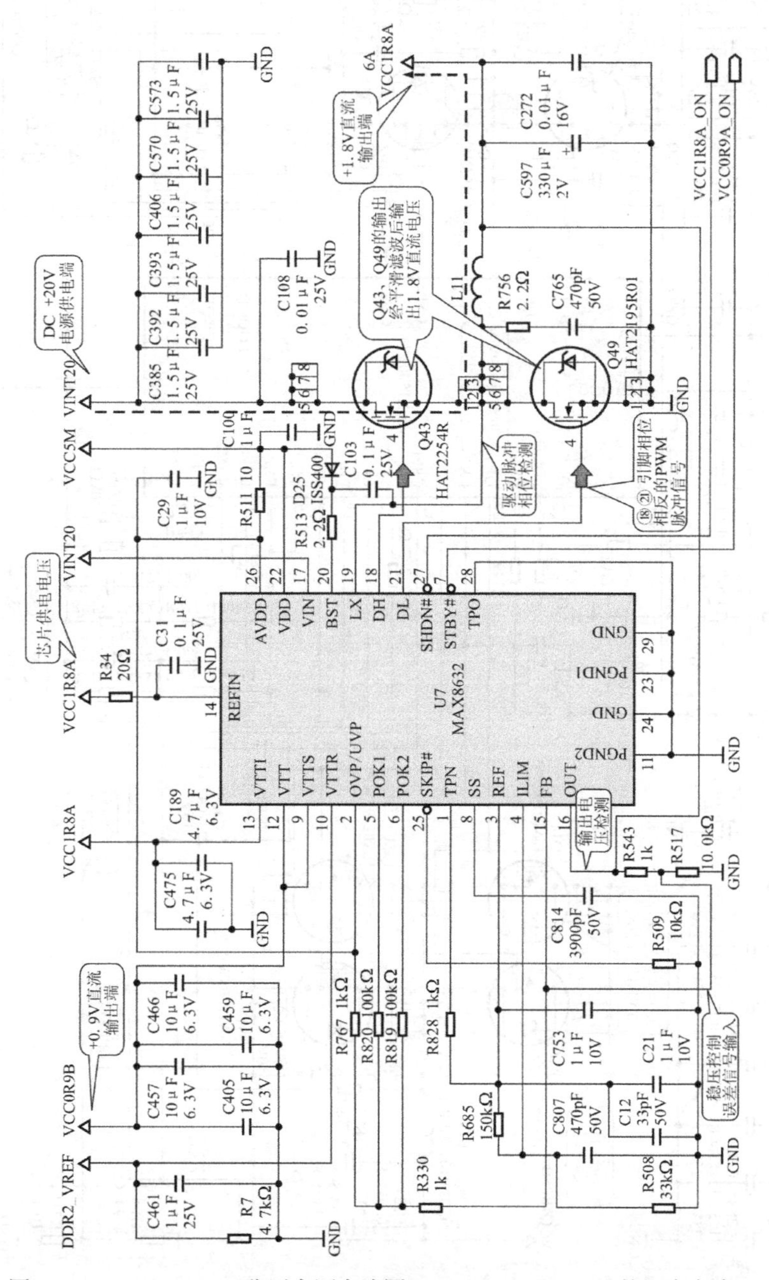

图 5-19　+1.8 V/+0.9 V 稳压电源电路图（IBM ThinkPad T60 笔记本电脑）

（3）笔记本电脑+1.5 V/+1.05 V 稳压电源的工作原理

如图 5-20 所示为 IBM ThinkPad T60 笔记本电脑的+1.5 V/+1.05 V 稳压电源电路图，该电路是由电源管理芯片 MAX1540ETJ 和两组开关、控制电路等组成的。

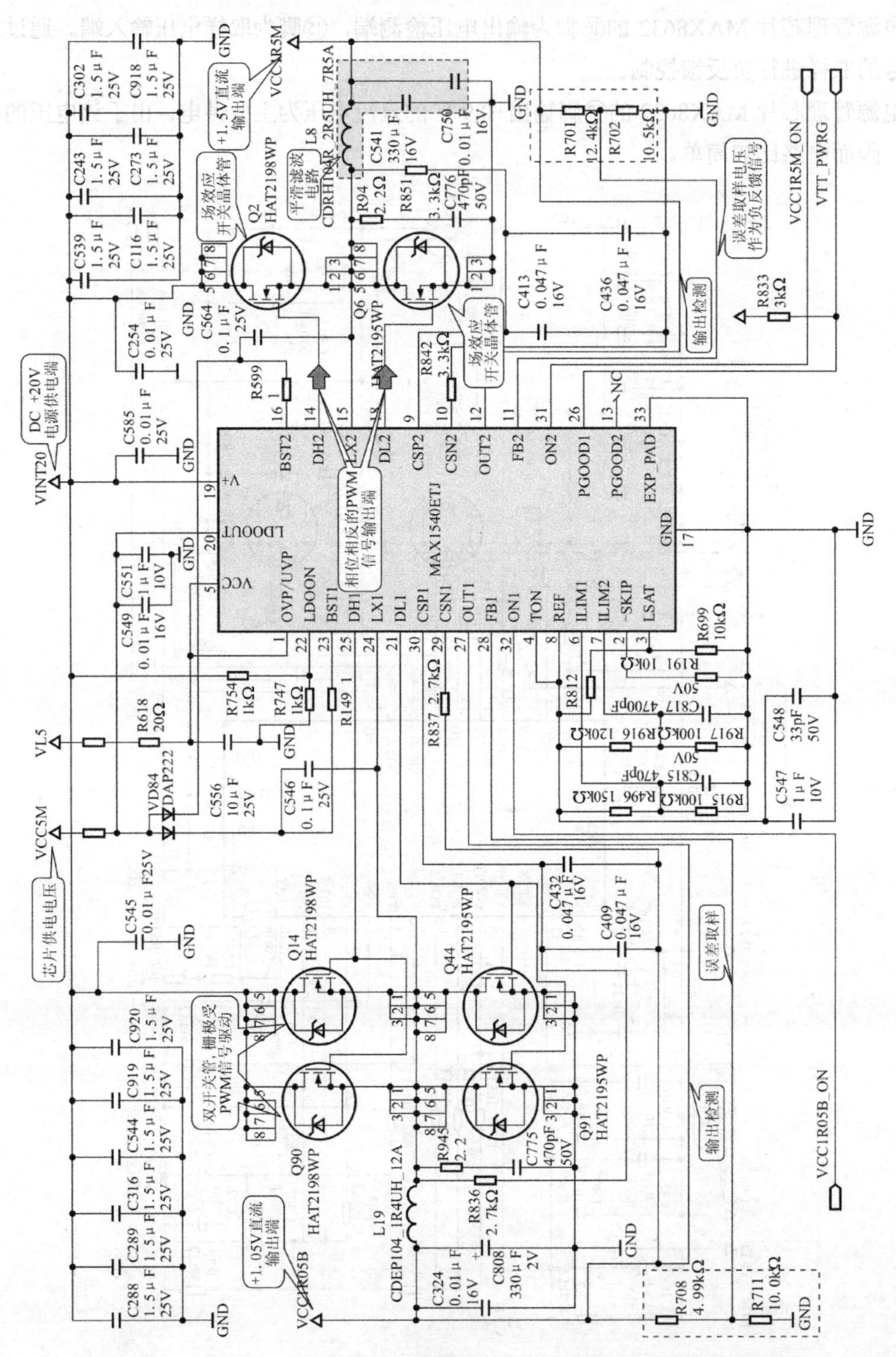

图 5-20　+1.5 V/+1.05 V 稳压电源电路图（IBM ThinkPad T60 笔记本电脑）

来自电池输入电路的直流电压 VINT20（20V）分别为两组开关电路和电源管理芯片MAX1540ETJ供电的。1.5 V电源是由场效应开关晶体管Q2、Q6和LC滤波电路等组成的。工作时，电源管理芯片MAX1540ETJ的⑮、㉔引脚输出相位相反的PWM开关脉冲，使Q2和Q6交替导通和截止，Q2和Q6的连接点为输出端，输出的脉冲信号经L8、C541、C750滤波后输出1.5 V直流电压，电源管理芯片MAX1540ETJ设有输出电压检测端⑫引脚和稳压负反馈电压输入端（FB2）。

1.05 V输出电路的结构与1.5 V输出电路类似，由于1.05 V需要具有较大电流的输出能力（8 A），因而场效应开关晶体管采用双路并联方式，以提高输出电流的能力。

（4）笔记本电脑+2.5 V稳压电源的工作原理

如图5-21所示为IBM ThinkPad T60笔记本电脑的+2.5 V稳压电源电路图，该电路是由电源管理芯片BD3508EKN和外围元器件构成的，+5 V供电电压经限流电阻器R431为电源管理芯片BD3508EKN的⑥脚供电。+3.3 V（VCC3M）则是电源管理芯片BD3508EKN的供电端，由芯片的⑧、⑨、⑩脚输入到电源管理芯片BD3508EKN中，经稳压后由⑯、⑰、⑱脚输出+2.5 V直流电压，⑲脚为稳压负反馈信号的输入端。

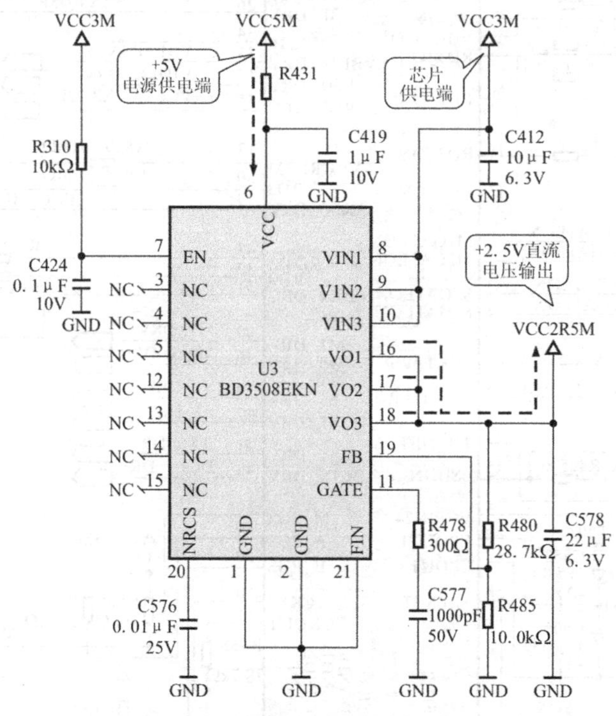

图5-21 +2.5 V稳压电源电路图（IBM ThinkPad T60笔记本电脑）

（5）笔记本电脑开关电源时序信号控制电路的工作原理

在电源供电电路和开关稳压电路中，有很多控制信号，这些信号的时间关系要求很严格，因而需要一个输出控制信号芯片，如图5-22所示，该芯片的输出信号都有明确的标记和代号，根据这些可以找出与主板供电电路的关联并进行检测。

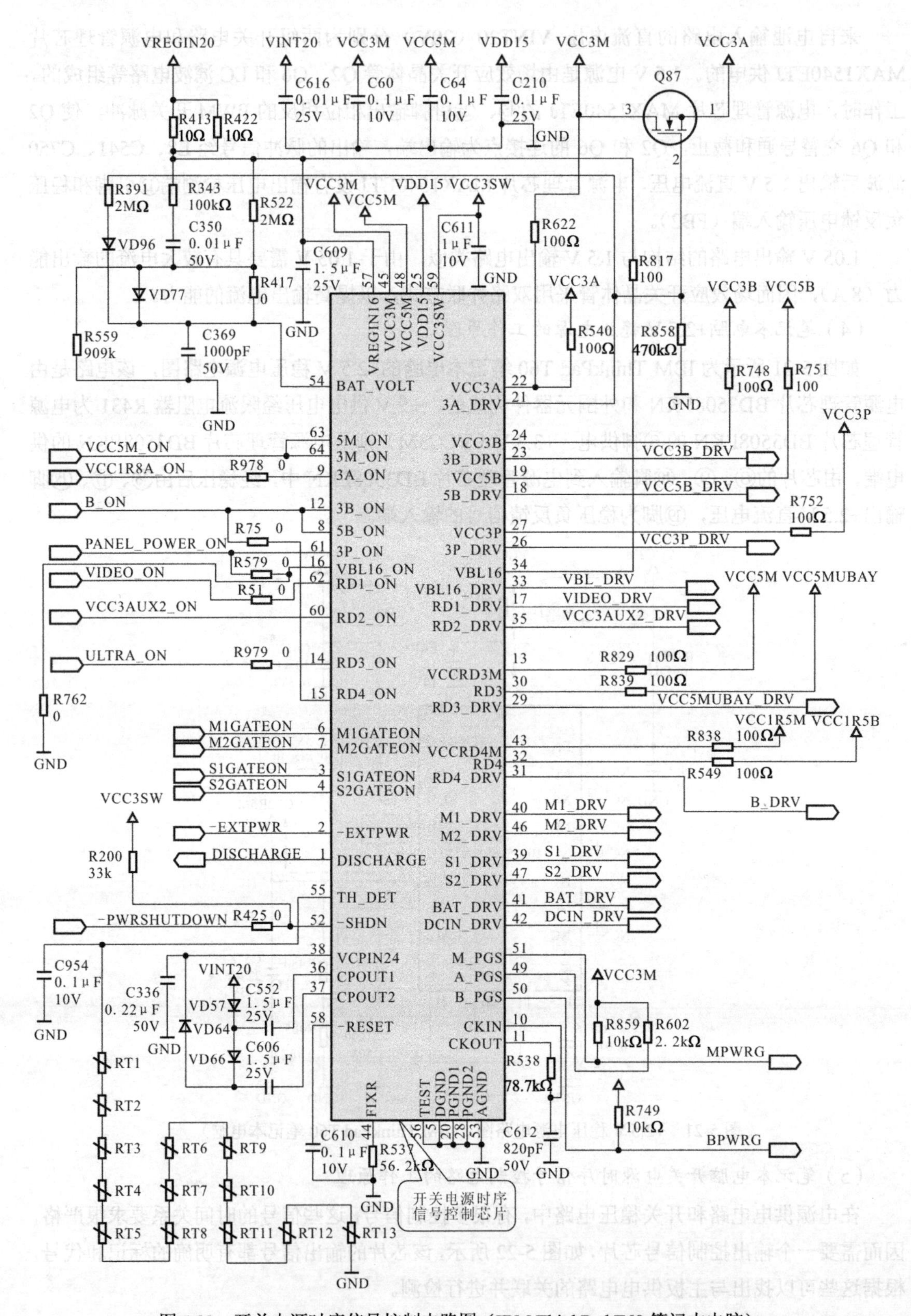

图 5-22　开关电源时序信号控制电路图（IBM ThinkPad T60 笔记本电脑）

任务3 掌握笔记本电脑主板的检修方法

任务描述

主要介绍主板的故障特点和检修方法，为了达到良好的学习效果，在对主板检修技能进行讲解时，首先将主板检修过程中的共性操作加以提炼，对主板诊断卡、CPU假负载、内存插槽阻值测试卡，以及Mini PCI测试卡的具体使用方法进行详细的介绍。然后，在针对主板中各单元电路的检修特点，主要介绍各单元电路的检修流程和检修方法。

任务实施

1．笔记本电脑主板的故障特点

笔记本电脑的主板是承载各种芯片并且拥有各种电路模块的电路板，如 CPU 芯片、芯片组、内存插座、供电电路、接口电路等。因此笔记本电脑的电路板是一个非常庞大的、复杂的集成电路部件。

通常笔记本电脑主板出现故障，那么笔记本电脑也许就无法实现开机或是某一功能无法实现，特别是在排除人为原因、环境因素、软件设置，以及其他组成部分的故障以后，笔记本电脑仍然不工作，很可能就是主板的故障。

经常出现的故障现象如下：

① 插拔接口不当，造成主板接口引脚松动，使接口电路出现故障，导致笔记本电脑无法识别该接口连接的设备或是出现频繁的死机或重启现象。

② 笔记本电脑长期工作在潮湿环境中，会使主板上的电子元器件因为潮湿出现短路，甚至烧焦的现象，从而使笔记本电脑无法开机。严重时，在使用过程中会出现打火现象。

③ 笔记本电脑主板长期工作会使电子元器件出现老化现象，如电容漏电、变质。半导体器件可能会因偶然的电压、电流冲击而损坏等。

2．笔记本电脑主板检修的基本操作方法

对于笔记本电脑主板的故障检修可以借助主板诊断卡、阻值测试卡等专用工具。

（1）使用主板诊断卡对笔记本电脑主板进行检修

主板诊断卡也叫POST卡（Power On Self Test，加电自检），其工作原理是利用主板中BIOS 内部程序的检测结果，通过主板诊断卡代码一一显示出来，结合诊断卡的代码含义速查表就能很快地知道故障所在。而不依靠主板上的警告声仅可用于粗略地判断硬件故障。

主板诊断卡按照接口形式可分为ISA诊断卡、PCI诊断卡、PCI/ISA双口诊断卡、LPT诊断卡、PCI/LPT 双口诊断卡。但是笔记本电脑的主板不像台式机电脑那样有许多接口插槽，因此使用的主板诊断卡也就有局限性，只能使用LPT诊断卡和PCI/LPT双口诊断卡，如图5-23所示。

LPT 诊断卡具有 LPT 接口，可接在主板上的 LPT 并口上。其中 USB 接口和电源接口都可以为 LPT 诊断卡进行供电，但是这两种供电方式不能同时选用，且 USB 接口在这里只是为诊断卡供电，没有其他功能。

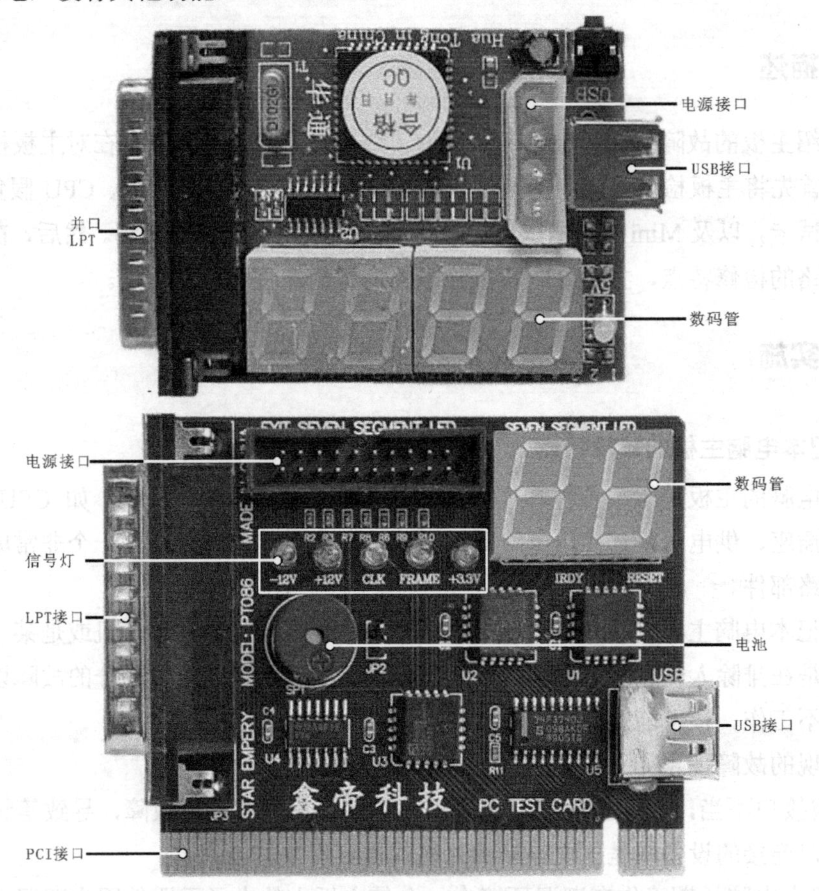

图 5-23　LPT 诊断卡

PCI/LPT 双口诊断卡采用 PCI 和 LPT 双接口，可接主板 PCI 和 LPT 接口。诊断卡上的电池是用来保存卡上的 BIOS 数据，这样在 PCI 卡上的+3 V 待机电压消失后，卡上的 BIOS 数据不会丢失。

检查待测笔记本电脑主板的接口是否有适合主板诊断卡使用的接口，如图 5-24 所示。若该笔记本电脑的主板带有并口，则可以使用诊断卡的 LPT 接口进行连接，并由 USB 接口供电。若带有 Mini PCI 接口，则可使用诊断卡的 PCI 接口进行连接。

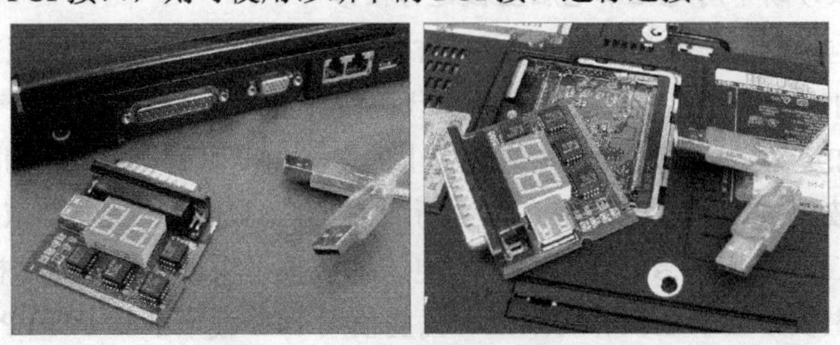

图 5-24　检测笔记本电脑接口

【跟我做】

① 将PCI/LPT双口诊断卡的LPT接口接到笔记本电脑的并口上，如图5-25所示。

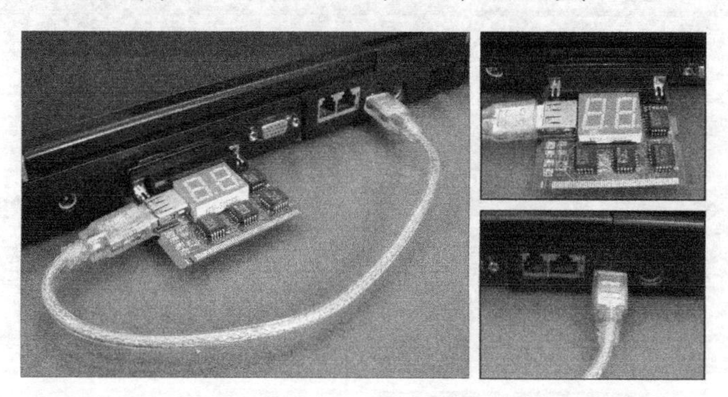

图5-25　并口连接主板诊断卡

② 如果笔记本电脑没有并口，也可以使用Mini PCI接口连接主板诊断卡，如图5-26所示。

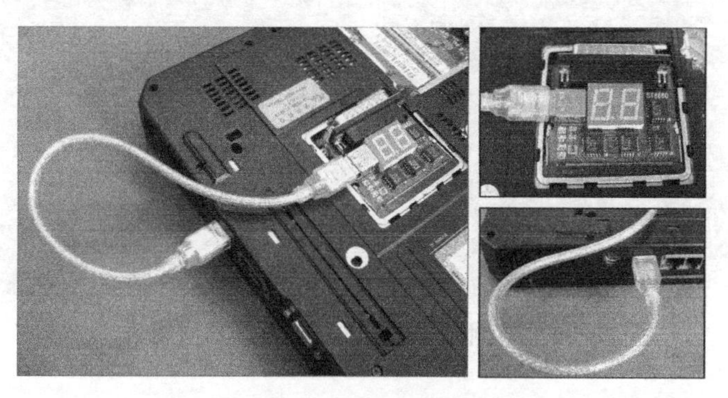

图5-26　Mini PCI接口连接主板诊断卡

③ 将主板诊断卡连接好以后，就可以通电检测主板了。打开笔记本电脑电源，诊断卡的数码管和发光二极管就会显示代码。根据显示的故障代码对照说明书，即可判断出主板故障所在。

（2）使用CPU假负载对笔记本电脑主板进行检修

由于CPU的引脚在芯片的底下，无法直接检测到各引脚的参数，为此开发了CPU假负载（CPU测试卡），用此卡代替CPU装到主板上，对卡上的接点进行检测可以测量到CPU插座上某些关键点的参数。

CPU假负载主要是用来检测CPU的各点电压等是否正常，使用CPU假负载不会出现因为CPU电压不正常而将CPU烧坏的现象。除此之外，CPU假负载还可以用来测CPU通向北桥或其他通道的64根数据线和32根地址线是否正常，如图5-27所示为两种笔记本电脑CPU假负载实物图。

使用CPU假负载检测的参数主要有核心电压、复位信号、主时钟、辅助时钟、PG信号、VTT参考电压、VID信号、64根数据线的对地电阻值和对地电压（对地电阻值与对地电压均相同)、32 根地址线的对地电阻值和对地电压(对地电阻值与对地电压均相同，其中有 3 根未开发)。

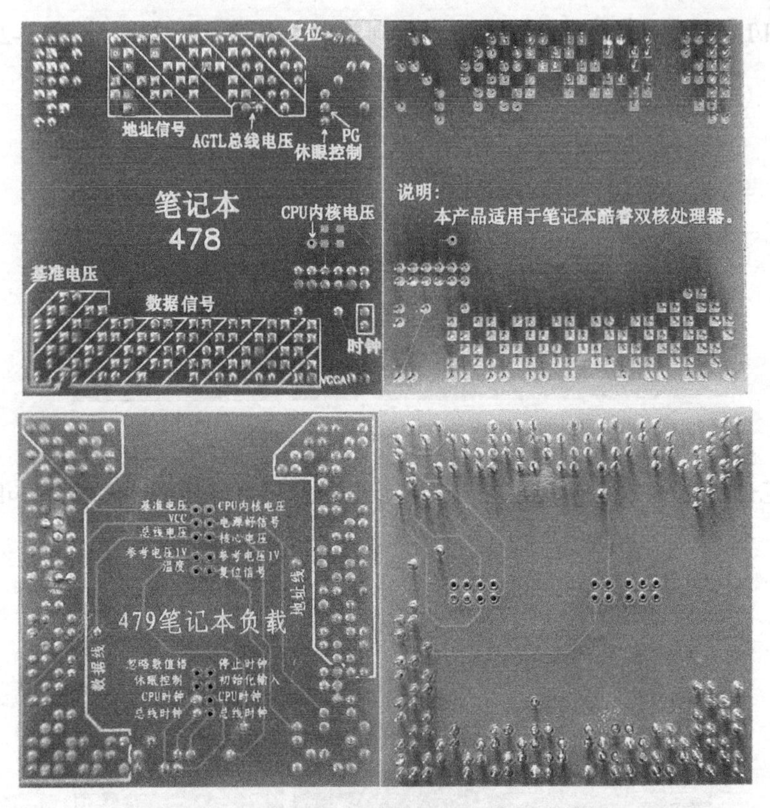

图 5-27　两种笔记本电脑 CPU 假负载实物图

【跟我做】

① 将 CPU 假负载安装到主板 CPU 插槽上，然后给主板通电，如图 5-28 所示。

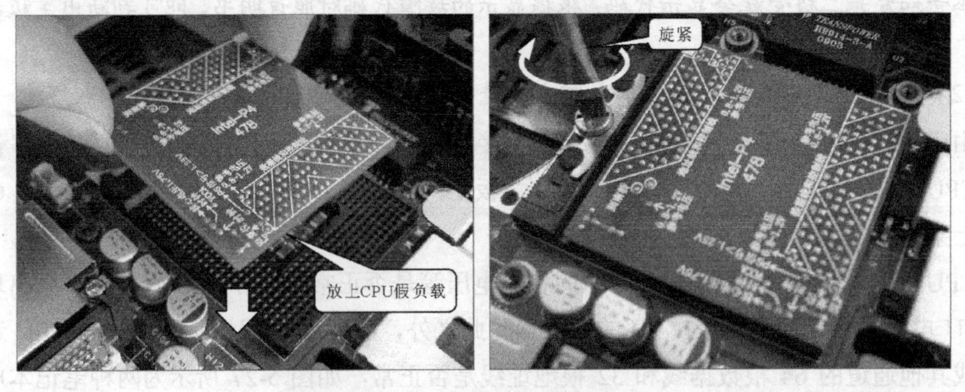

图 5-28　安装 CPU 假负载

② 使用万用表对主板上的 CPU 插座进行检测。主要检测点有核心电压、PG 信号、参考电压、时钟电压和各数据线对地电阻值、控制线对地电阻值及地址线对地电阻值等，如图 5-29 所示。

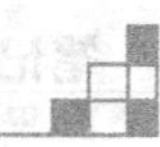

③ 将检测结果与假负载上的标注进行对比，如有偏差太大的地方，则说明相应的电路出现故障，需要仔细地进行检修。

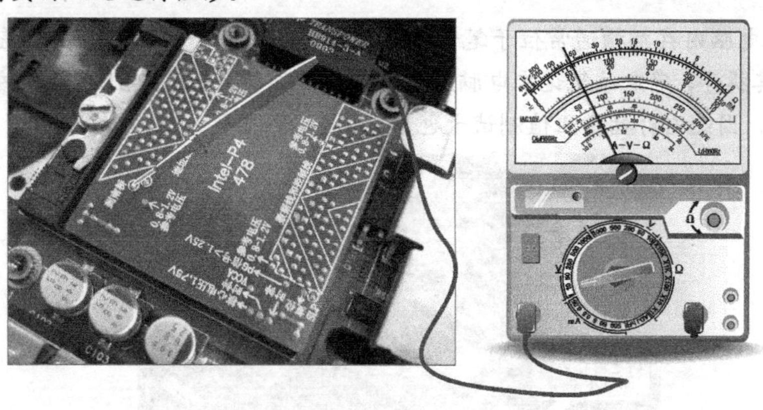

图 5-29　通过 CPU 假负载进行检测

（3）使用内存插槽阻值测试卡对笔记本电脑主板进行检修

内存插槽阻值测试卡主要用于检测内存引脚的对地电阻值。笔记本电脑的内存槽主要有 SD 内存插槽、DDR 内存插槽和 DDR2 内存插槽，因此用于笔记本电脑主板的内存插槽阻值测试卡也分别为 SD 内存插槽阻值测试卡、DDR 内存插槽阻值测试卡、DDR2 内存插槽阻值测试卡三种，如图 5-30 所示。

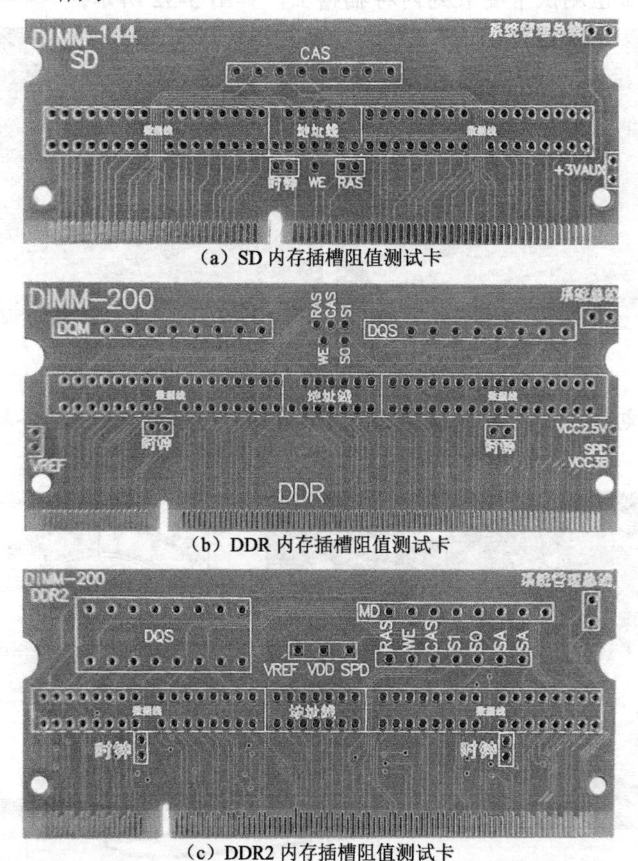

（a）SD 内存插槽阻值测试卡

（b）DDR 内存插槽阻值测试卡

（c）DDR2 内存插槽阻值测试卡

图 5-30　内存插槽阻值测试卡

【跟我做】

① 笔记本电脑内存插槽通常位于笔记本电脑背面，由一个单独的盖板覆盖，拆卸时需使用螺丝刀将其拆开，确定该笔记本电脑所使用的内存类型。如图 5-31 所示，该机使用的是 DDR 内存插槽，因此内存插槽阻值测试卡也应选用 DDR 类型的。

图 5-31　确定内存类型

② 将内存插槽阻值测试卡安装到内存插槽上，如图 5-32 所示。

图 5-32　安装内存阻值测试卡

③ 接通笔记本电脑，使用万用表检测 DDR 内存阻值测试卡上的各检测点，如图 5-33 所示。

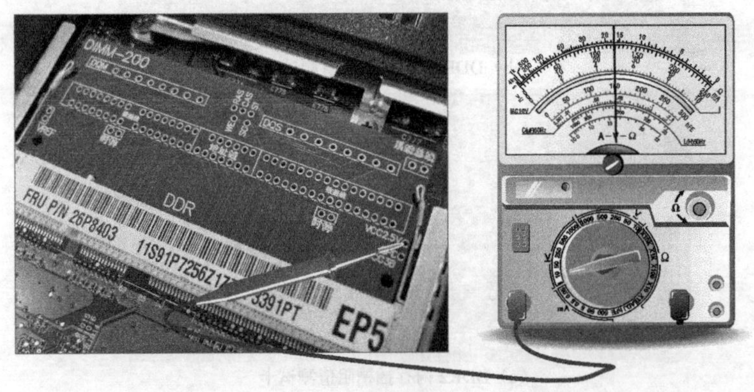

图 5-33　通过内存阻值测试卡进行检测

（4）使用Mini PCI插槽阻值测试卡对笔记本电脑主板进行检修

Mini PCI 插槽是笔记本电脑特有的接口，可用于安装独立显卡。如果笔记本电脑带有Mini PCI插槽就可以使用Mini PCI阻值测试卡对笔记本电脑主板进行检修。如图5-34所示为Mini PCI阻值测试卡。

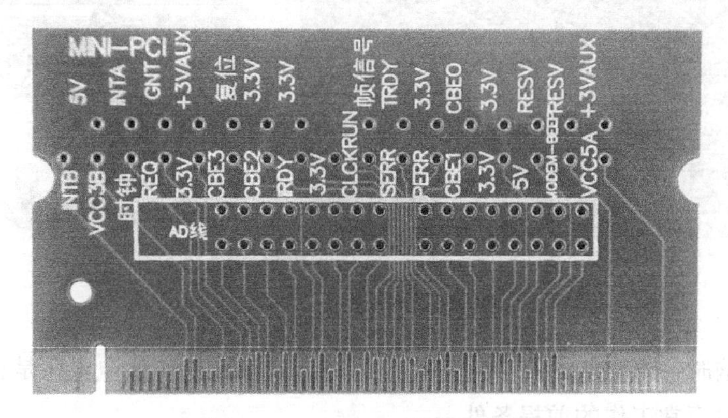

图5-34　Mini PCI阻值测试卡

使用Mini PCI阻值测试卡，配合万用表可以检测Mini PCI阻值测试卡上的各检测点，主要检测点包括+5 V、+3.3 V供电、复位信号电压值、帧信号电压值、时钟信号电压值等。

【跟我做】

① 查找待测笔记本电脑是否有Mini PCI接口。若找到该接口，将Mini PCI阻值测试卡安装到该接口上，如图5-35所示。

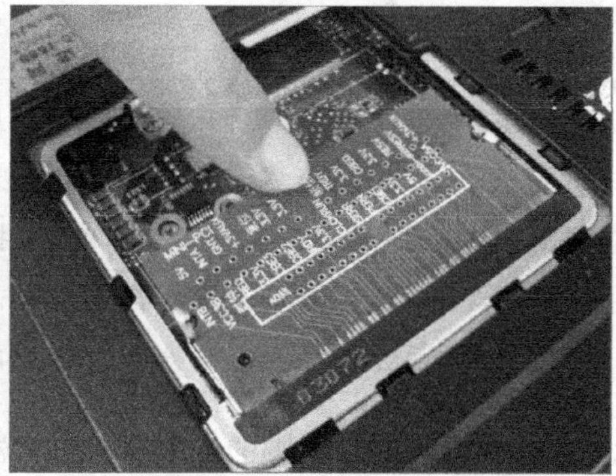

图5-35　安装Mini PCI阻值测试卡

② 接通笔记本电脑，使用万用表检测Mini PCI阻值测试卡上的各检测点，如图5-36所示。

3. 笔记本电脑时钟电路的检修

笔记本电脑时钟电路是向CPU、南桥芯片、北桥芯片、各级总线（CPU总线、PCI总线等）及各种接口提供时钟信号的电路。笔记本电脑主板出现故障后，一般会造成笔记本电脑开机后黑屏、死机，不能进入工作状态。

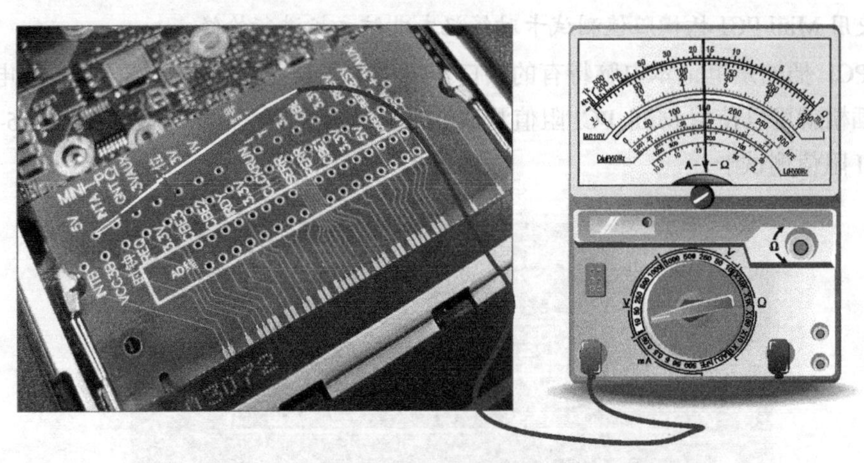

图 5-36　通过 Mini PCI 阻值测试卡进行检测

对笔记本电脑时钟电路的检查，首先要检测+3.3 V 和+2.5 V 供电电压是否正常，这是时钟发生器芯片能够正常工作的前提条件。

提示

若检测不到+3.3 V 或+2.5 V 供电电压，则说明故障出现在笔记本电脑供电电路，而不是时钟电路。检测供电电路，则应检测供电端的电感器。如果供电端的电感器开路或损坏，将导致时钟电路的供电不正常。

若时钟电路的供电电压检测正常，则应该检测晶振电路。

由于晶振电路是由谐振晶体和振荡电路构成的，因此在检测晶振电路时，可以使用示波器或万用表分别检测晶振的输出波形或晶振引脚电压，来判断是谐振晶体还是振荡电路出现故障。

提示

晶振两端上的信号波形通常为正弦波，可以使用示波器进行检测。

如果检测的晶振波形不正常，或是手头没有示波器。可用万用表检测晶振两端的直流电压。

如果检测的直流电压不正常，说明故障出现在振荡电路、芯片、外围电路或晶体，需要对晶体进行更换，再对时钟发生芯片或外围电路进行更换。

如果更换晶体后仍不能起振，说明时钟发生器芯片有故障，需要更换时钟发生器芯片。

此外，时钟电路芯片周围的电阻器、电容器损坏会使芯片不能正常工作，也会直接影响输入、输出信号，因此周围元器件的损坏也是造成时钟电路故障的原因之一。

（1）时钟电路供电电压的检测

判断时钟发生器芯片的供电电压是否正常的方法很简单，首先找到该芯片的供电端，在通电状态下测其电压即可。通常时钟芯片的供电引脚都连接着黑色的贴片电感器，如图 5-37 所示。

检测时，接通电源适配器，将万用表调至直流电压“10 V”挡。然后将黑表笔接在笔记本电脑的接地端，红表笔接电感器的一端，如图 5-38 所示。在正常情况下，应检测到+3.3 V 的直流电压。

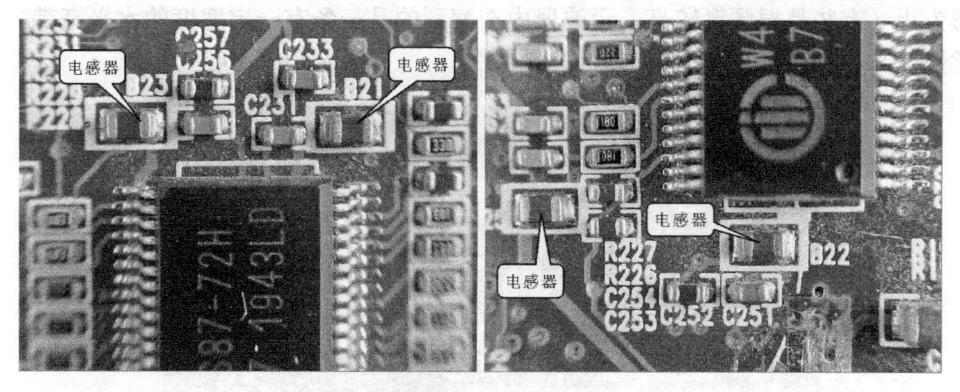

图 5-37　时钟芯片供电端相连的电感器

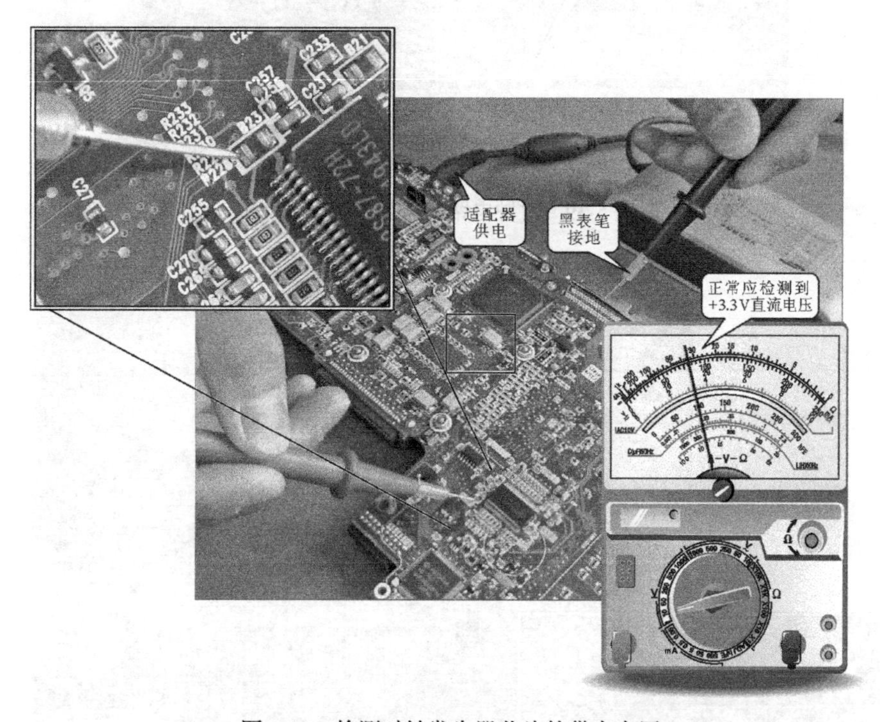

图 5-38　检测时钟发生器芯片的供电电压

如果电感两端的供电电压检测正常，则表明电感器正常，如果只有一端上有电压，另一端无电压，则表明电感器损坏。如果怀疑电感器不良，还可在笔记本电脑主板断电的情况下，将万用表调到电阻挡，两只表笔分别接在电感器的两端，如图 5-39 所示。由于电感器的内阻较小，在正常情况下，检测到的阻值应趋于 0Ω，如果测量到的阻值较大或趋于无穷大，说明电感器损坏，应更换。

若时钟发生器芯片的供电电压正常，接下来应检测晶振电路。

（2）时钟电路晶振的检测

检测晶振电路时，首先应使用示波器检测信号波形。在正常情况下，在晶体引脚（谐振补偿电容器）上都应检测到正弦波形，如图 5-40 所示。用示波器检测晶振输出端的信号波形时，可以适当调整示波器时间轴旋钮及同步旋钮，直到可以观察到频率稳定的正弦信号波形为止（有些晶振频率较高，示波器中观察到的是一条有一定宽度的水平亮带，也属于正常情况）。

图 5-39　时钟电路中电感器的检测

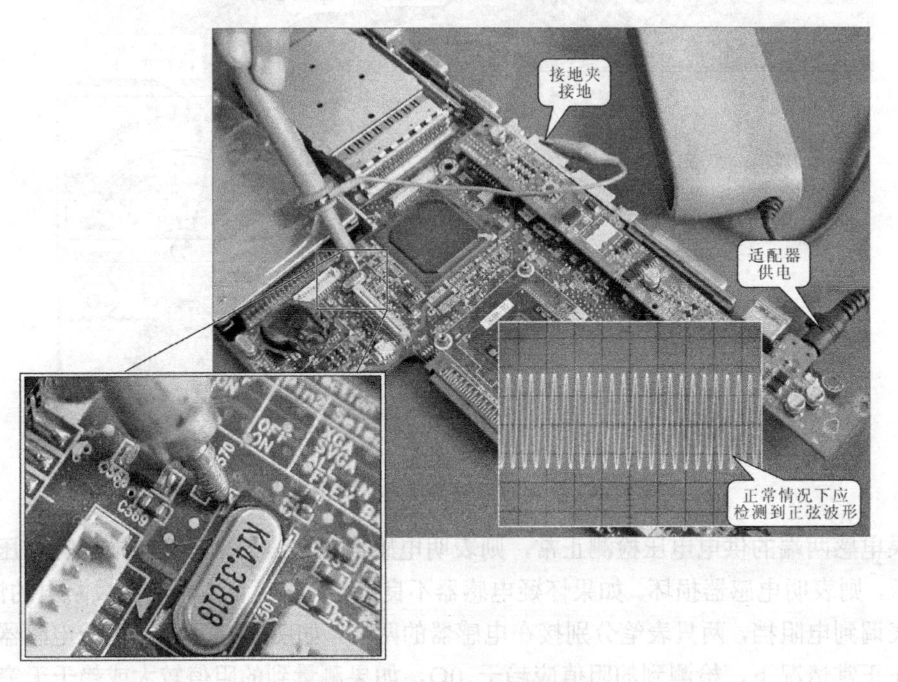

图 5-40　晶振信号波形的检测

如果没有示波器或检测不到晶振的信号波形，可以使用万用表检测晶振两端的直流电压（起振电压）。如图 5-41 所示，将万用表调至直流电压“2.5 V”挡，然后将黑表笔接在笔记本电脑的接地端，红表笔分别接在晶体的两端。在正常情况下，应分别检测到 1.1 V 和 1.5 V 左右的直流电压，并且两个引脚的电压值是不一样的，相差约为 0.4 V（晶振起振电压为 1.1～1.6 V）。

如果能够检测得到直流电压，说明时钟电路中的振荡电路正常，损坏的是晶体，需要更

换。实际上是晶体不良还是芯片不良，很难区分，这种情况应先更换晶体及外围电路中的可疑元件。更换后仍然不起振，再更换晶体的芯片。

在谐振晶体的两端上分别连接有谐振补偿电容器，谐振补偿电容器的容量非常的小，无法用万用表进行检测，而且出现故障的概率也很低。如果怀疑是谐振补偿电容器损坏，不需要进行检测，直接更换即可。

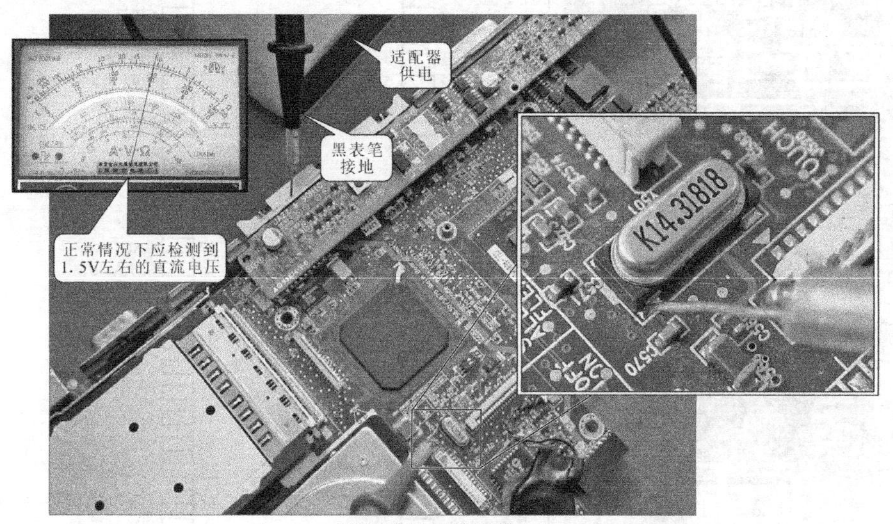

晶振起振电压的检测（1）

晶振起振电压的检测（2）

图 5-41　晶振起振电压的检测

（3）时钟发生器芯片的检测

时钟发生器芯片当中不只有振荡电路，还有倍频器、分频器等其他电路。任何一个电路出现故障，都会使时钟发生器电路出现故障。因此在时钟供电及晶振电路检测都正常的情况下，还需要对时钟发生器芯片进行仔细地检测。

首先应根据笔记本电路板上的时钟发生器芯片的型号查找相关引脚功能图。如图 5-42

所示为采用 W48S87-72H 的时钟电路芯片及其引脚功能。

> **注意** 笔记本电脑主板上的供电电压几乎均为 3.3 V 或 2.5 V，而有些电路图中常采用如下符号表示供电电压值，也就是将 3.3 V 记为 3 V 或 VCC3，2.5 V 记为 2 V 或 VCC2 等。

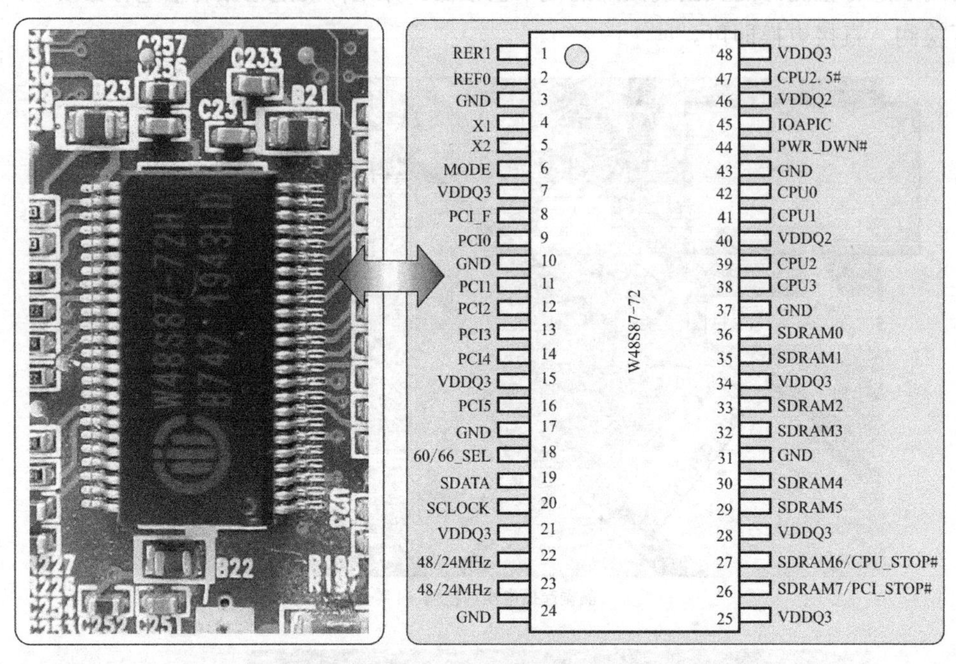

图 5-42　采用 W48S87-72H 的时钟电路芯片及其引脚功能

从图中可知，时钟发生器芯片的⑦、⑮、㉑、㉕、㉘、㉞、㊵、㊻、㊽脚为电源供电端，用万用表可以检测出这些供电端的电压，将万用表的量程调到直流电压“10 V”挡，然后将万用表的黑表笔接地，再用红表笔一次检测时钟发生器芯片的各供电引脚。如图 5-43 所示，以检测⑦脚的供电电压为例，正常情况下，应检测得到 3.3 V 的直流电压。

图 5-43　用万用表检测时钟发生器芯片的供电引脚

时钟发生器芯片 W48S87-72H 的④、⑤脚外接 14.318 MHz 的石英晶体，用万用表用表笔检测时钟发生器芯片④、⑤脚，同样应检测到送给晶体的起振电压。如图 5-44 所示，以检测④脚的电压为例，正常情况下应有 1 V 左右的直流电压。

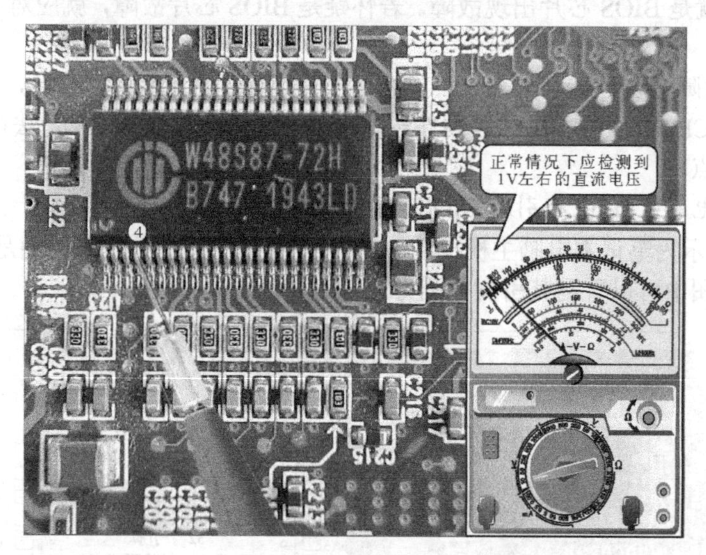

图 5-44　时钟发生器芯片外接晶体的引脚端电压值检测

使用示波器检测 W48S87-72H 芯片其他引脚。在正常情况下，都应检测得到相应的时钟信号波形（正弦波形）。如图 5-45 所示为检测㊴脚 CPU2 的时钟信号的波形。

图 5-45　时钟发生器芯片 CPU2 引脚的时钟信号波形检测

4．笔记本电脑 BIOS 电路的检修

BIOS 电路是笔记本电脑启动时检测硬件设备的必要电路，出现故障时，通常表现为笔记本电脑无法正常启动，不能显示在启动时的硬件检测界面，单击快捷键也无法进入 BIOS 程序界面等，使笔记本电脑不能进入工作状态。

当开机无法进入工作状态的时候，首先应检查笔记本电脑外接设备（打印机、网络等）是否正常，有时外接设备有故障也会引起笔记本电脑硬件检测失常，然后单击快捷键进入BIOS程序界面，对笔记本电脑显示的硬件设备的设置重新进行调整如果不能进入BIOS程序界面，很有可能就是BIOS芯片出现故障。若怀疑是BIOS芯片故障，就应对BIOS芯片的电路进行检修。

BIOS芯片故障主要包括两大部分：一个是芯片存储的BIOS程序损坏，另一个是BIOS芯片损坏。当然CPU、南桥、总线等硬件设备出现故障也会造成BIOS无法正常工作，因此应逐项排查故障点。

（1）笔记本电脑主板32个引脚BIOS电路的检测

如图5-46所示为笔记本电脑主板上的BIOS芯片，该BIOS芯片采用的是比较常见的32个引脚芯片，从图中可以看到其引脚排列方式与引脚功能。

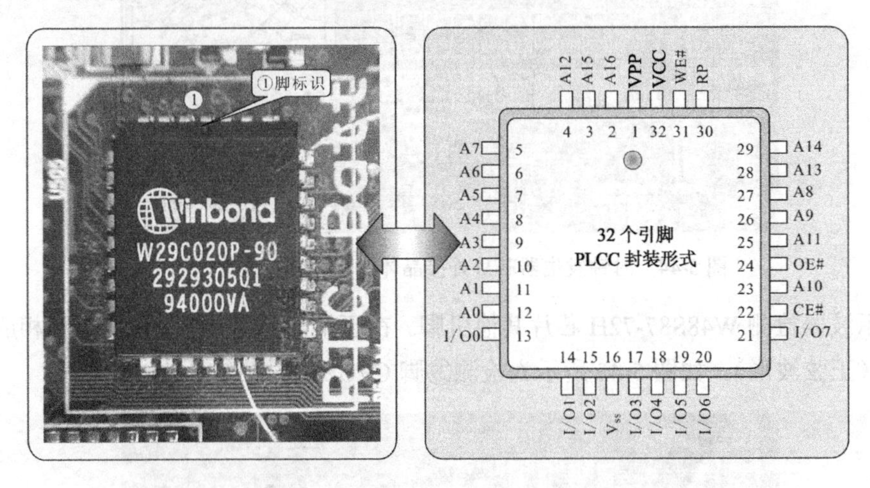

图5-46　待检测的32个引脚BIOS芯片实物及对照引脚功能

① BIOS电路供电电压的检测

判断BIOS芯片的供电电压是否正常方法很简单，首先找到该芯片的供电端，即VCC或VPP引脚，在通电状态下测其电压即可。

如图5-47所示，检测时，接通电源适配器，将万用表调至直流电压“10 V”挡。然后将黑表笔接在笔记本电脑的接地端，红表笔接芯片供电端（以测㉜引脚电压为例）。正常情况下，应检测到3.3 V的直流电压。

若BIOS芯片的供电电压正常，接下来应检测关键引脚的跳变信号。

② BIOS电路跳变信号的检测

在工作条件正常的前提下，BIOS芯片的㉒脚（CE#）和㉔脚（OE#）是判断BIOS芯片好坏的关键引脚，应重点对这两个引脚进行检测。

如图5-48所示，接通电源适配器以后，将万用表的量程旋钮调到直流“10 V”挡，黑表笔接地，红表笔接BIOS芯片的㉒脚，按下主板的开机键，在开机瞬间观察万用表指针的变化，正常状态下应有一个低于0.7 V的低电平信号。

如果该引脚可以检测到跳变信号，说明BIOS芯片已被选中，而在供电正常和选中的状态下，BIOS芯片仍不正常，则可能是BIOS芯片本身损坏；若没有检测到该跳变信号，则说明南桥芯片没有选中BIOS芯片，这时可以通过检测㉔脚（OE#）进行判断。如图5-49所示，

红表笔接 BIOS 芯片的㉔脚，按下主板的开机键，在开机瞬间观察万用表指针的变化，正常状态下应有一个低于 0.7 V 的低电平信号。

图 5-47　检测 BIOS 芯片的供电电压

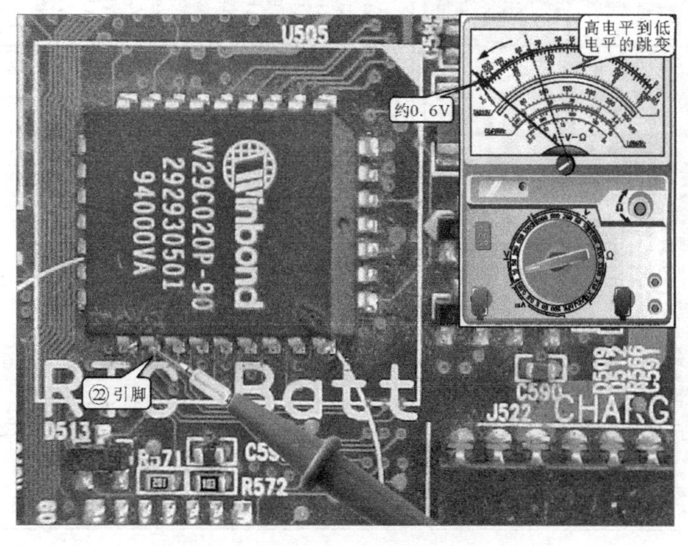

图 5-48　检测 BIOS 芯片中㉒脚跳变过程

如果在上述条件都正常的前提下，BIOS 电路仍存在故障，则说明芯片内部存储的 BIOS 程序损坏或 BIOS 芯片损坏，通过刷新 BIOS 程序或更换 BIOS 芯片可以排除故障。

注意

在刷新 BIOS 程序时，用编程器刷写到 BIOS 芯片中的 BIOS 程序必须与主板型号对应，因为主板中的设备信息在出厂时就已固化在 BIOS 芯片中，若刷写的 BIOS 程序不能与主板型号对应，刷写后的 BIOS 芯片仍不能使用。

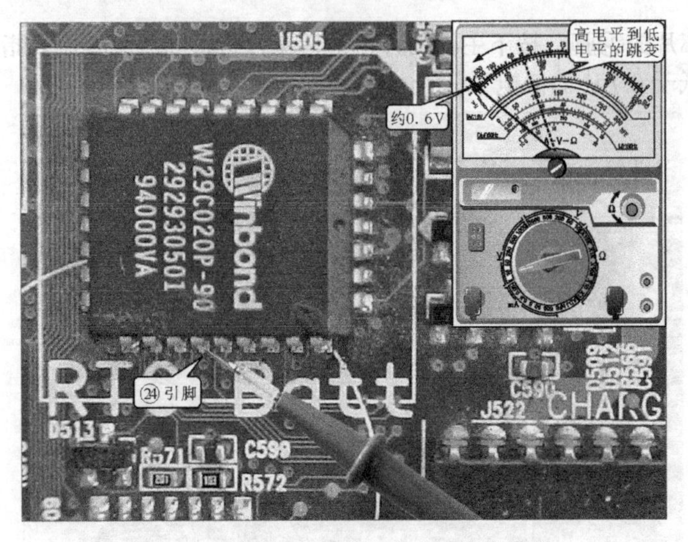

图 5-49　检测 BIOS 芯片中㉔脚跳变过程

（2）笔记本电脑主板 40 个引脚 BIOS 电路的检测

如图 5-50 所示为笔记本电脑主板上的 BIOS 芯片，该 BIOS 芯片采用的是比较常见的 40 个引脚芯片，从图中可以看到其引脚排列方式与引脚功能。

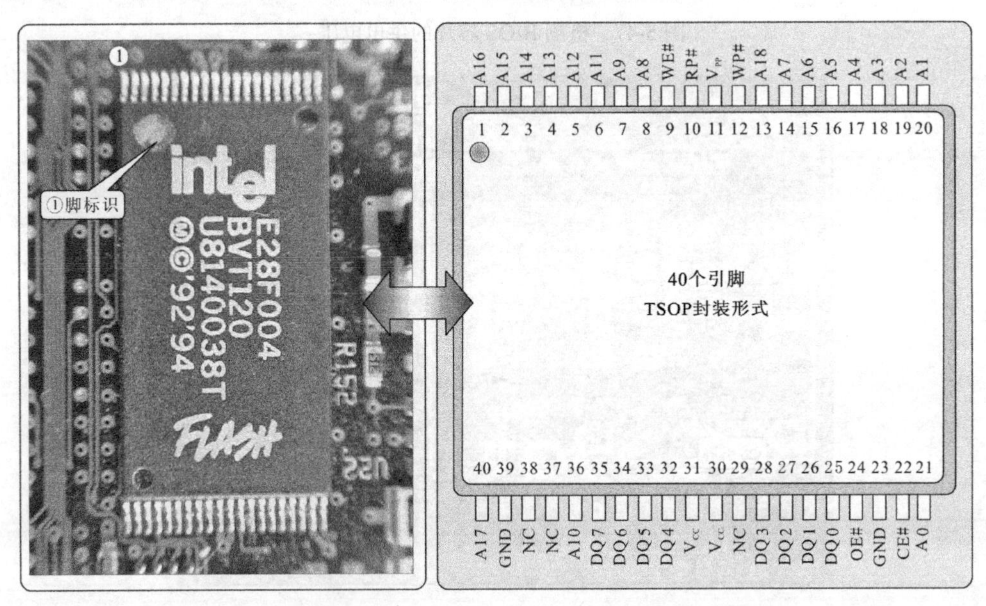

图 5-50　待检测的 40 个引脚 BIOS 芯片实物及对照引脚功能

① BIOS 电路供电电压的检测

如图 5-51 所示，检测时，接通电源适配器，将万用表调至直流电压“10 V”挡。然后将黑表笔接在笔记本电脑的接地端，红表笔接芯片供电端的测试点上（测㉚、㉛脚电压为例），在正常情况下，应检测到 3.3 V 的直流电压。

若 BIOS 芯片的供电电压正常，然后检测关键引脚的控制信号（跳变信号或电平信号）。

② BIOS 电路控制信号的检测

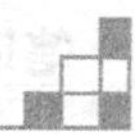

在工作条件正常的前提下，BIOS 芯片的㉒脚（CE#）和㉔脚（OE#）是判断 BIOS 芯片好坏的关键引脚，应重点对这两个引脚进行检测。

图 5-51　检测 BIOS 芯片的供电电压

如图 5-52 所示，接通电源适配器以后，将万用表的量程旋钮调到直流“10V”挡，黑表笔接地，红表笔接 BIOS 芯片的㉒脚，按下主板的开机键，在开机瞬间观察万用表指针的变化，正常状态下应有一个低于 0.7 V 的低电平信号。

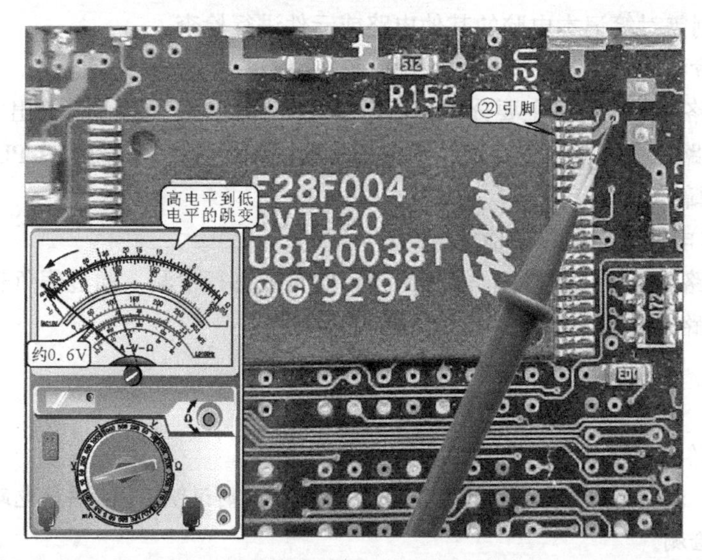

图 5-52　检测 BIOS 芯片的电平信号

如果该引脚可以检测到控制信号，在说明 BIOS 芯片已被选中，而在供电正常和选中的状态下，BIOS 芯片仍不正常，则可能是 BIOS 芯片本身损坏；若没有检测到该跳变信号，则说明南桥芯片没有选中 BIOS 芯片，也就是可以通过检测㉔脚（OE#）进行判断，如图 5-53 所示，红表笔接 BIOS 芯片的㉔脚，按下主板的开机键，在开机瞬间观察万用表指针的变化，正常状态下应有一个低于 0.7 V 的低电平信号。

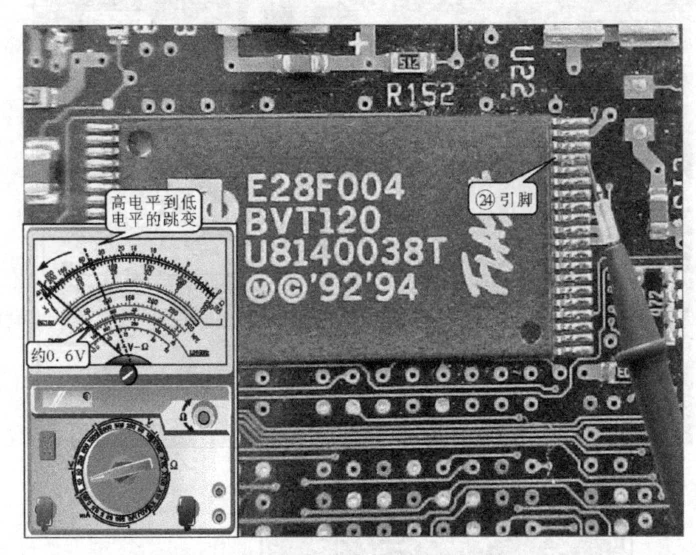

图 5-53　检测 BIOS 芯片中㉔脚跳变过程

如果在上述条件都正常的前提下，BIOS 电路仍存在故障，则说明芯片内部存储的 BIOS 程序损坏或 BIOS 芯片损坏，可以通过刷新 BIOS 程序或更换 BIOS 芯片排出故障。

5. 笔记本电脑 CPU 供电电路的检修

CPU 的供电电路可通过电压、关键信号波形、主要元器件进行检测。若检测后 CPU 的工作依旧异常，则需对笔记本电脑的其他电路或元件进行检查。

（1）电压的检测方法

CPU 供电电路的电压检测主要分为输出电压检测和输入电压检测。输出电压检测，用于测量 CPU 供电电路是否正常工作；而输入电压检测，则用于判断是否为 CPU 供电电路损坏所导致的 CPU 故障。

① CPU 供电电路输出电压的检测方法

CPU 供电电路输出电压的检测，常用 CPU 假负载进行检测，通过假负载上的电压表示判断 CPU 供电电路是否出现故障。

【跟我做】

CPU 供电电路输出电压的检测方法，如图 5-54 所示。

若在检测后，测得 CPU 假负载的检测点无电压值，则说明 CPU 供电电路未工作，需对其输入电压进行检测。

② CPU 输入电压的检测方法

CPU 供电电路中，电源管理芯片（SC1474）在正常情况下应有两个工作电压，分别为

+5 V 和+3 V，工作电压不能偏差过大，若偏差太大或无电压，则 CPU 供电电路无法正常工作。如图 5-55 所示可知，CPU 电源管理芯片的⑤、⑯、⑳和㊳脚为工作电压输入端。

1. 将 CPU 取下后，选择与其相匹配的 CPU 假负载安装到 CPU 插槽中

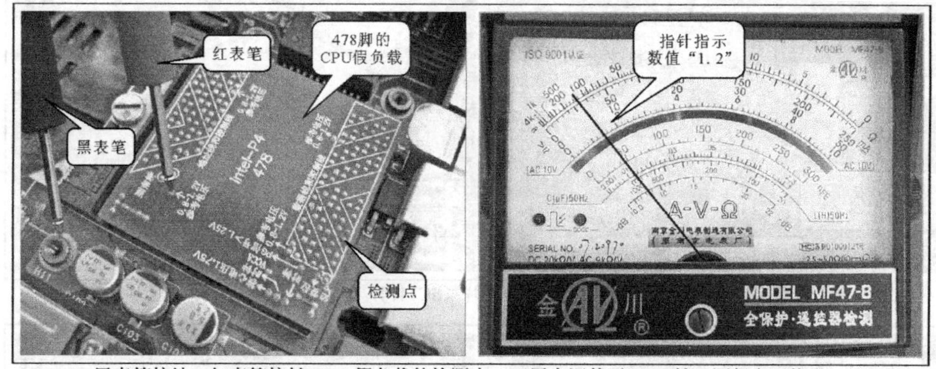

2. 黑表笔接地，红表笔接触 CPU 假负载的检测点，万用表调整至 10 V 挡，测得电压值为 1.2 V

图 5-54　CPU 供电电路输出电压的检测方法

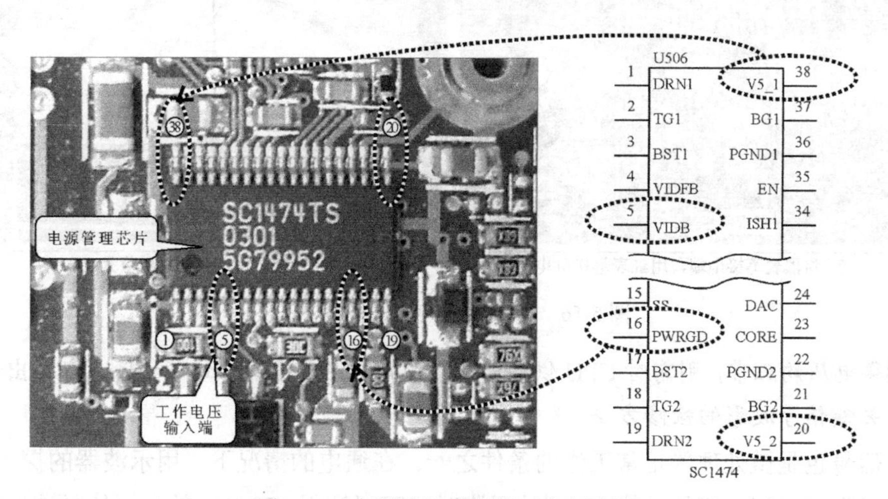

图 5-55　电源管理芯片的工作电压端

【跟我做】

CPU 输入电压的检测方法，如图 5-56 所示。

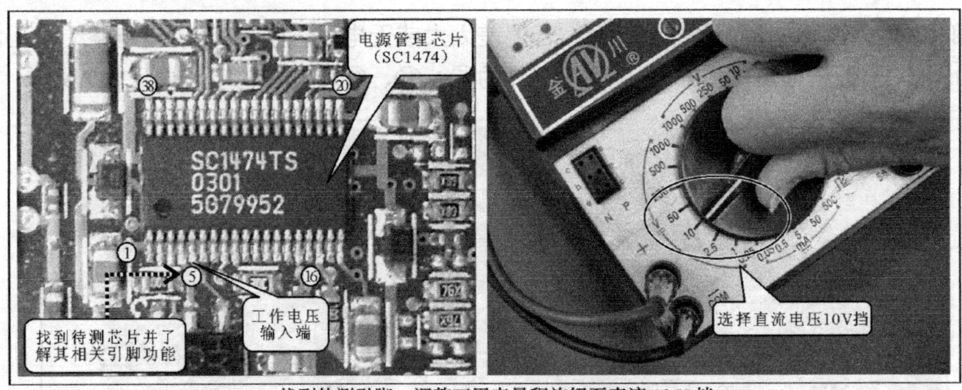

1. 找到待测引脚，调整万用表量程旋钮至直流 10 V 挡

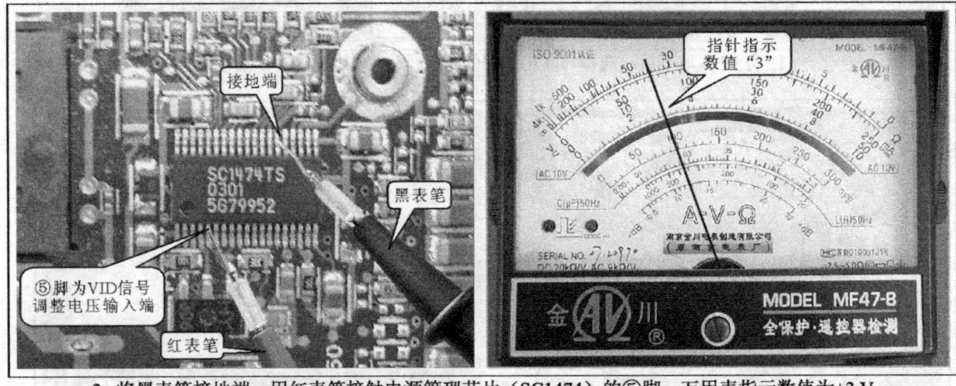

2. 将黑表笔接地端，用红表笔接触电源管理芯片（SC1474）的⑤脚，万用表指示数值为+3 V

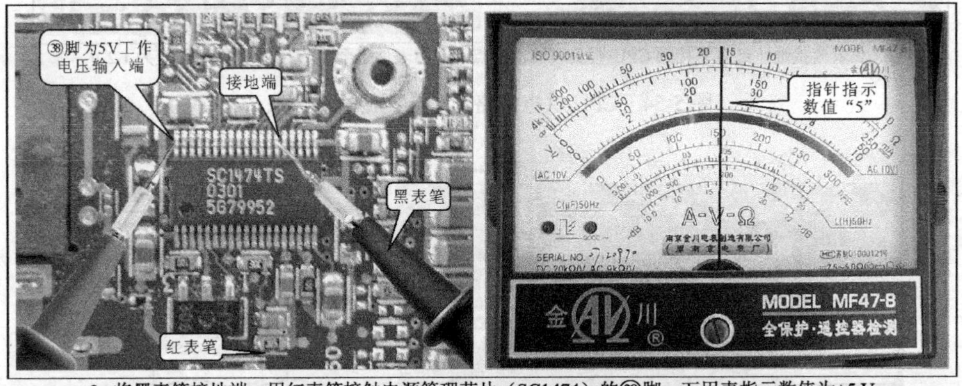

3. 将黑表笔接地端，用红表笔接触电源管理芯片（SC1474）的㊳脚，万用表指示数值为+5 V

图 5-56 CPU 输入电压的检测方法

若测得电压均正常，则需对 CPU 供电电路的波形、主要元器件进行检测，查找出故障点。

（2）关键信号波形的检修方法

晶振信号也是微处理器正常工作的条件之一。在通电的情况下，用示波器的探头接触微处理器的⑪脚或⑫脚，或是晶体 X501 的引脚时，可以测得 12 MHz 的晶振信号波形。

CPU 供电电路正常的情况下，PWM 信号也是 CPU 供电电路正常的表现之一。在通电情况下，用示波器的探头接触电源管理芯片（SC1474）的㉑、㊲脚，可检测到输出的 PWM 信号；而在场效应晶体管的输出线路，可测得经处理的 PWM 信号，即电感的输出端。

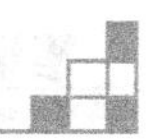

【跟我做】

CPU 供电电路波形的检测方法，如图 5-57 所示。

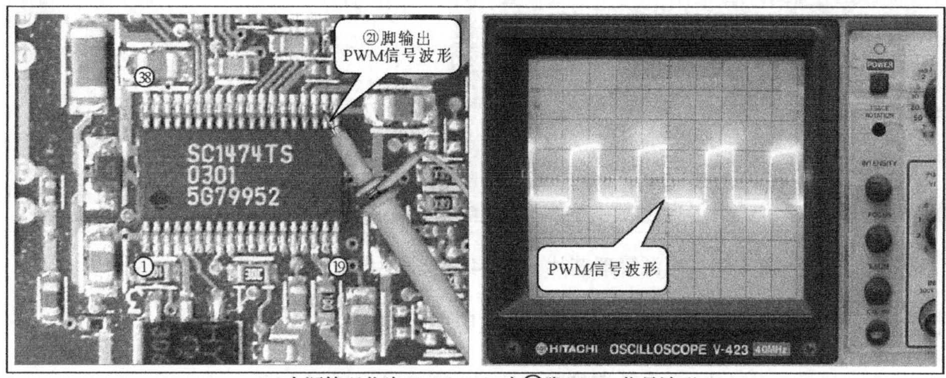

1．电源管理芯片（SC1474）中㉑脚 PWM 信号波形

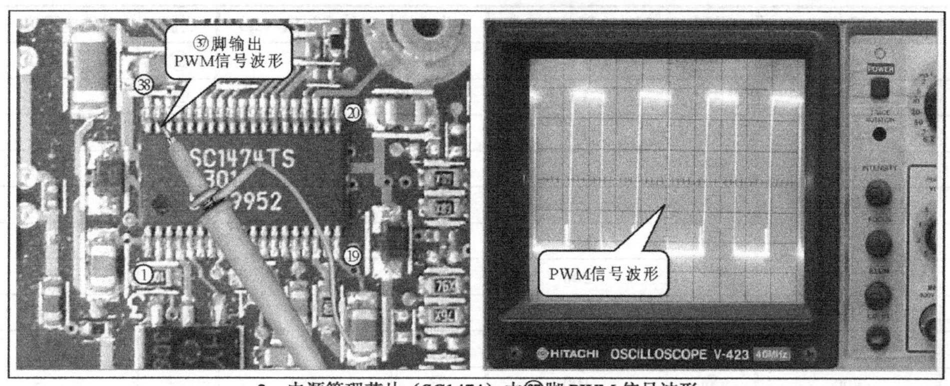

2．电源管理芯片（SC1474）中㊲脚 PWM 信号波形

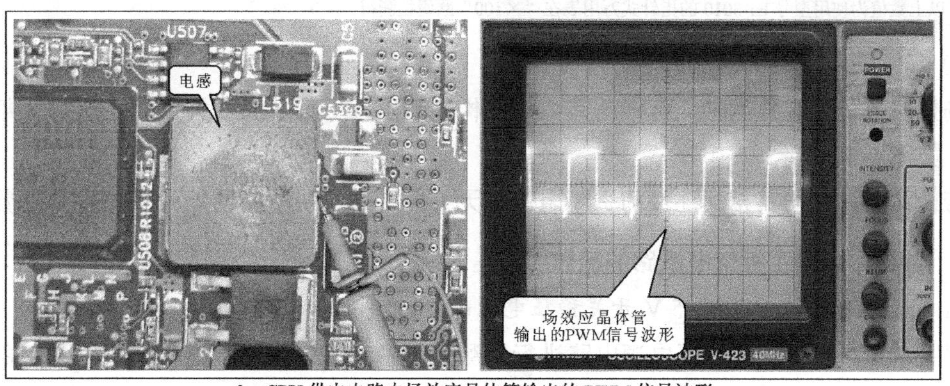

3．CPU 供电电路中场效应晶体管输出的 PWM 信号波形

图 5-57　CPU 供电电路波形的检测方法

（3）主要元器件的检测方法

CPU 供电电路中的电源管理芯片、场效应晶体管等，根据其自身的不同，检测方法、测到的阻值也有不同。

① 电源管理芯片（SC1474）的检测方法

电源管理芯片（SC1474）可通过检测其各引脚的阻值来确定它的好坏，如图 5-58 所示。

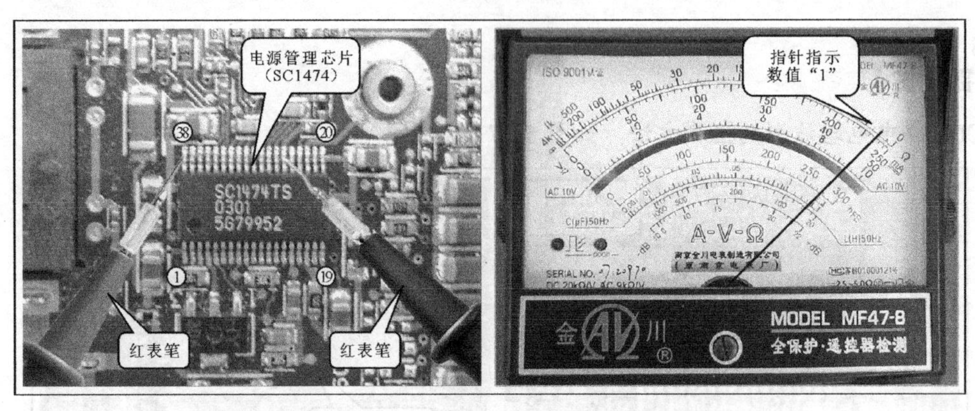

图 5-58　电源管理芯片（SC1474）对地电阻值的检测方法

在正常情况下，电源管理芯片（SC1474）对地电阻值如表 5-1 所示。

表 5-1　电源管理芯片（SC1474）对地电阻值

引脚	对地电阻值（Ω）	引脚	对地电阻值（Ω）	引脚	对地电阻值（Ω）	引脚	对地电阻值（Ω）
①	50	⑪	1 k	㉑	100	㉛	400
②	200	⑫	1 k	㉒	0	㉜	400
③	200	⑬	1 k	㉓	300	㉝	200
④	850	⑭	1 k	㉔	150	㉞	1.1 k
⑤	1k	⑮	1 k	㉕	0	㉟	700
⑥	850	⑯	850	㉖	1 k	㊱	0
⑦	1 k	⑰	200	㉗	300	㊲	700
⑧	1 k	⑱	900	㉘	650	㊳	100
⑨	1 k	⑲	50	㉙	300	—	—
⑩	800	⑳	100	㉚	150	—	—

注：以上数值为使用型号 ET-3010 的指针式万用表在"×100"欧姆挡测得。

② 场效应晶体管的检测方法

场效应晶体管在检测时，可根据其内部结构判断出各引脚之间的关系，并检测引脚间的阻值，如图 5-59 所示。

若检测后，测得其相互连接的引脚阻值为无穷大，则说明所测场效应晶体管已经损坏。

6. 笔记本电脑主板供电电路的检修

（1）笔记本电脑+3.3 V/+5 V 开关稳压电源的检修

对+3.3 V/+5 V 开关稳压电源电路进行检测的时候，应先使用万用表检测是否有输出电压，即将万用表调整到直流电压挡，红表笔接电压输出端，黑表笔接地。如图 5-60 所示为+5 V 输出电压的检测，如图 5-61 所示为+3.3 V 输出电压的检测。

如果查不到输出电压，应使用万用表检测电源供电端的电压是否正常，即红表笔接电源输入端，黑表笔接地，如图 5-62 所示。如果检测不到该电压，则说明故障出现在提供该电压的电池输出电路或直流输出电路中。

如果+20 V 的输入电压检测正常，就需要对芯片的供电电压进行检测。如图 5-63 所示，如果检测不到该电压，则说明故障出现在为芯片供电的电路中。

如果测得各种供电都正常，则应重点检测控制晶体管、开关场效应晶体管。以+5V输出电路为例，分别检测供电控制管和场效应开关晶体管是否有损坏，如图5-64所示。

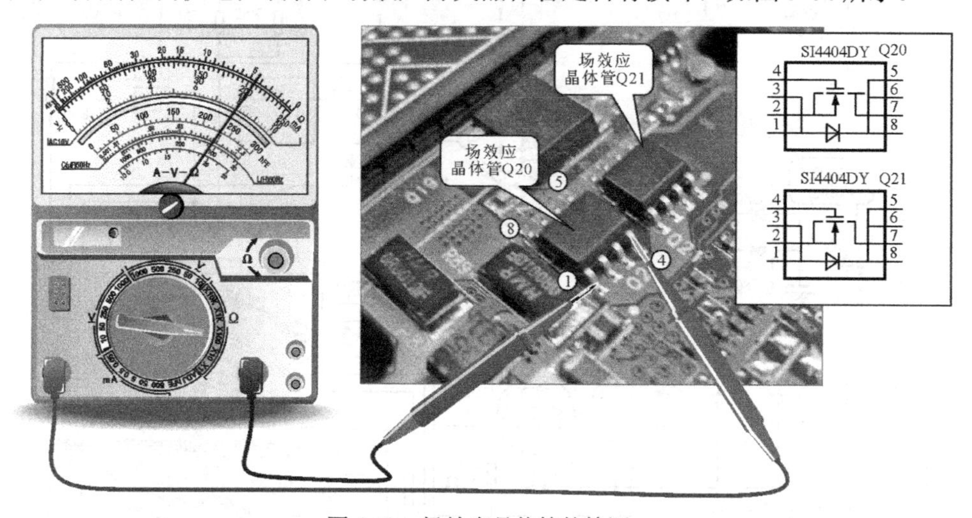

图5-59　场效应晶体管的检测

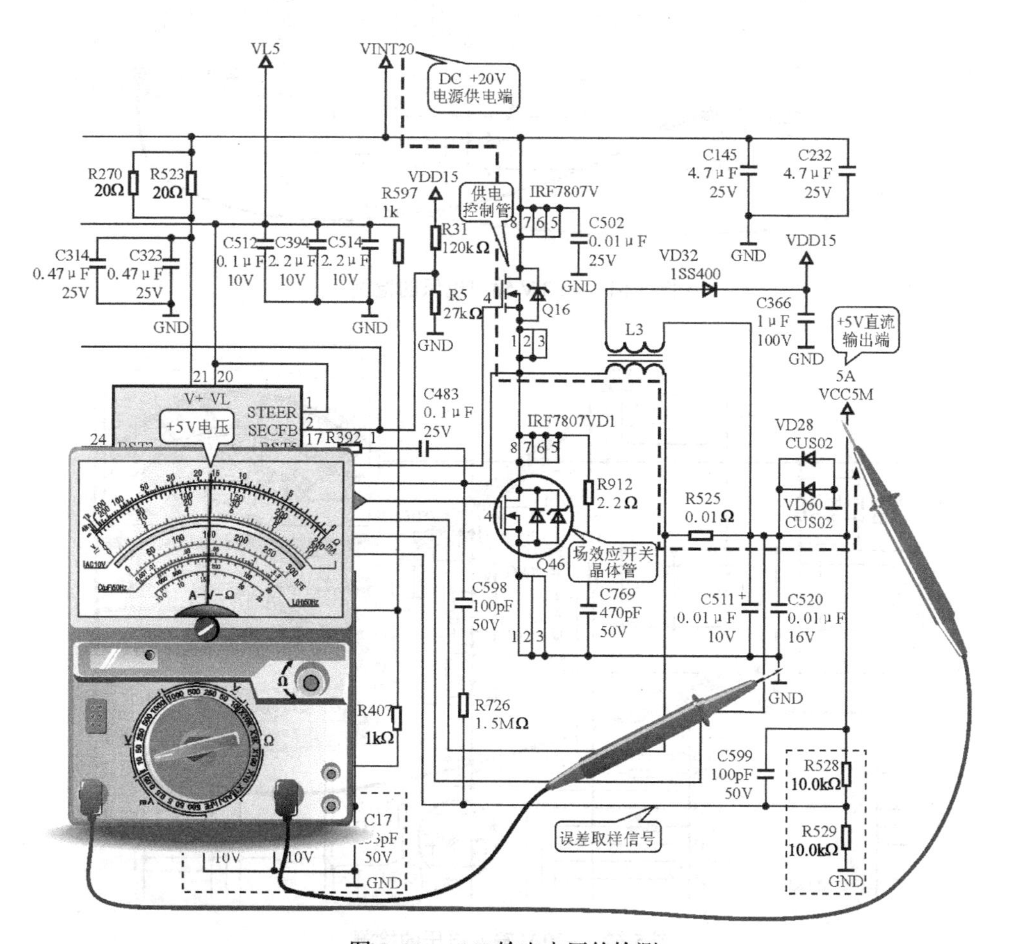

图5-60　+5 V输出电压的检测

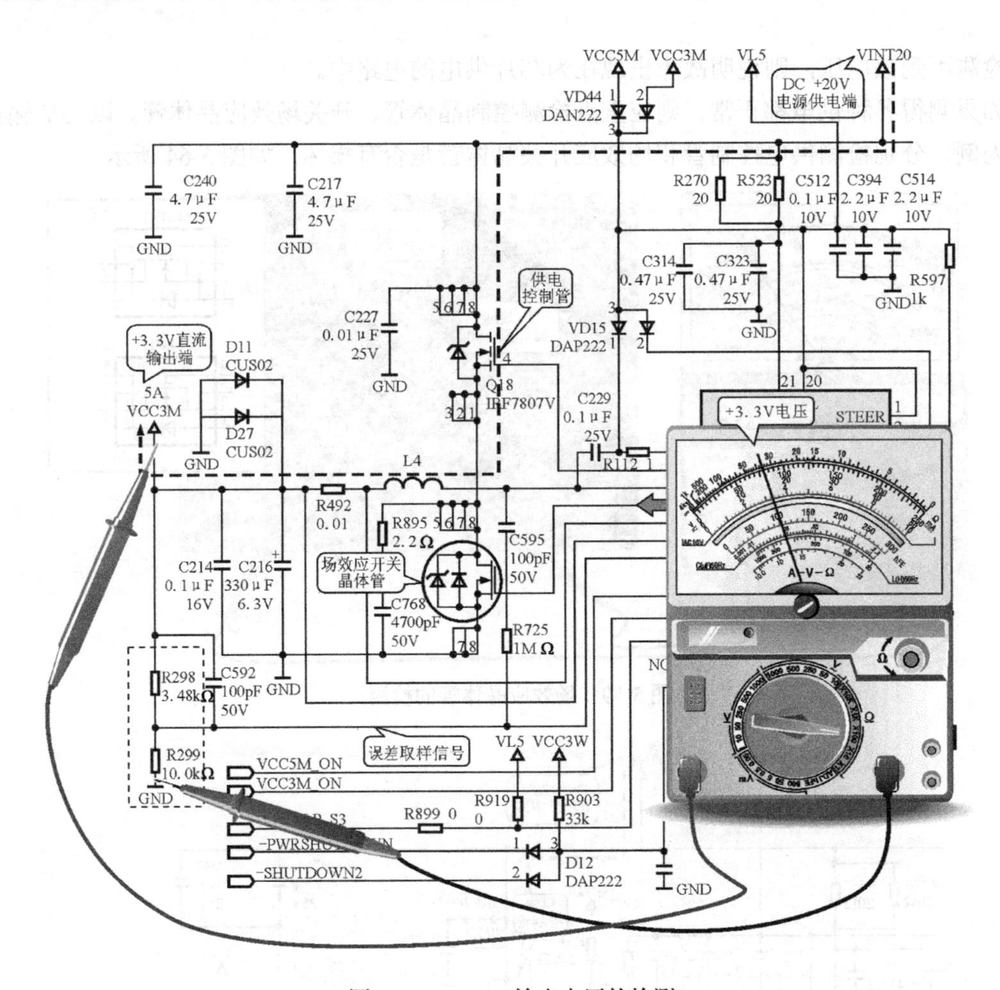

图 5-61 +3.3 V 输出电压的检测

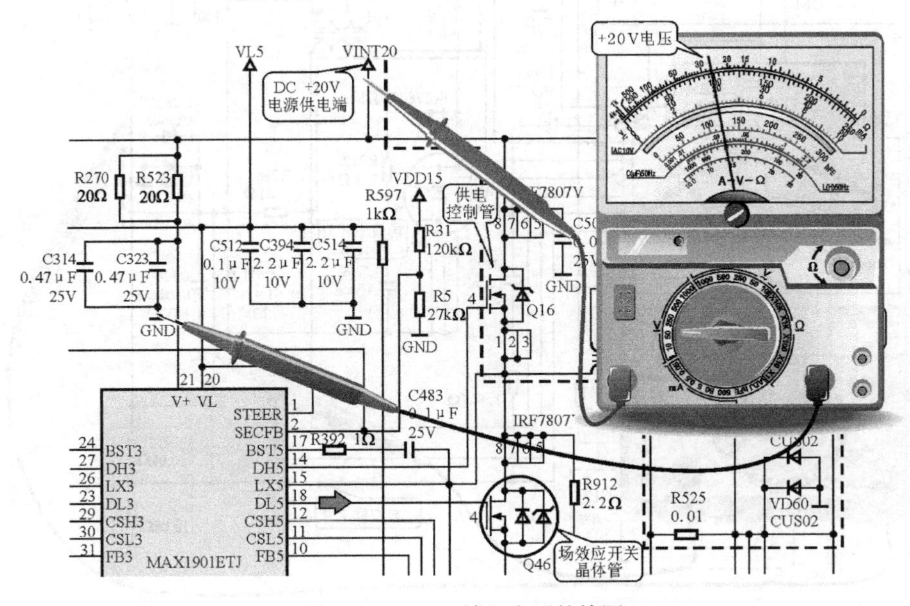

图 5-62 +20 V 输入电压的检测

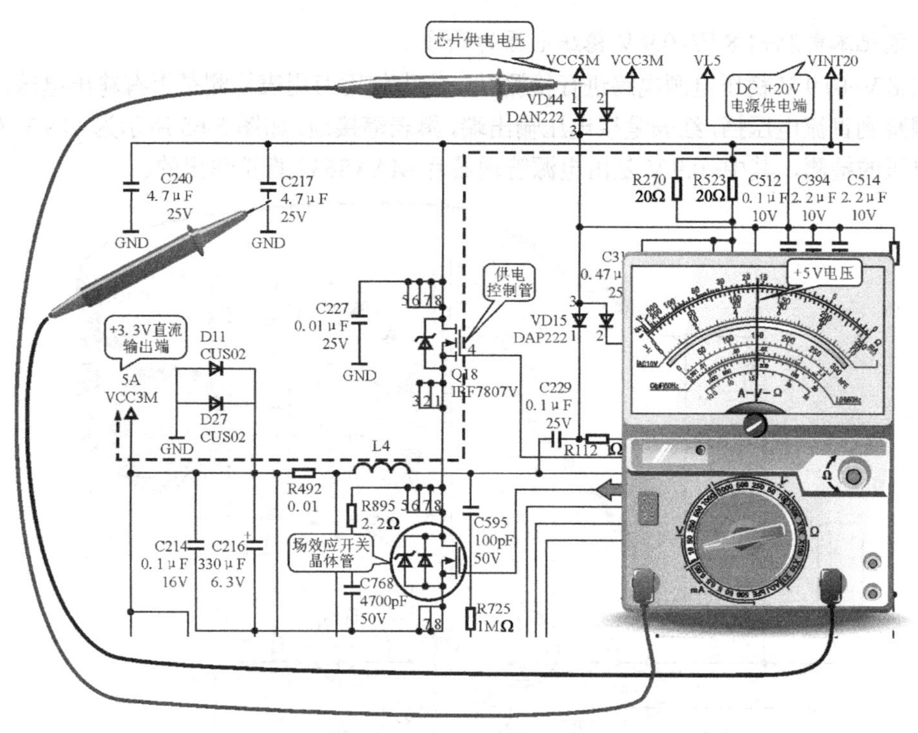

图 5-63　电源管理芯片 MAX1901ETJ 供电电压的检测

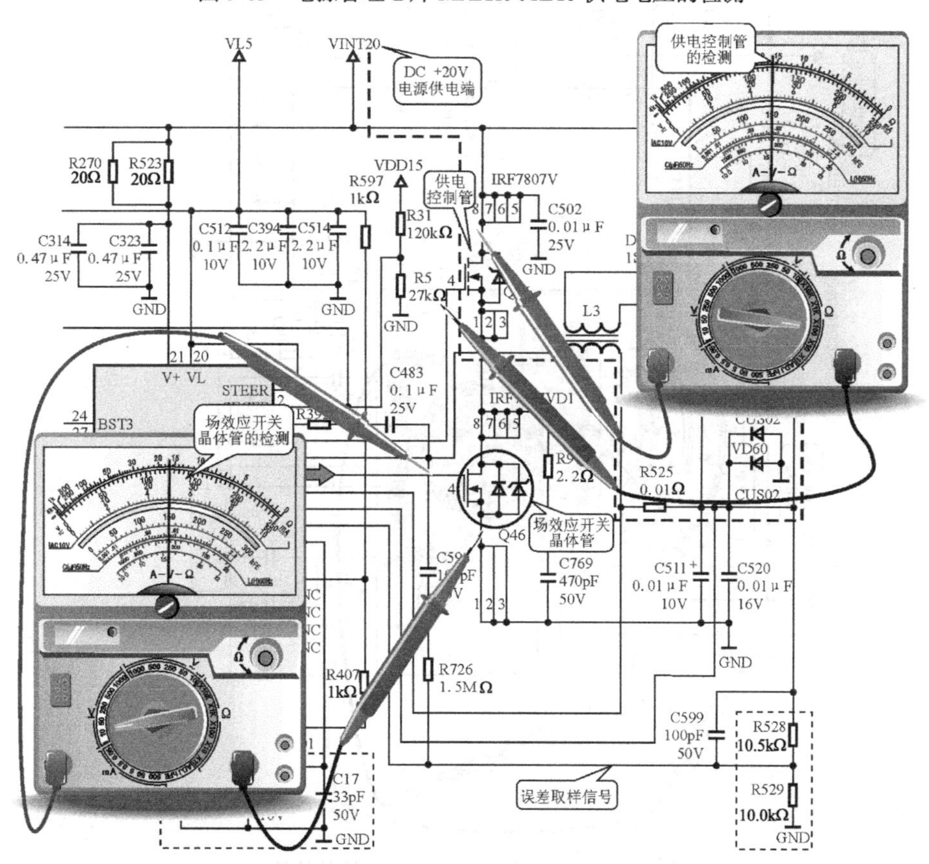

图 5-64　控制、开关场效应晶体管的检测

（2）笔记本电脑+1.8 V/+0.9 V 稳压电源的检修

对+1.8 V/+0.9 V 稳压电源电路进行检测时，应先使用万用表检测是否有输出电压，即将万用表调整到直流电压挡，红表笔接电压输出端，黑表笔接地。如图 5-65 所示为+0.9 V 和+1.8 V 输出电压的检测，其中+0.9 V 是由电源管理芯片 MAX8632 直接输出的。

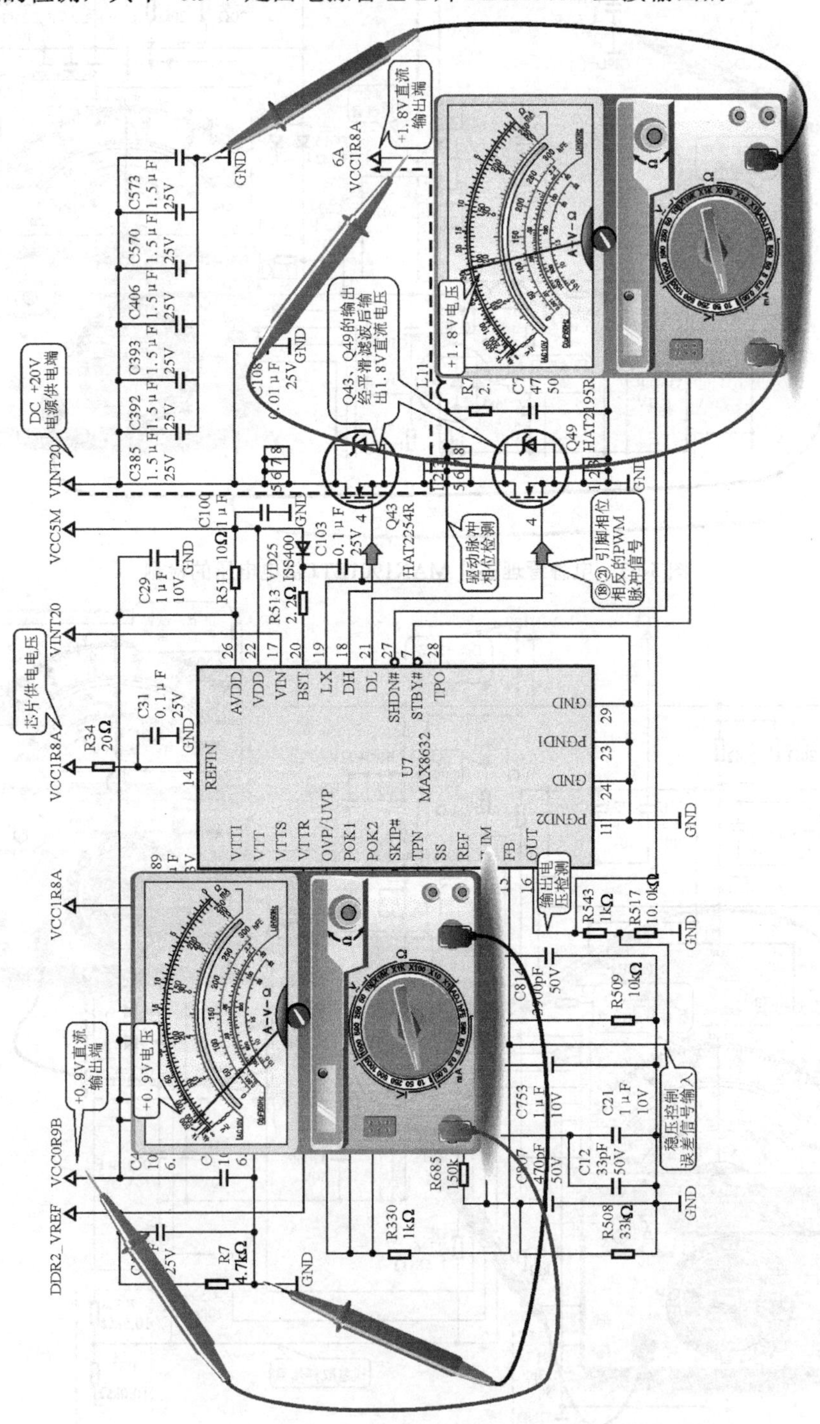

图 5-65　+0.9 V 和+1.8 V 输出电压的检测

如果查不到输出电压，应使用万用表检测电源供电端的电压是否正常，即红表笔接电源输入端，黑表笔接地，如图 5-66 所示。如果检测不到该电压，则说明故障出现提供该电压的电路中。

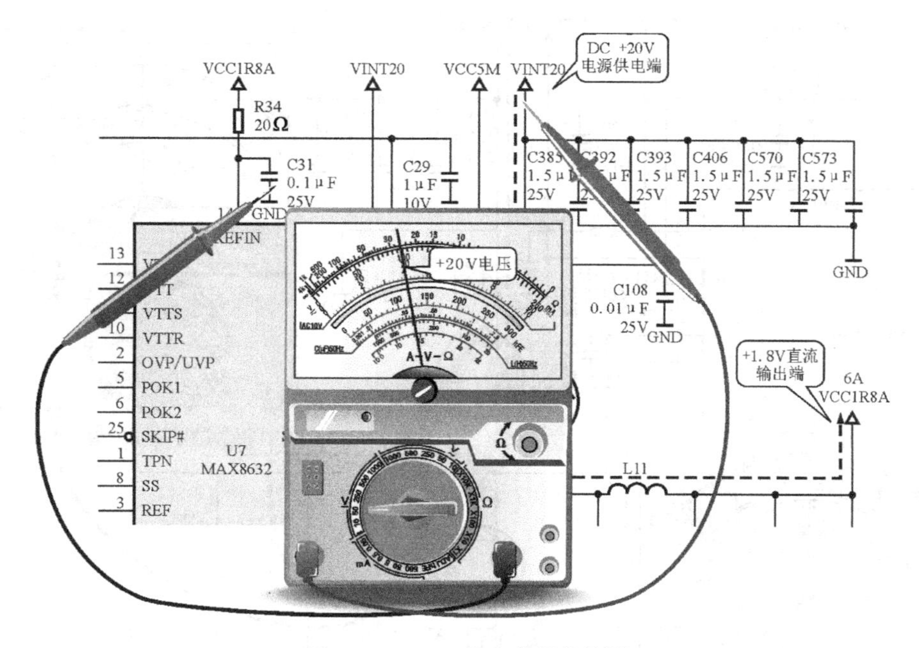

图 5-66　+20 V 输出电压的检测

如果+20 V 的输入电压检测正常，就需要对芯片的供电电压进行检测，如图 5-67 所示。如果检测不到该电压，则说明故障出现在为芯片供电的电路中。

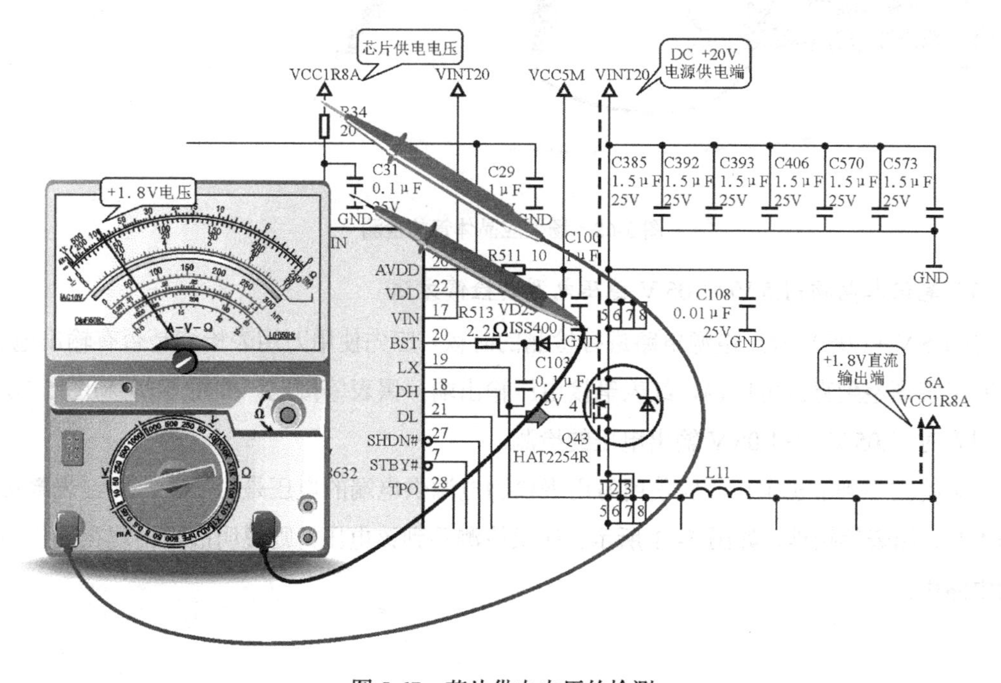

图 5-67　芯片供电电压的检测

如果检测发现有+20 V 输入电压和+0.9 V 输出电压，但没有+1.8 V 输出电压，则应重点检测+1.8 V 输出电路中的重要元器件，即场效应晶体管是否有损坏，如图 5-68 所示。

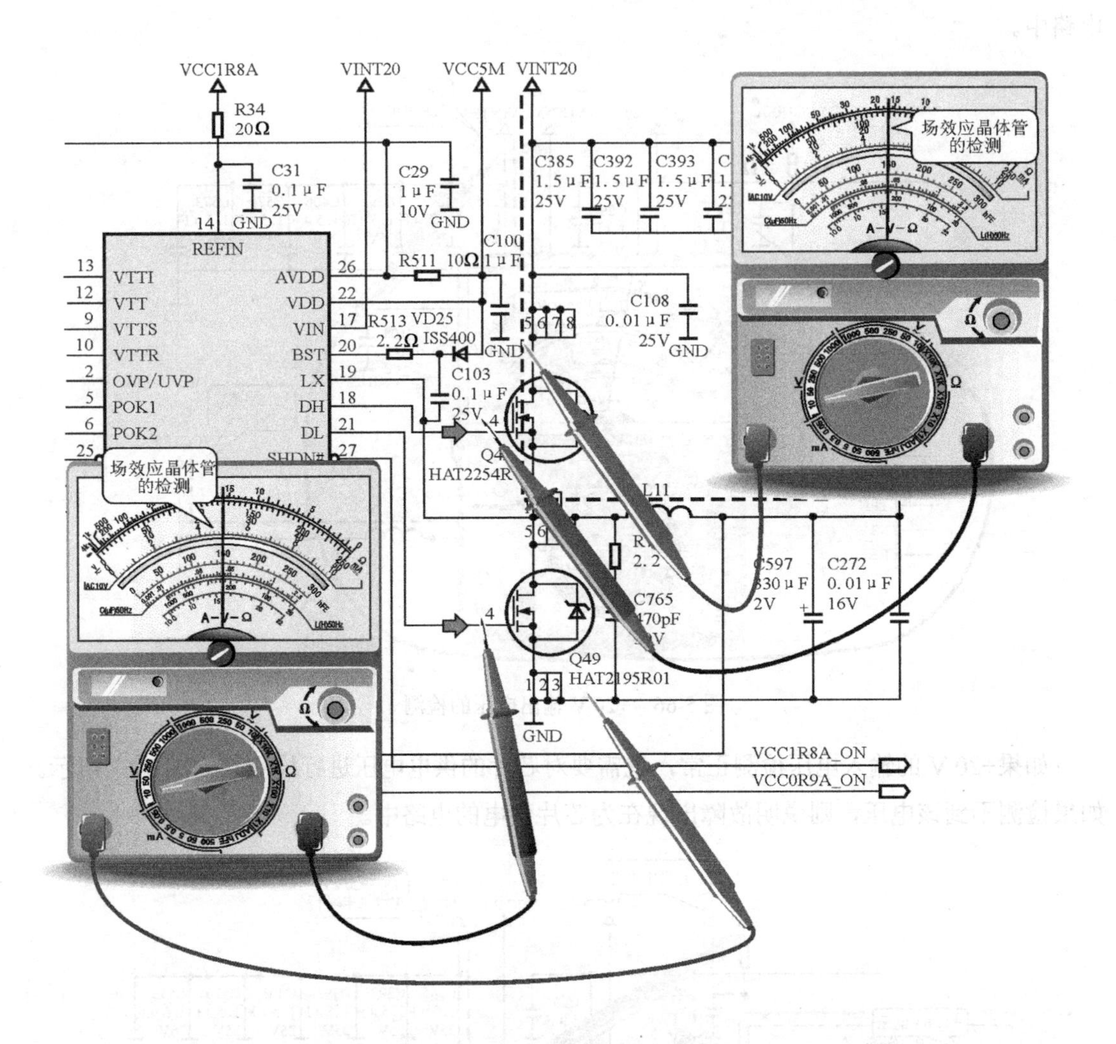

图 5-68　场效应晶体管的检测

（3）笔记本电脑+1.5 V/+1.05 V 稳压电源的检修方法

对+1.5 V/+1.05 V 稳压电源电路进行检测的时候，应先使用万用表检测是否有输出电压，即将万用表调整到直流电压挡，红表笔接电压输出端，黑表笔接地。如图 5-69 和图 5-70 所示分别为对+1.05 V 和+1.05 V 输出电压的检测。

如果检测不到输出电压，应使用万用表检测电源供电端的电压是否正常，即红表笔接电源输入端，黑表笔接地，如图 5-71 所示。如果检测不到该电压，则说明故障出现在提供该电压的电路中。

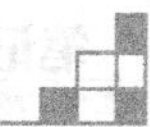

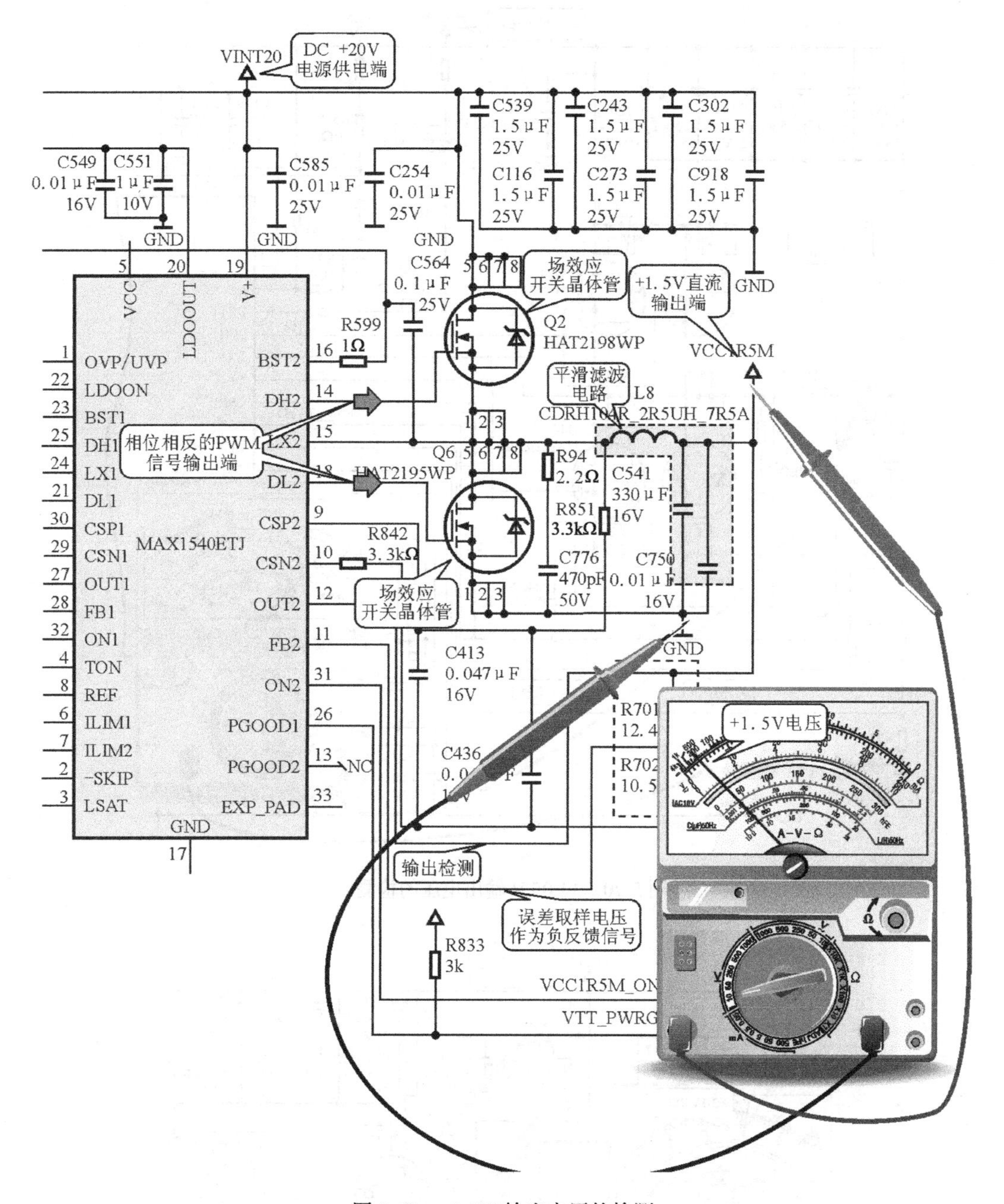

图 5-69　+1.5 V 输出电压的检测

如果+20 V 的输入电压检测正常，就需要对芯片的供电电压进行检测，如图 5-72 所示，如果检测不到该电压，则说明故障出现在为芯片供电的电路中。

如果检测发现是某一路的输出电压检测不到，则重点应检测该电路中的重要元器件，即场效应晶体管是否有损坏。如图 5-73 所示为+1.5 V 输出电路中场效应晶体管的检测。

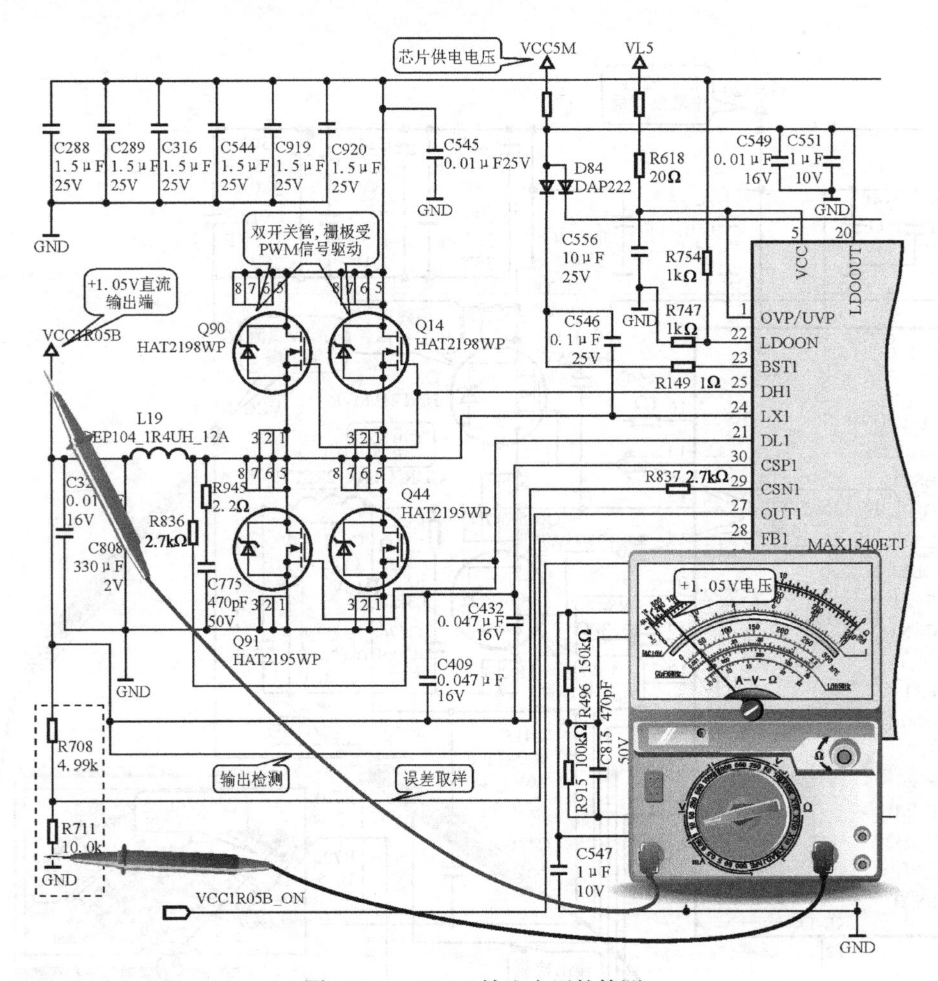

图 5-70　+1.05 V 输出电压的检测

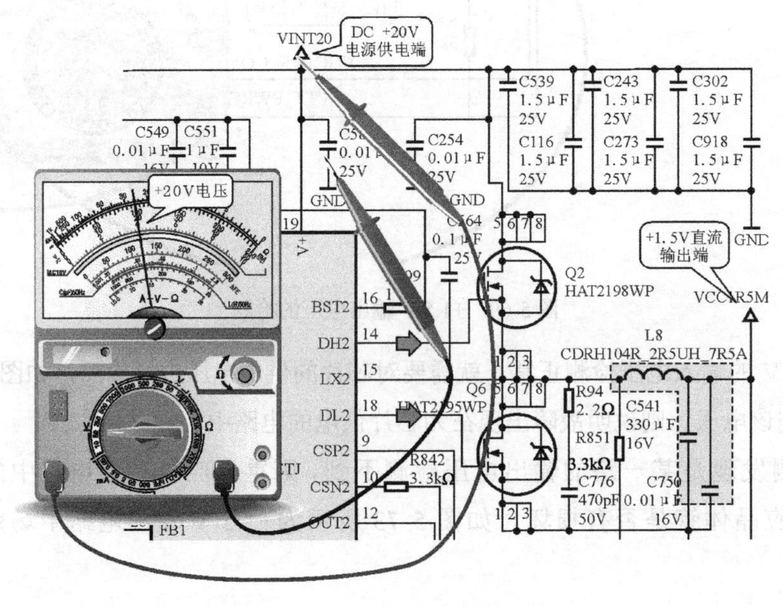

图 5-71　+20 V 输出电压的检测

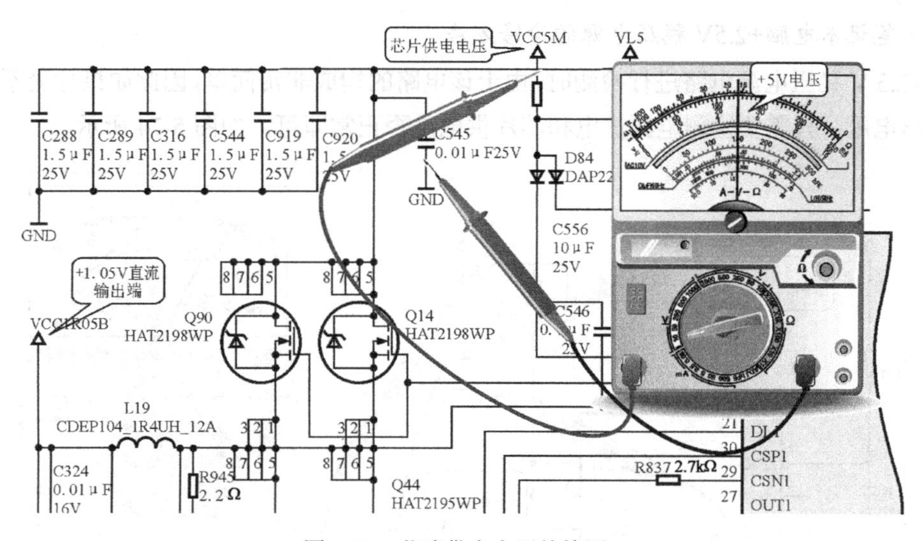

图 5-72　芯片供电电压的检测

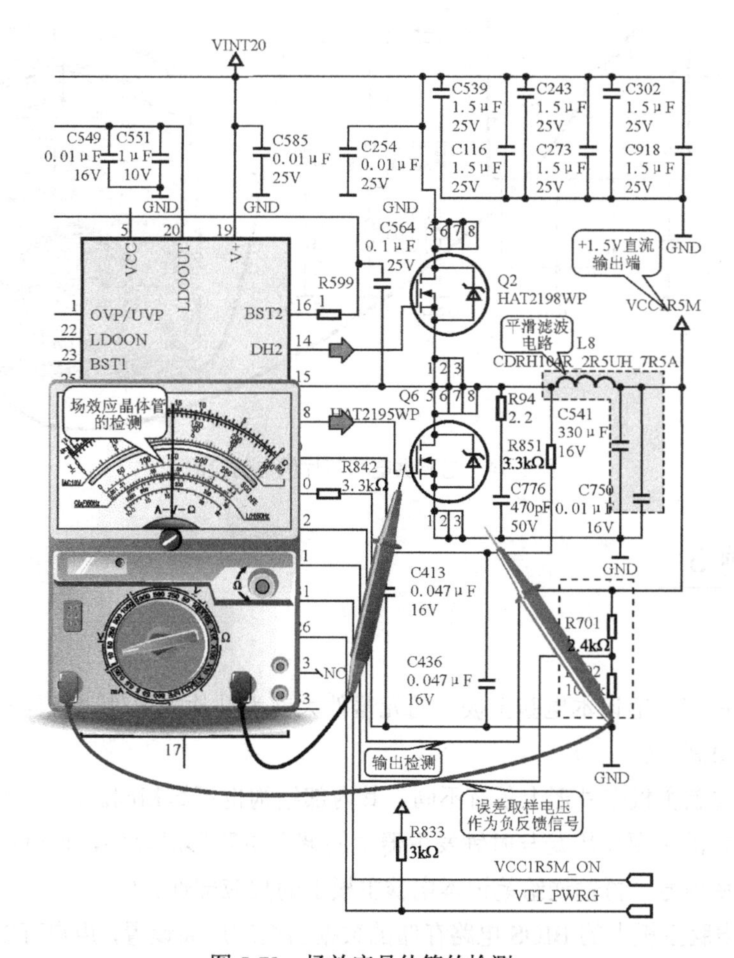

图 5-73　场效应晶体管的检测

（4）笔记本电脑+2.5V 稳压电源的检修方法

对+2.5 V 稳压电源电路进行检测时，由于该电路的构成非常简单，因此如果检测不到+2.5 V 的输出电压，只需要检测电源供电和芯片供电是否正常即可，如图 5-74 所示。

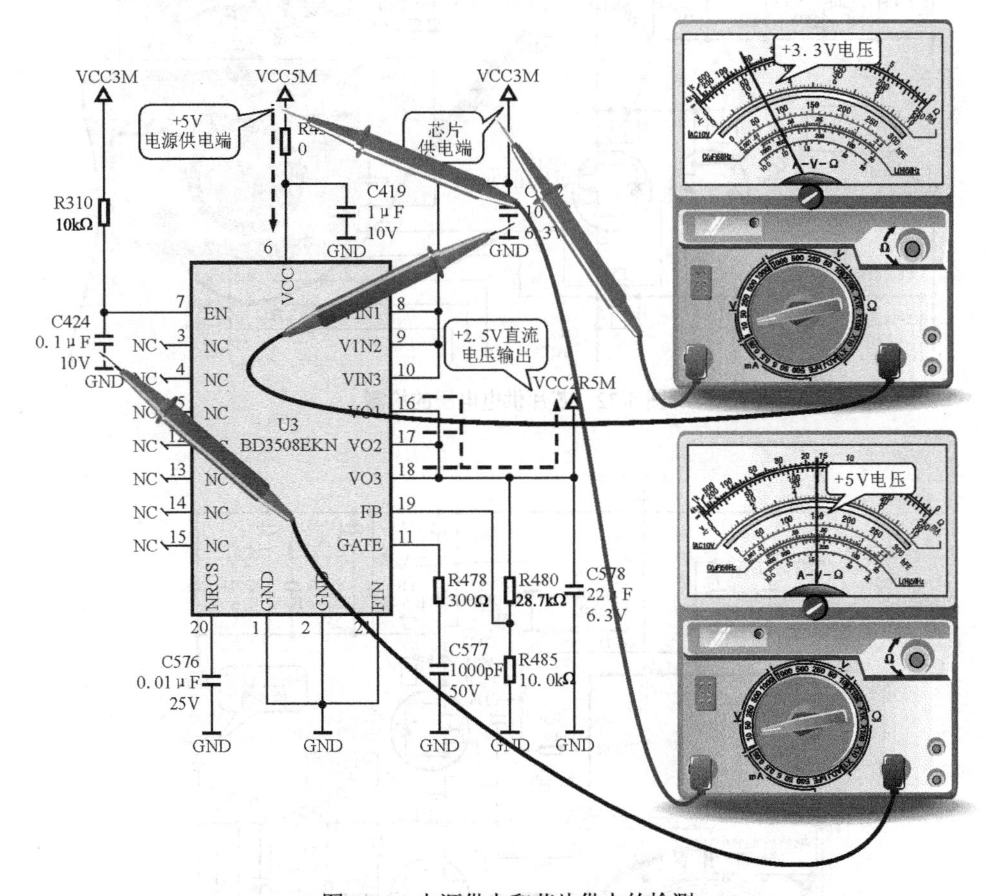

图 5-74　电源供电和芯片供电的检测

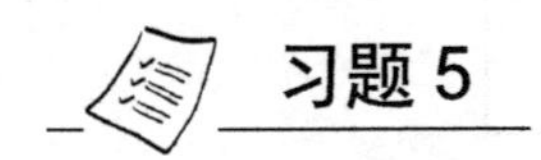

习题 5

一、判断题

1．为减小体积，笔记本电脑主板上的元器件大都为贴片式器件，而且电路的密度和集成度都很高。（　　）

2．笔记本电脑主板在外形上各有不同，其内部结构也不尽相同。（　　）

3．晶振晶体的主要作用是与时钟发生器中的调谐电路形成晶振，把电压信号转换为相应的频率信号，再输送给笔记本电脑主板上的相应部件。（　　）

4．笔记本电脑主板上的 BIOS 电路存储的数据由生产厂商设置，用户可以根据需要进行适当的参数设置，这不会对笔记本电脑的开机造成影响。（　　）

5．笔记本电脑主板的时钟电路主要有两个作用：一是在笔记本电脑启动时提供初始化

时钟信号，让笔记本电脑的主板能够启动；二是当笔记本电脑主板正常运行时，为各种芯片提供需要的时钟信号。(　　)

6. BIOS 电路是存储基本的输入输出系统程序的电路，其实质是被固化在笔记本电脑主板中的一组检测程序，为主板提供最基本和最直接的硬件控制。(　　)
7. 笔记本电脑的正常工作离不开电源供电电路，而笔记本电脑针对不同的供电需求，主要分为电池供电电路和电源适配器供电电路。(　　)
8. 笔记本电脑出现故障时，如果排除人为原因、环境因素、软件设置及其他组成部分的故障以后，笔记本电脑仍然不工作，很可能就是内存的故障。(　　)
9. 主板诊断卡也叫 POST 卡，其工作原理是利用主板中 BIOS 内部程序的检测结果，通过主板诊断卡代码一一显示出来，结合诊断卡的代码含义速查表就能很快地知道电脑故障所在，但是依靠计算机主板上的警告声也可判断硬件故障。(　　)
10. CPU 假负载主要是用来检测 CPU 的各点电压是否正常，使用 CPU 假负载不会出现因为 CPU 电压不正常而将 CPU 烧坏的现象。但是，CPU 假负载不可以测量 CPU 通向北桥或其他通道的 64 根数据线和 32 根地址线是否正常。(　　)
11. 对笔记本电脑时钟电路进行检修，主要是对时钟电路供电电压、晶振的信号波形和时钟发生器芯片。此外，时钟电路芯片周围的电阻器、电容器损坏会使芯片不能正常工作，也会直接影响着输入、输出信号。(　　)
12. BIOS 芯片故障主要包括两大部分：一个是芯片存储的 BIOS 程序损坏，另一个是 BIOS 芯片损坏。(　　)

二、填空题

1. 笔记本电脑的主板是整机中体积最大的电路板，__________、__________、__________、__________、__________等部件都需要主板承载连接，也都必须安装在主板上。
2. 笔记本电脑主板上的时钟电路主要由__________、__________、__________、__________、__________等组成。
3. 笔记本电脑开机后，BIOS 程序首先要对内部各个设备进行检测，即 BIOS 内部的 POST 加电自检程序，完成 POST 自动检测，包括检测__________、__________、__________、__________、__________、__________及__________，若自检中发现问题，系统就会给出提示信息或鸣笛警告。
4. BIOS 电路是笔记本电脑启动时__________的必要电路，出现故障时，通常表现为笔记本电脑无法__________，不能显示在启动时的__________界面，敲击快捷键也无法进入 BIOS 程序界面等，总之使得笔记本电脑不能进入工作状态。
5. 对笔记本电脑 BIOS 芯片进行检修，主要是对 BIOS 芯片的__________、__________和__________进行检测。当然 CPU、南桥、总线等硬件设备出现故障也会造成 BIOS 无法正常工作，因此应逐项排查故障点。

三、问答题

1．简单叙述一下笔记本电脑时钟信号的工作原理。

2．笔记本电脑常见的故障现象有哪些？

3．怎样判断笔记本电脑的BIOS芯片出现故障？

4．简述CPU的供电电路的检修流程。

项目 6

笔记本电脑液晶屏的检修方法

笔记本电脑液晶屏的常见故障及检修方法

常见故障：主板与液晶屏的连接插件接触不良，或是液晶屏驱动电路有故障会引起笔记本电脑的液晶屏无图像或图像显示不良。如图像暗淡则可能是背光灯或驱动电路（逆变器）有故障。

检修方法：应先查液晶屏与主板间的连接插件和驱动信号，再查液晶屏内的电路，最后再查背光灯和逆变器电路，并更换损坏的元器件。检修流程如下图所示。

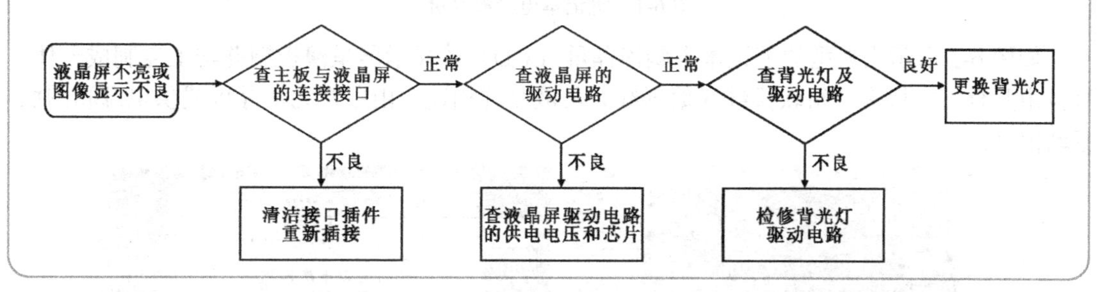

学习内容

1. 学习笔记本电脑液晶屏的结构特点和主要部件的功能特点。
2. 学习笔记本电脑液晶屏的工作原理。
3. 学习笔记本电脑液晶屏的故障特点、检修流程和基本检修方法。

任务 1 了解笔记本电脑液晶屏的结构特点

任务描述

借助典型笔记本电脑的实例演示，全面系统地介绍笔记本电脑中液晶屏的结构特点，力求让读者了解笔记本电脑液晶屏各组成部件的功能和工作方式，为检修打好基础。

任务实施

液晶屏也称液晶显示屏，它的英文全称为 Liquid Crystal Display，简称为 LCD。

目前，笔记本电脑大多采用液晶屏作为显示部件，而且液晶屏与主机连接在一起，不需要单独供电，如图 6-1 所示。

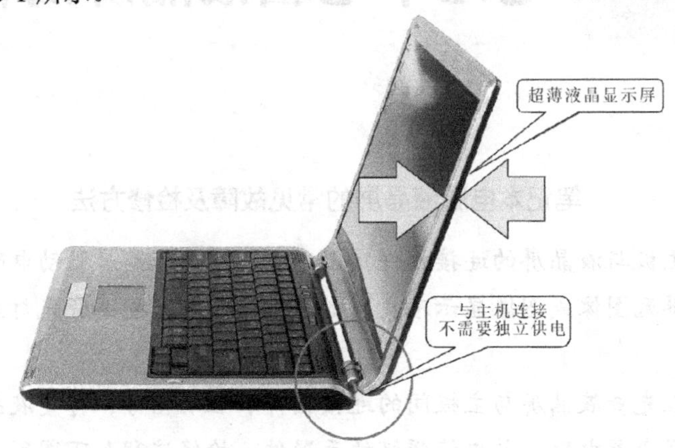

图 6-1　笔记本电脑液晶屏

如图 6-2 所示为典型的笔记本电脑液晶屏（LCD），该显示屏呈薄板型并与上盖制成一体，可自由开合。主板有一组软排线（数据线）与液晶屏相连，由主板为液晶屏提供电源和图像驱动信号。

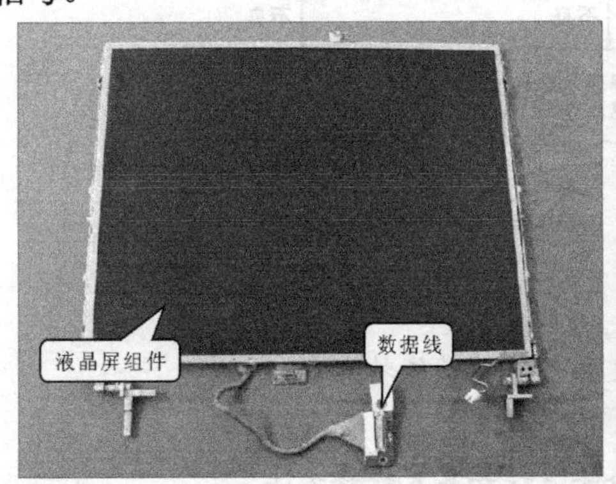

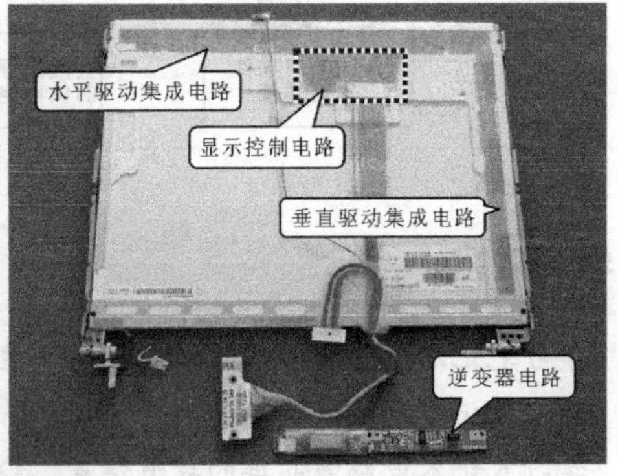

图 6-2　典型的笔记本电脑液晶屏（LCD）

一般来说，笔记本电脑的液晶屏主要由液晶屏组件、液晶屏背光灯、逆变器电路等构成，而笔记本电脑由主板产生的图像驱动信号则通过液晶屏接口电路送往液晶屏。液晶屏数据线就是用以传输显示信号的重要部件。

1. 液晶屏组件

如图 6-3 所示为液晶屏的组件。液晶屏组件主要是由反射板、导光板、光扩散板、偏光板、玻璃基板，以及驱动电路等构成。

笔记本电脑液晶屏的内部结构如图 6-4 所示。液晶屏是由水平和垂直排列的液晶显示单元组成的，每个液晶单元中都有一个薄膜场效应晶体管（TFE），用以控制液晶显示单元的发光。整个液晶屏在水平和垂直驱动信号的作用下显示图像。

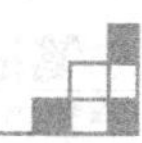

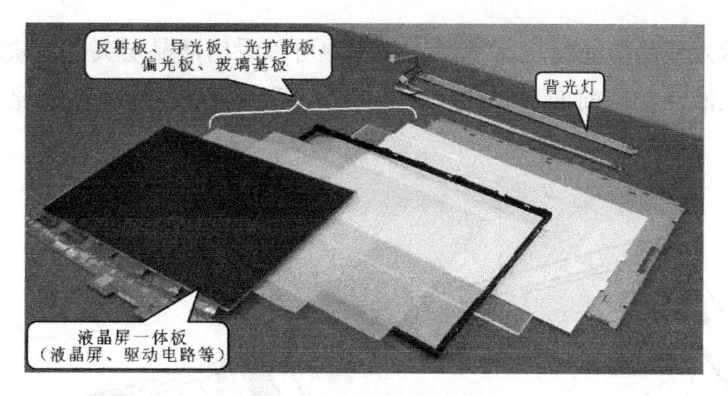

图 6-3　液晶屏的组件

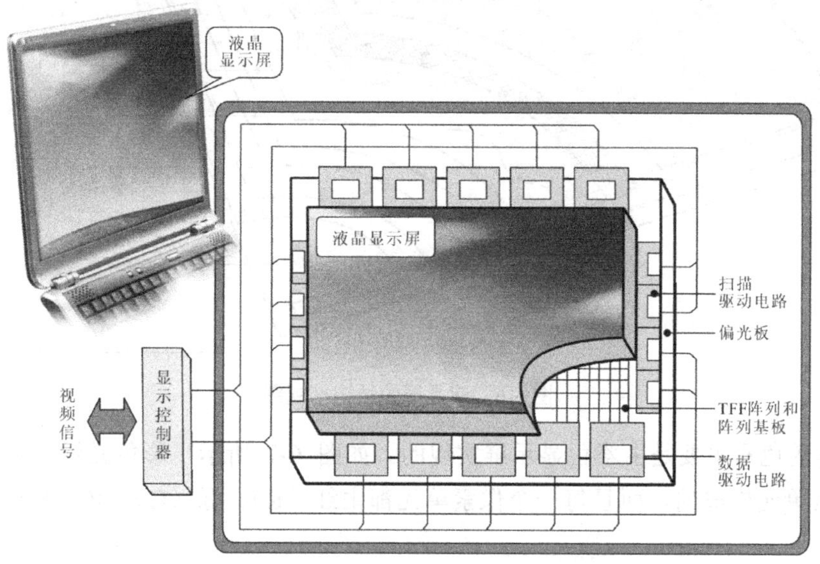

图 6-4　笔记本电脑液晶屏的内部结构

笔记本电脑液晶屏为了能够实现薄型化和可靠性，水平驱动和垂直驱动集成电路分别安装在液晶屏的边缘，通过水平和垂直的坐标引线实现对每个像素单元的控制，如图 6-5 所示。

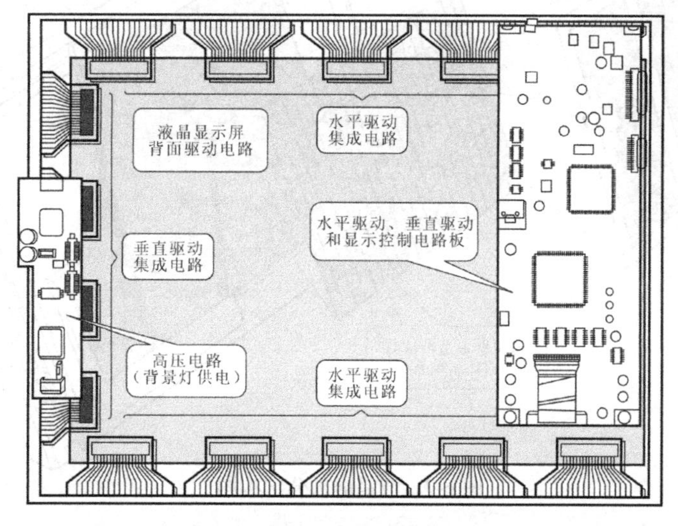

图 6-5　液晶屏与驱动集成电路

如图 6-6 所示为液晶屏的结构剖视图，从图中可以看出液晶层夹在两块玻璃基板之间，彩色滤光板设置在液晶层的前面，光源从背部放光，穿过液晶层照射到前部，从而形成了彩色图像。

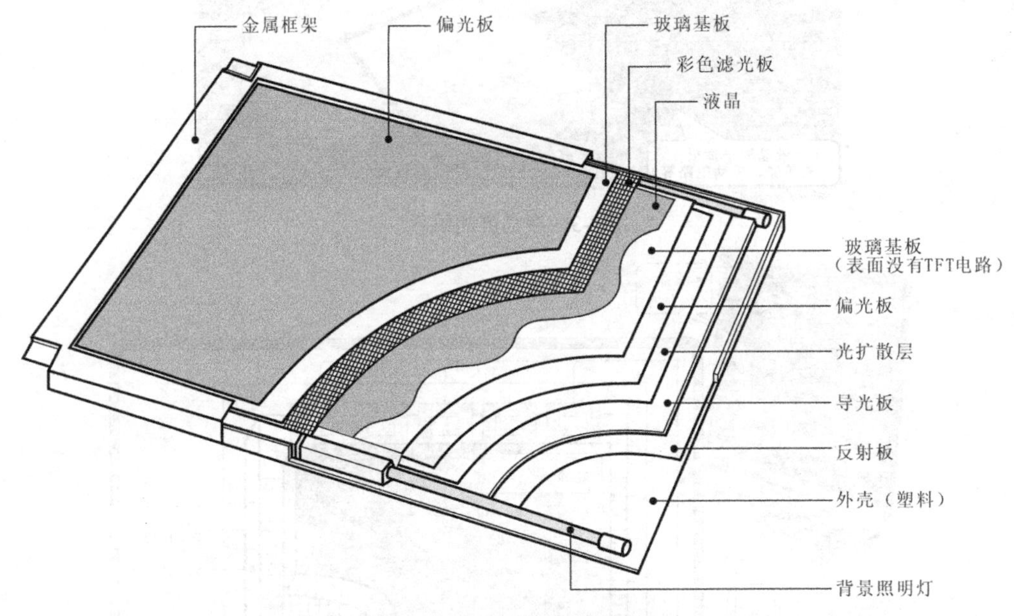

图 6-6　液晶屏的结构剖视图

液晶屏的色彩主要是由彩色显示屏实现的。如图 6-7 所示，彩色显示屏是由很多排列整齐的像素单元构成的，而且每一个像素单元都由红（R）、绿（G）、蓝（B）3 个滤光镜组成。

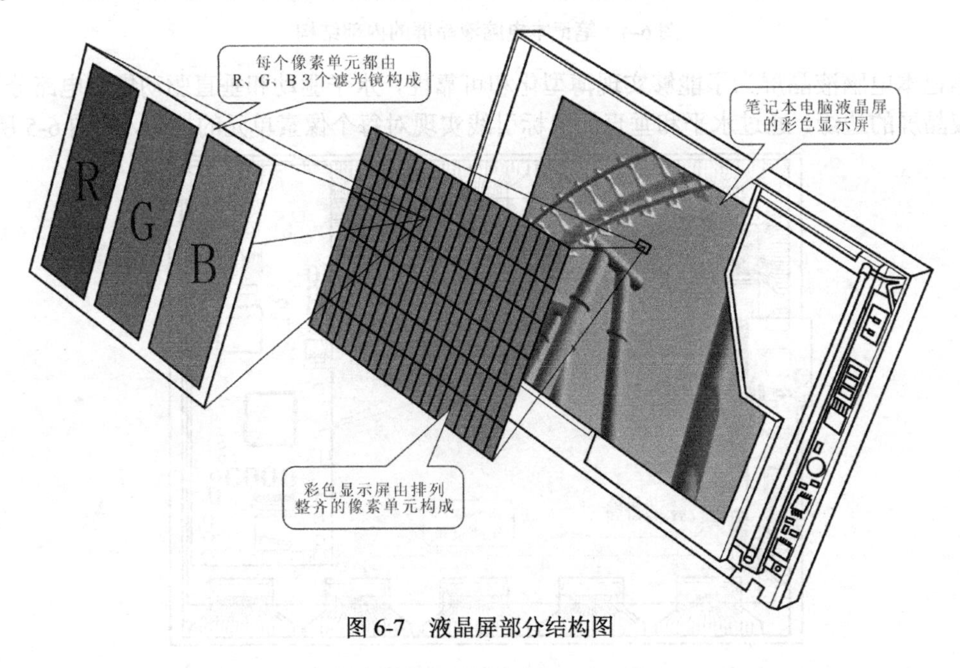

图 6-7　液晶屏部分结构图

2. 液晶屏背光灯

笔记本电脑大多采用阴冷极荧光管（CCFL）作为液晶屏的背光灯，如图 6-8 所示。背光灯由硬质玻璃制成，管径 1.8～3.2 mm。

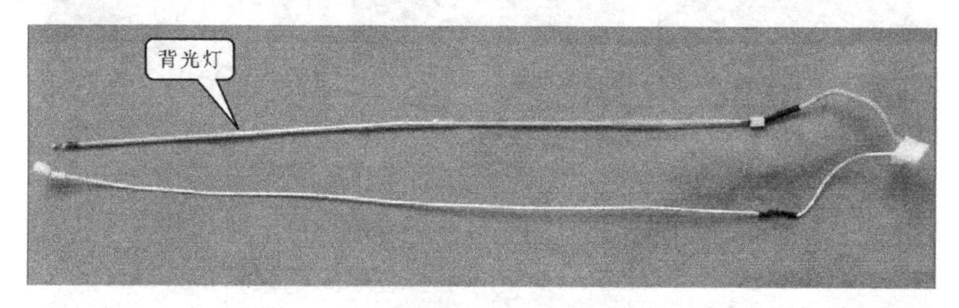

图 6-8　背光灯

液晶屏的背光灯采用冷阴极荧光灯（CCFL），其结构如图 6-9 所示。荧光灯由硬质玻璃制成，管径 1.8～3.2 mm，内壁涂有高光效三基色荧光粉，两端各有一个电极，内部充有水银和惰性气体。

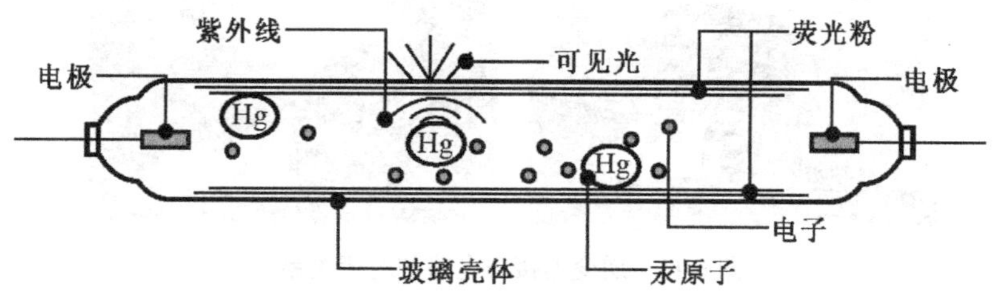

图 6-9　冷阴极荧光灯结构

3. 逆变器电路

逆变器电路是液晶屏中独特的电路，该电路可以将直流低压转变成高达约 700 V 的交流高压加到背光灯两端，为背光灯供电。该电路主要由电源接口、逆变器控制芯片、驱动场效应晶体管、升压变压器、背光灯接口，以及外围元器件构成，如图 6-10 所示。

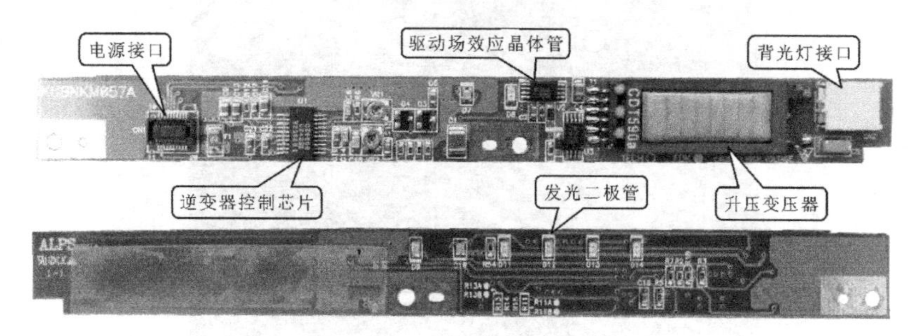

图 6-10　逆变器电路

知识链接

如图 6-11 所示为逆变器接口电路的对应关系。逆变器电路的升压变压器上包有一层塑料膜，该塑料膜可保护升压变压器不受外界损伤，也可防止维修人员发生触电危险。

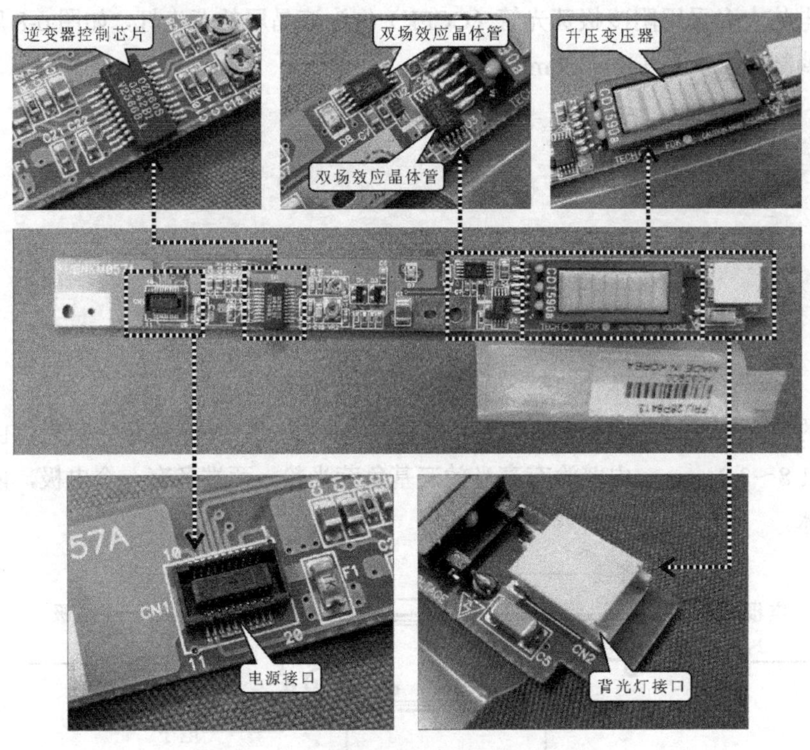

图 6-11　逆变器接口电路的对应关系

（1）逆变器控制芯片

逆变器控制芯片 U1（OZ960）通常位于电源接口附近，主要用来为场效应晶体管提供脉冲驱动信号，如图 6-12 所示。

图 6-12　逆变器控制芯片

如图 6-13 所示为逆变器控制芯片 U1（OZ960）的内部结构。从图中可以看出，该芯片内部主要由过载保护器、基准电压产生器、误差放大器、PWM 移相控制器、振荡器等部分构成。逆变器控制芯片 U1（OZ960）的引脚功能如表 6-1 所示。

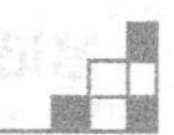

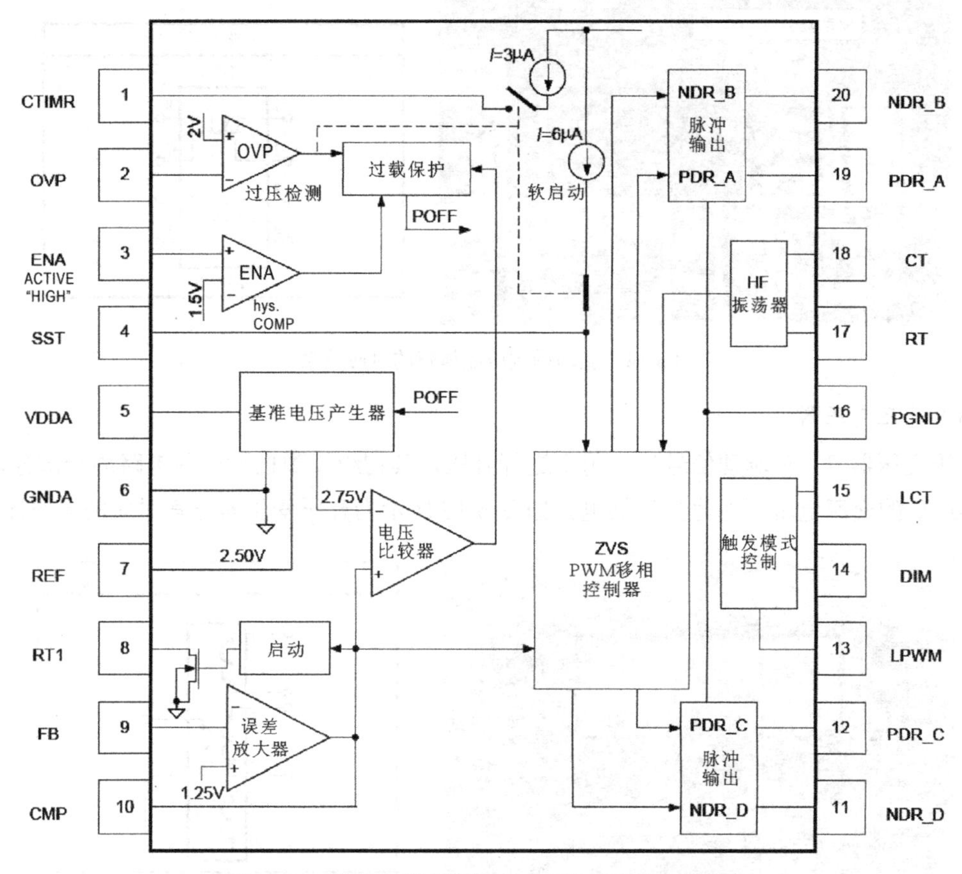

图 6-13　逆变器控制芯片 U1（OZ960）的内部结构

表 6-1　逆变器控制芯片 U1（OZ960）的引脚功能

引　脚	名　称	功　能	引　脚	名　称	功　能
①	CTMIR	电容端	⑪	NDR_D	NFET 驱动
②	OVP	过压检测	⑫	PDR_C	PFET 驱动
③	ENA	使能控制	⑬	LPWM	PWM 信号
④	SST	软启动电容	⑭	DIM	模拟输入
⑤	VDDA	电源	⑮	LCT	三角波输入
⑥	GNDA	接地端	⑯	PGND	接地
⑦	REF	基准电压	⑰	RT	空时电阻
⑧	RT1	电阻端	⑱	CT	空时电容
⑨	FB	电流反馈	⑲	PDR_A	PFET 驱动
⑩	CMP	误差放大器输出	⑳	NDR_B	NFET 驱动

（2）驱动场效应晶体管

驱动场效应晶体管 U2、U3 用来放大背光灯控制电路送来的脉宽驱动电路，然后去驱动升压变压器工作，该集成电路内部封装有两个场效应晶体管，如图 6-14 所示。

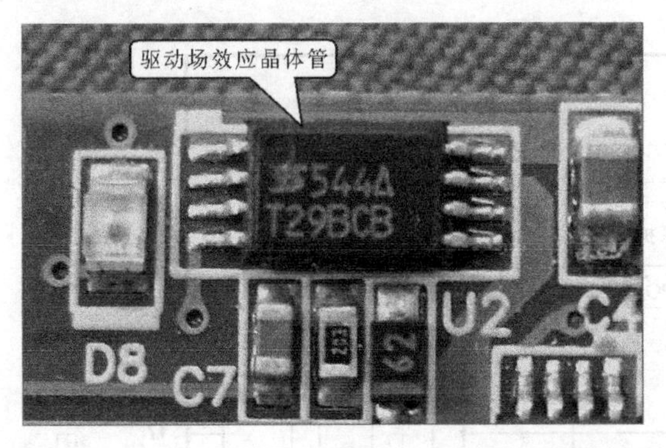

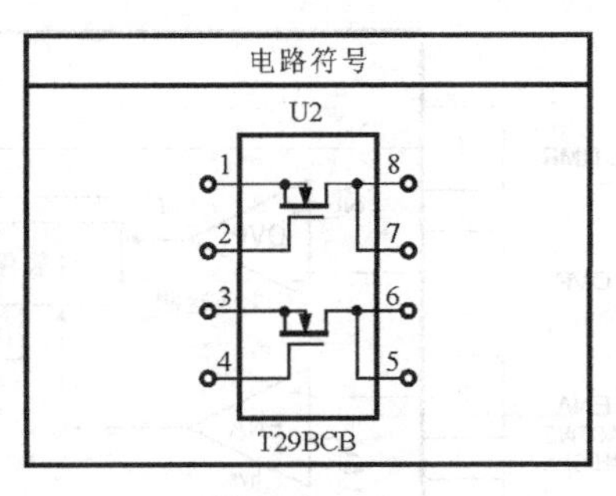

图 6-14　驱动场效应晶体管的对应关系

（3）升压变压器

升压变压器 T1 在驱动信号的作用下进行升压，其初级线圈也是振荡电路的一部分，输出约 700 V 的交流电压，为背光灯供电。如图 6-15 所示为升压变压器与其对应的电路图。

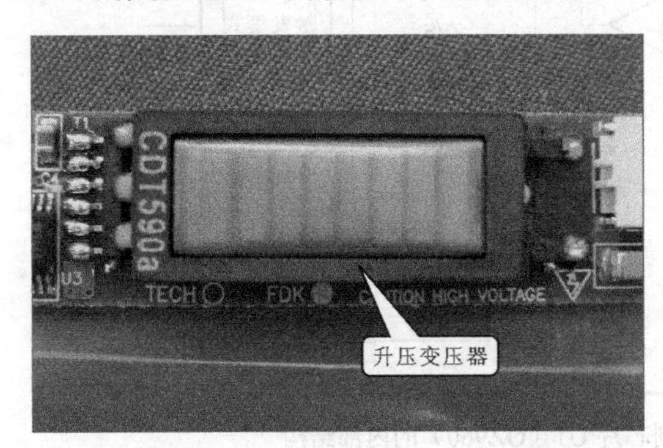

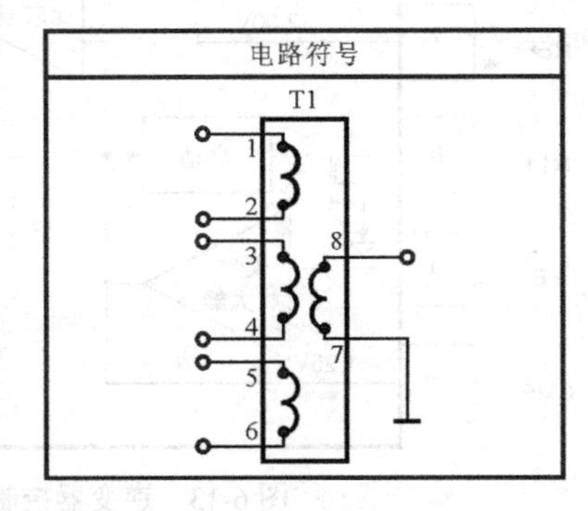

图 6-15　升压变压器与其对应的电路图

任务 2　学习笔记本电脑液晶屏的工作原理

任务描述

主要介绍笔记本电脑中液晶屏的工作原理。通过图解的方式力求让读者了解液晶屏的显像过程、液晶屏背光灯的工作过程，以及逆变器和液晶屏接口电路的工作过程。弄清液晶屏的各个工作环节。

任务实施

1. 液晶屏的显像原理

（1）液晶屏彩色显像过程

由于笔记本电脑液晶屏是不发光的，因此在液晶屏的背部设有背光灯作为液晶屏的光源，并通过导光板变成平面光。背光形成的平面光使液晶屏中的图像显现出来，再通过 R、

G、B 三基色滤光镜构成的彩色液晶屏形成彩色图像，如图 6-16 所示。

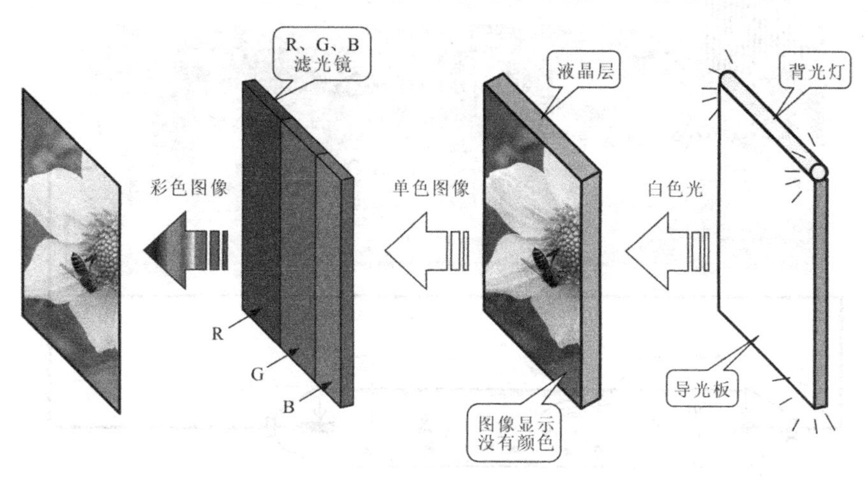

图 6-16　笔记本电脑液晶屏工作原理

（2）液晶屏背光灯的工作原理

由于液晶屏的背光灯需要很高的交流电压才能够点亮，但是电源电路或外置电源适配器提供的电压最高也不过几十伏，因此需要一个电压变换电路，将直流电压转换成适合背光灯发光的交流高压，也就是将直流低压电源变换为高频高压电源，如图 6-17 所示。

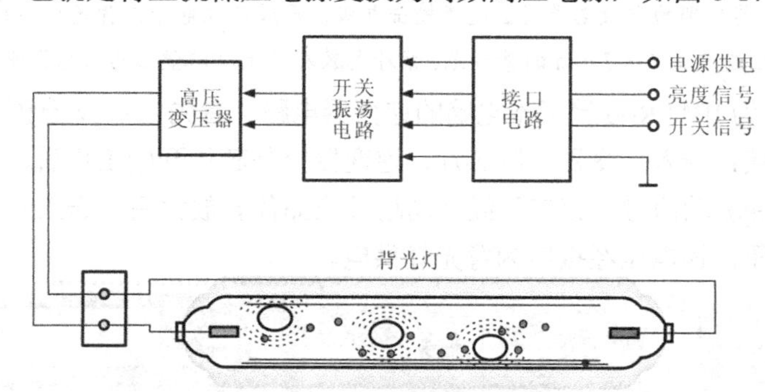

图 6-17　高压板电路工作原理

当荧光灯的两端加上 800～1000 V 交流高压后，灯管内部少数的电子将会高速撞击电极，产生二次电子，水银受到电子撞击后产生波长为 253.7 nm 的紫外光，紫外光激发涂在内壁上的荧光粉产生可见光，可见光的颜色将依据荧光粉的不同而不同。

2．液晶屏逆变器的工作原理

笔记本电脑开机的瞬间，CPU 会向逆变器电路输送启动信号，使逆变器控制芯片开始工作。逆变器控制芯片工作后，开始向驱动场效应晶体管输送 PWM 脉冲驱动信号，该信号经驱动场效应晶体管放大后，送入升压变压器中，与升压变压器形成振荡，然后升压变压器就会向背光灯输送约 700 V 的交流高压。如图 6-18 所示为逆变器电路的信号流程图。

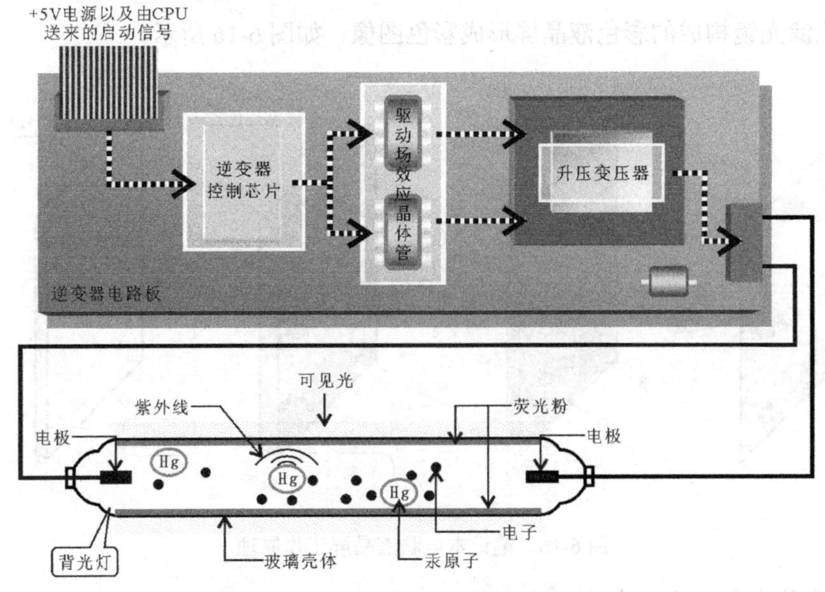

图 6-18　逆变器电路的信号流程图

知识链接

背光灯通电后，其内部的少数电子将会高速撞击电极，产成二次电子，背光灯内的汞原子（水银）受电子撞击后，会产生波长为 253.7 mm 的紫外光，紫外光激发背光灯内壁上的三基色荧光粉产生可见光。

如图 6-19 所示为 IBM R40 笔记本电脑的逆变器电路。首先，+5 V 直流电压、亮度信号和启动信号经电源接口送入逆变器控制芯片，逆变器控制芯片开始工作后，向驱动场效应晶体管输送 PWM 脉冲驱动信号，该信号经驱动场效应晶体管放大后，送入升压变压器，经升压后，输出交流高压，该电压经接口为背光灯供电。

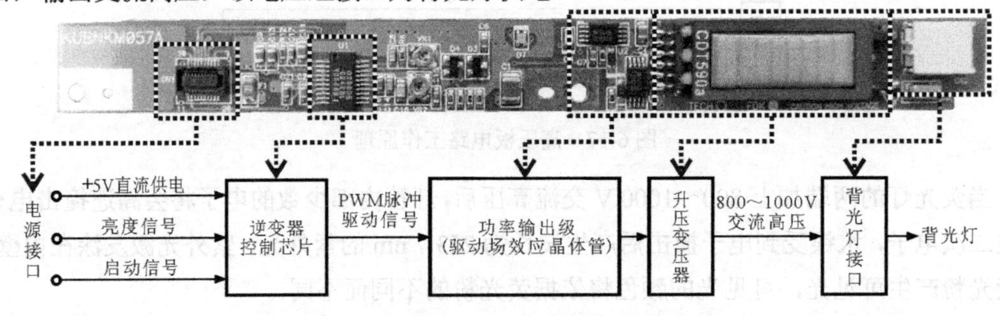

图 6-19　IBM R40 笔记本电脑的逆变器电路

3．液晶屏接口电路的工作原理

笔记本电脑显卡芯片将显示信号分别输给 LCD 接口电路、VGA 接口电路（R、G、B 视频输出接口）、S-Video 接口电路、DVI 接口电路等视频接口电路，并对其显示的内容进行控制。

如图 6-20 所示为 IBM R40 笔记本电脑 LCD 接口电路，由主板产生的图像驱动信号通过该接口送往液晶屏，此外还需要电源信号以便驱动液晶屏（LCD）。由于供电端的不同，在 LCD 相关电路中的+5 V 电压分别用 VCC5M 和 VCC5B 等标识，或用 VCC_LCD 标识。

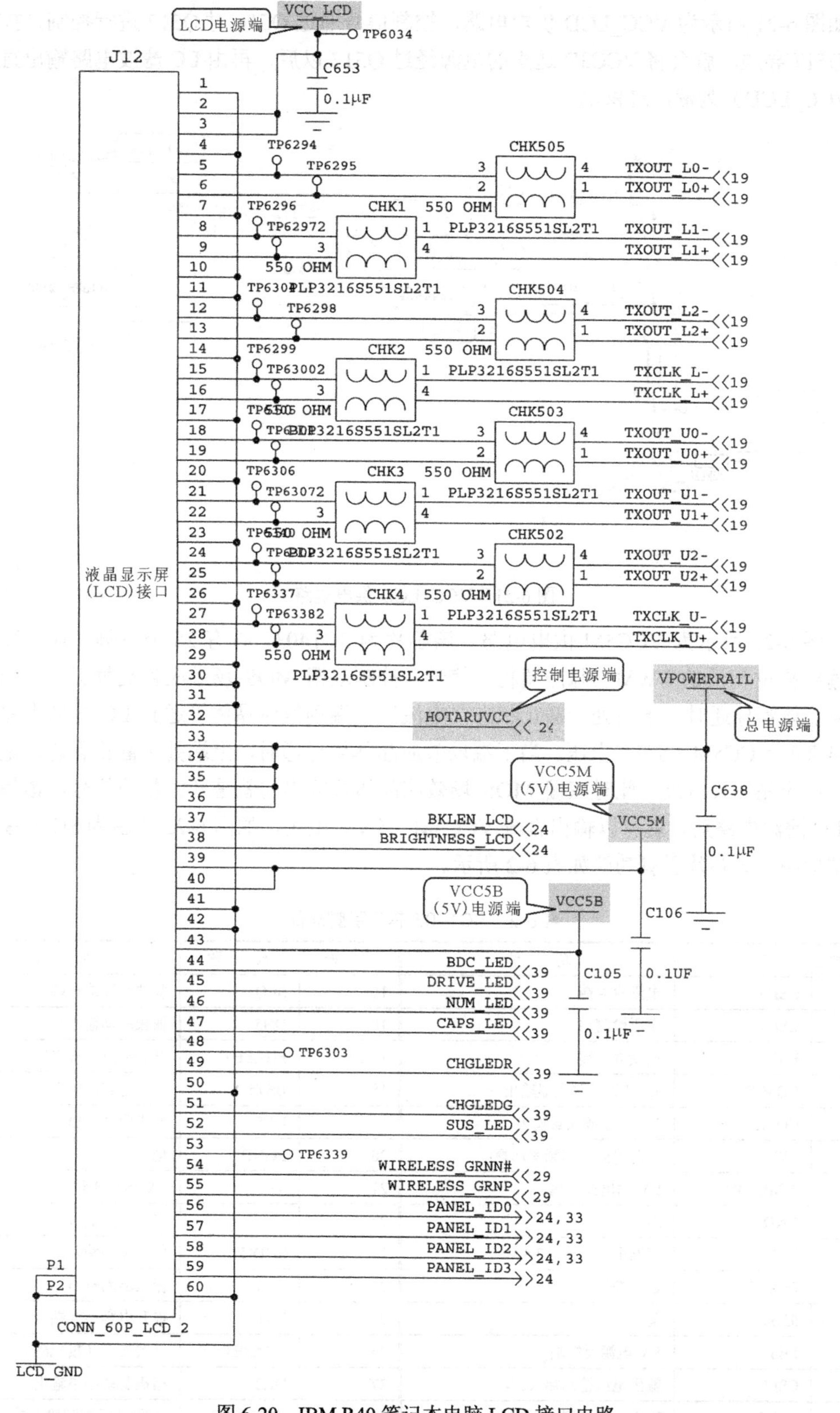

图6-20　IBM R40笔记本电脑LCD接口电路

如图 6-21 所示为 VCC_LCD 供电电路，控制信号通过 Q516 对 Q517 进行控制，控制信号使 Q517 导通，就会将 VCC3B 送来的电源经过 Q517 以后，再由 LC 滤波电路输出直流电压（VCC_LCD）为液晶屏供电。

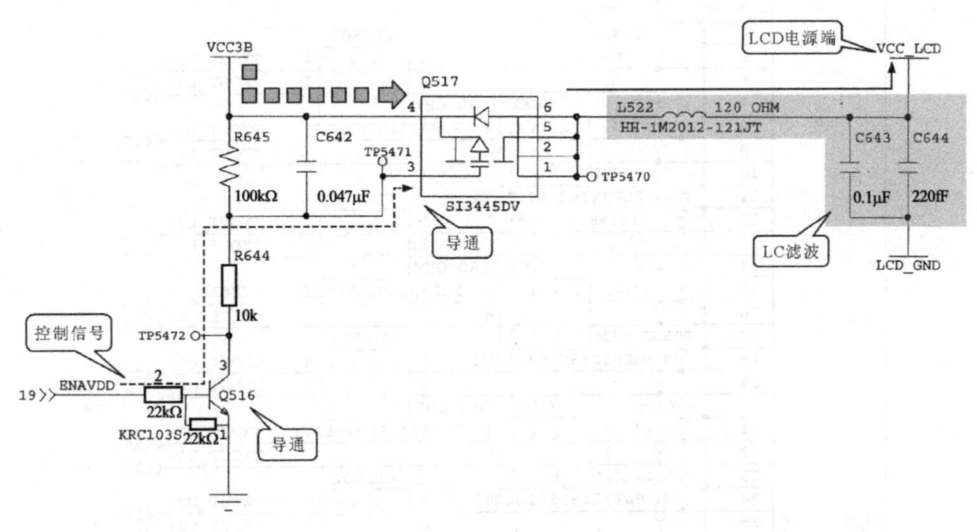

图 6-21　VCC_LCD 供电电路

如图 6-22 所示为 VCC5M 供电电路，该芯片为 SC1403，共有 28 个引脚，其中⑯脚和⑲脚输出相位相反的 PWM（脉冲调制）信号，控制双栅 MOS 场效应管交替工作。当上端场效应晶体管导通时，下端处于截止状态，电流经上端场效应晶体管送到 LC 滤波电路，然后输出直流 VCC5M（5 V）电压。当下端场效应晶体管导通时，上端处于截止状态，电流经下端场效应晶体管流过。此时双栅 MOS 场效应晶体管输出的就是开关脉冲信号，该信号再经过 LC 滤波电路后，就可以输出直流 VCC5M（5 V）电压。如图 6-23 所示为 SC1403 芯片内部结构图，该芯片引脚功能如表 6-2 所示。

表 6-2　SC1403 芯片引脚功能

引　脚	名　　称	功　　能	引　脚	名　　称	功　　能
1	CSH3	电流检测端	15	SEQ	复位时许选择端
2	CSL3	电压检测端	16	DH5	栅极驱动输出端
3	FB3	反馈输入端	17	PHASE5	开关接点（接电感）
4	COMP3	3.3 V 误差放大器输出	18	BST5	提升电容连接端
5	COMP5	5 V 误差放大器输出	19	DL5	栅极驱动输出
6	SYNC	振荡器同步和频率选择	20	PGND	地
7	TIME_ON5	5 V 输出控制端	21	VL	5 V 内稳压输出
8	GND	地	22	V+	电池电压输入
9	REF	基准电压输出（2.5 V）	23	SHDN#	保护控制输入
10	PSAVE#	逻辑控制	24	DL3	栅极驱动输出
11	RESET#	复位	25	BST3	提升电容连接端
12	FB5	5 V 电源反馈端	26	PHASE3	开关接点（接电感）
13	CSL5	输出电压检测端（5 V）	27	DH3	栅极驱动结果输出
14	CSH5	输出电流检测端（5 V）	28	RUN_ON3	开机/待机控制输入端

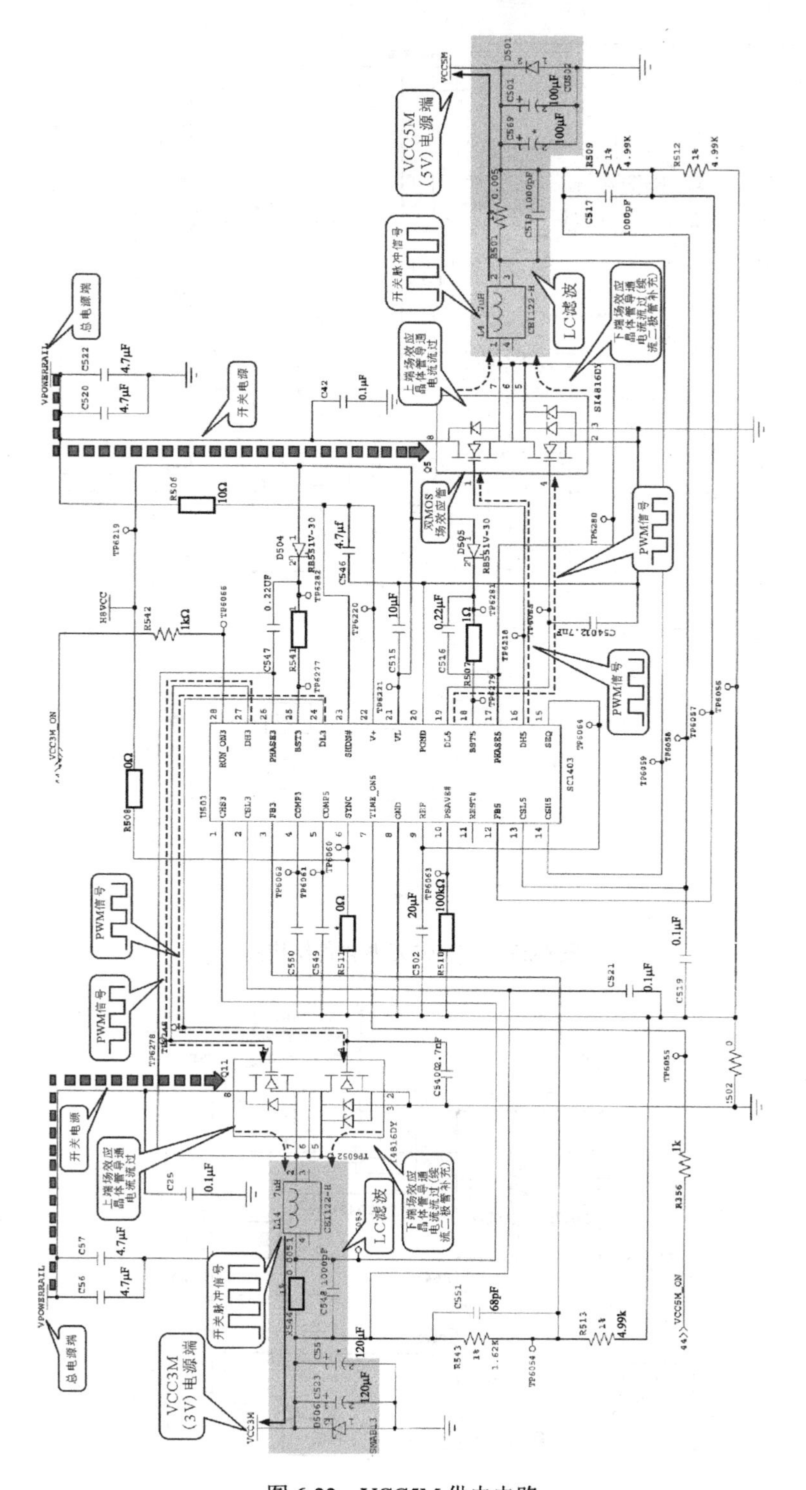

图 6-22　VCC5M 供电电路

如图 6-24 所示为 VCC5B 电源电路，控制信号经由 Q527 同时控制 Q26 和 Q525，当 Q527 处于导通状态时，Q525 截止，Q26 导通，VCC5M 电源就会经过 Q26 输出 VCC5B（5V）电源，送给 LCD 接口电路。

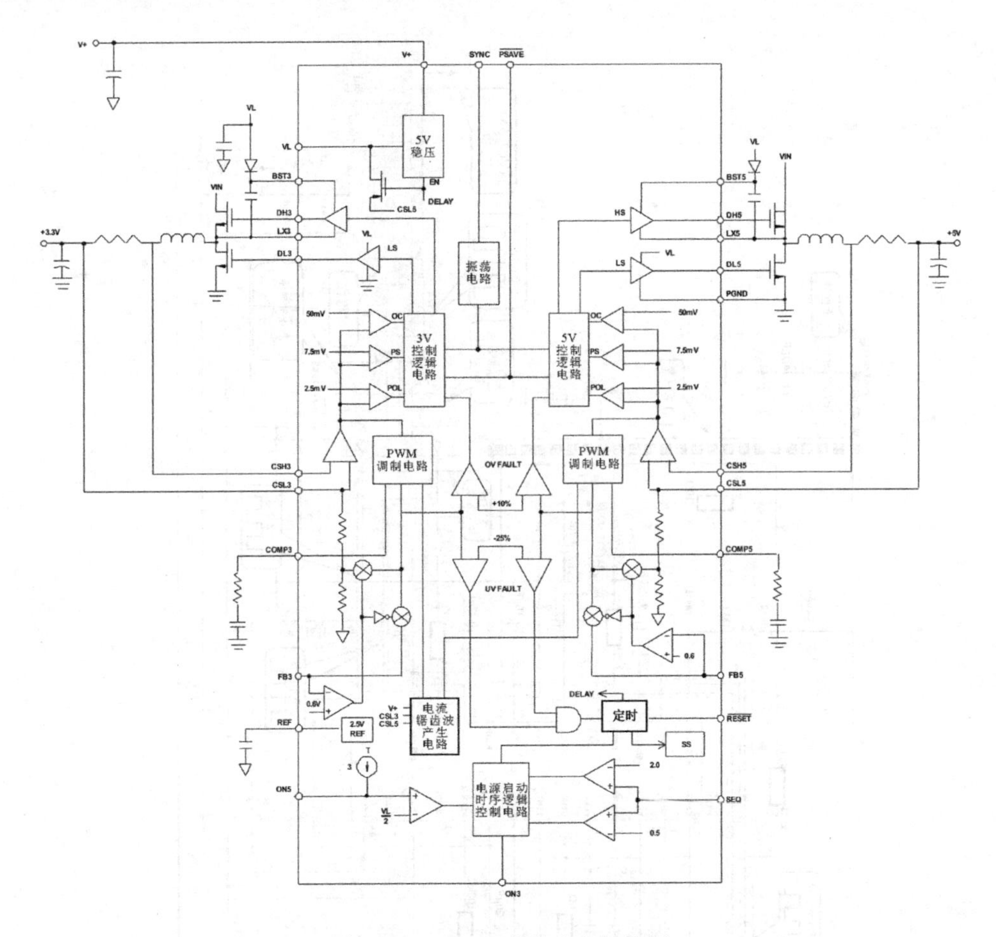

图 6-23　SC1403 芯片内部结构图

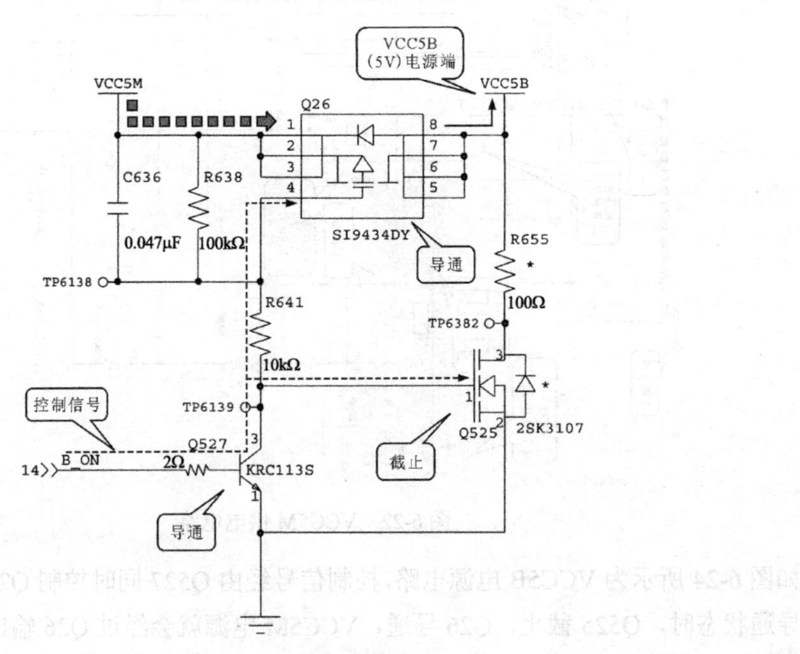

图 6-24　VCC5B 电源电路

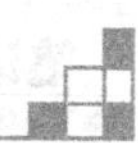

如图6-25所示为控制电源电路图，该电路是由控制信号控制Q515使其处于导通状态，从而控制Q514也处于导通状态，输出控制电源。

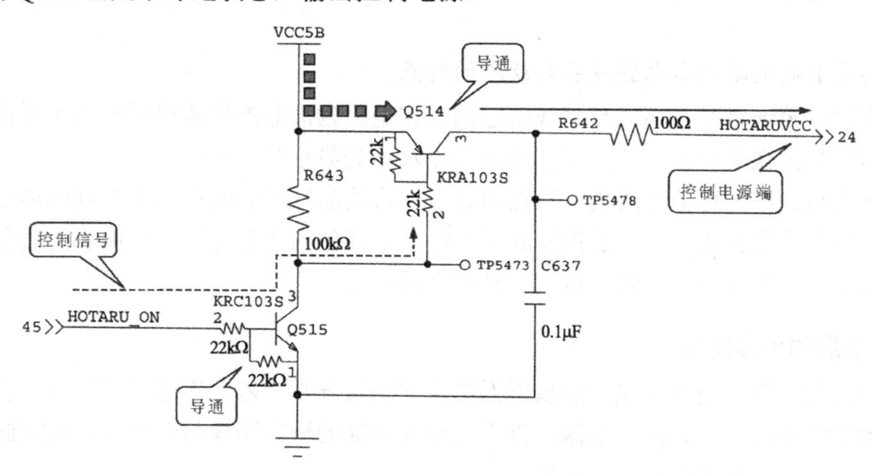

图6-25　控制电源电路图

任务3　掌握笔记本电脑液晶屏的检修方法

任务描述

主要介绍液晶屏的故障特点，让读者明确液晶屏的故障检修思路。通过对实际样机的实拆、实测、实修，将笔记本电脑液晶屏各主要部件和电路的检修规范、要点、流程和方法进行详细的演示。

任务实施

1. 液晶屏故障的特点

液晶屏是笔记本电脑的显示设备，该部分出现故障往往会出现无图像或图像不良的症状，应重点检查主板与显示器之间的数据线、逆变器、背光灯或液晶屏等部分。

（1）数据线引起的笔记本电脑液晶屏故障的特点

液晶屏与主机之间是依靠软排线连接的，当软排线出现故障时，经常表现为屏幕暗、花屏或开机无显示等症状。

（2）逆变器引起的笔记本电脑液晶屏故障的特点

逆变器是起到将直流低压转换成交流高压，为背光灯管供电的一个装置，出现故障常表现为屏幕暗、开机无显示。

（3）背光灯引起的笔记本电脑液晶屏故障的特点

液晶屏灯管背光是给液晶屏提供光源的设备，如果出现故障，常表现为屏幕颜色不正常、开机无显示。

（4）导光板引起的笔记本电脑液晶屏故障的特点

液晶屏的导光板出现故障，常表现为屏幕出现大面积的白斑、图像亮度不均匀、屏幕出现暗线。

（5）屏幕引起的笔记本电脑液晶屏故障的特点

屏幕出现故障通常是由坏点和暗线引起的，这是因为液晶屏像素单元损坏不受控，不管液晶屏所显示的图像是什么，液晶屏上的某一点永远是显示同一颜色。

坏点又称点缺陷，可分为两类：暗点和亮点。将液晶屏调成纯白色的时候检测暗点；调成纯黑色的时候检测亮点。暗点是指液晶屏无论显示任何内容都无法显示内容的着色，而是始终呈黑点状态；亮点则是只要开机就一直存在的亮点。

2．液晶屏的检修流程

液晶屏出现故障，通常表现为液晶屏无图像或图像异常。若发现液晶屏图像不良，首先应为笔记本电脑连接一台外接显示器，查看笔记本电脑的输出图像是否正常，以判断出故障是由显卡引起的，还是液晶屏不良所致。

液晶屏出现无图像故障后，可先对液晶屏的数据线接口进行检查，该接口无故障后，再对逆变器电路和背光灯进行检查。若逆变器电路和背光灯都正常，说明液晶屏组件或其驱动电路损坏。

液晶屏显示图像异常，应重点对液晶屏的数据线接口进行检查。若接口无故障，说明液晶屏组件或其驱动电路出现故障。一般情况下，液晶屏组件或其驱动电路出现故障的概率很低，若该部分出现故障，维修难度很大，只能直接更换。

如图 6-26 所示为液晶屏的检修流程。

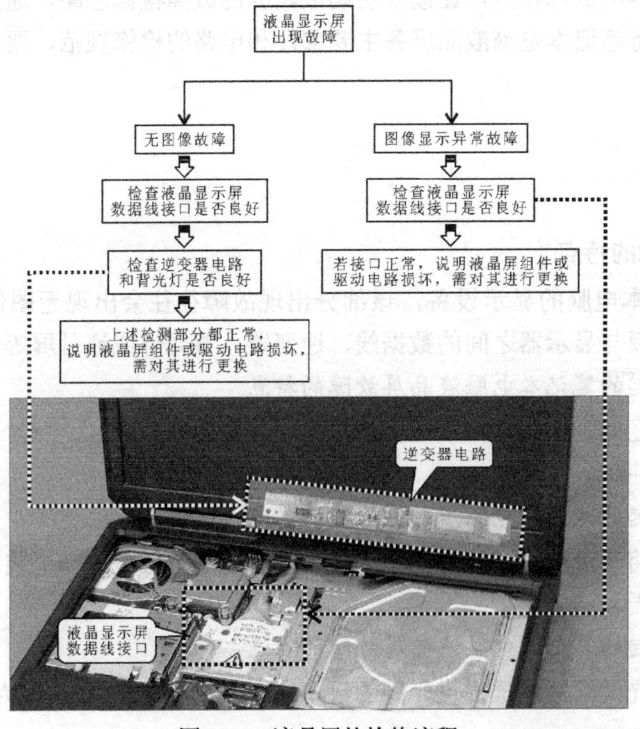

图 6-26　液晶屏的检修流程

3. 液晶屏的检修方法

（1）液晶屏自身性能的检查

对笔记本电脑液晶屏进行检修前，应先将已经正常的计算机显示器接到笔记本电脑上进行操作，如图6-27所示，以判断是否为笔记本电脑液晶屏损坏。若外接显示设备显示正常，则表明笔记本电脑液晶屏出现问题，需要对其进行检修；若外接显示设备显示也不正常，则表明笔记本电脑主板或显示芯片出现问题，需要对笔记本电脑主板进行检修。

由于液晶屏出现的故障无法准确判断其故障点，因此，在对其进行检测时，应按照先简后难的检修方法进行检修。

图6-27　笔记本外接其他显示设备

液晶屏出现显示异常情况，应首先检查是否为液晶屏损坏。由于液晶屏（液晶显示屏）的像素单元核心部分是由液晶体及半导体控制器件组成，并且每一个像素单元为一个光点，因此当外加电压不稳或受到外界压力过大时，导致液晶屏的像素单元内的液晶体及半导体控制器件损坏，继而引起液晶屏的像素单元的损坏。而且由于液晶屏在制作工艺流程中的偶然因素，导致笔记本电脑中会出现一定量的坏点，如果液晶屏上的坏点数量极少且不影响用户的使用，则没有必要更换液晶屏；如果液晶屏出现暗线则需要对液晶屏进行更换，以保证用户的正常使用。

① 通过液晶屏测试软件可以检测屏幕坏点的多少和位置，如图6-28所示。液晶屏坏点总数不超过标准则被默认为是正常现象。

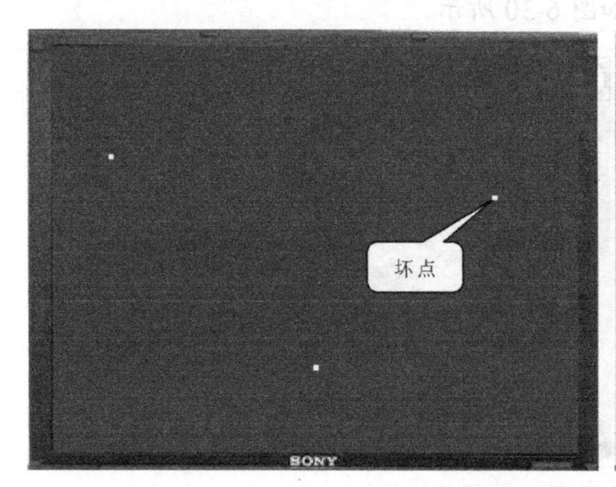

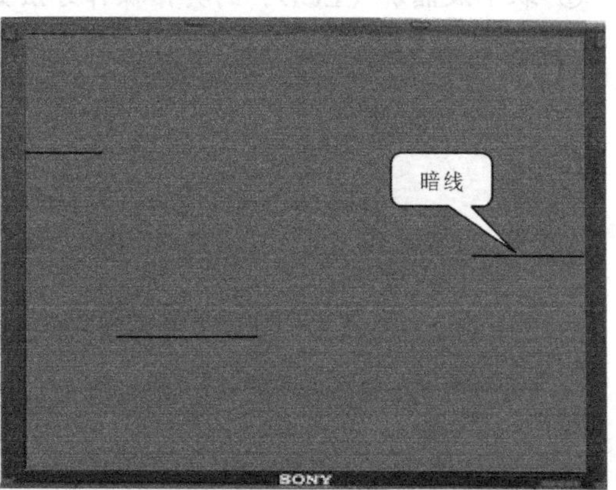

图6-28　液晶屏的检测方法

② 发现坏点或暗线过多，需要将液晶屏拆卸下来，然后使用特殊机器，将屏幕模块更换下来，如图 6-29 所示。

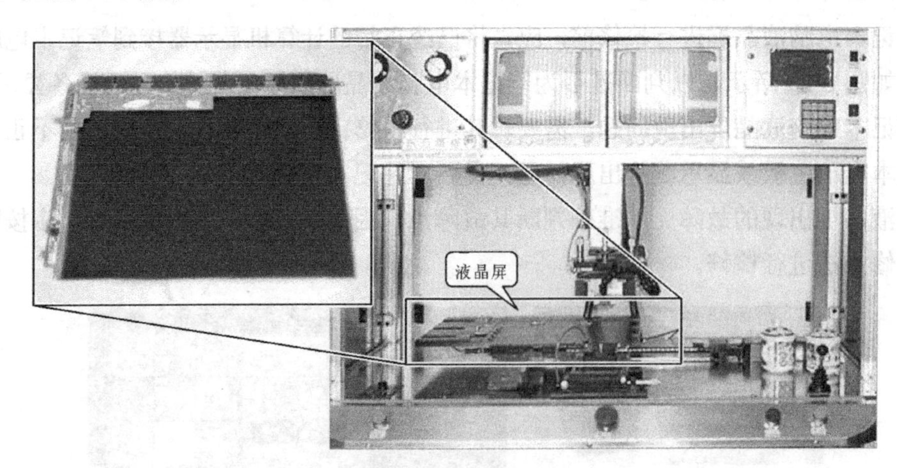

图 6-29　更换液晶屏

提示　在日常使用笔记本电脑时，应注意对液晶屏的保养，尽量不要在液晶屏上指指点点，不要使用腐蚀性液体擦拭液晶屏，更不要拍打液晶屏或是在液晶屏上放置较重物品，以免缩短笔记本电脑液晶屏的使用寿命。

（2）液晶屏的检修准备

检测发现液晶屏（LCD）出现故障，就应对其进行相应的维修。维修时会涉及对液晶屏（LCD）的拆卸、拆解，因此应事先做好准备工作。

在对笔记本电脑液晶屏（LCD）进行检修之前，应事先准备好检修工具，如电烙铁（焊锡、松香）、镊子、放大镜等。

检修工具准备就绪，将液晶屏从笔记本电脑上取下来。

【跟我做】

① 取下液晶屏（LCD）的具体操作方法如图 6-30 所示。

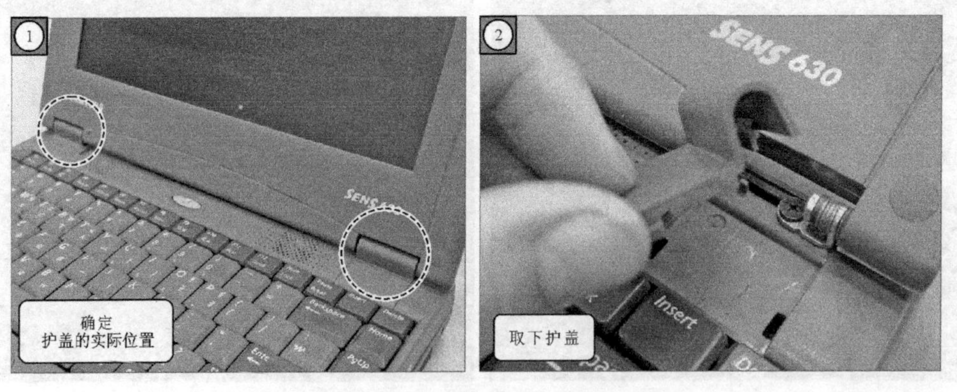

图 6-30　取下液晶屏（LCD）

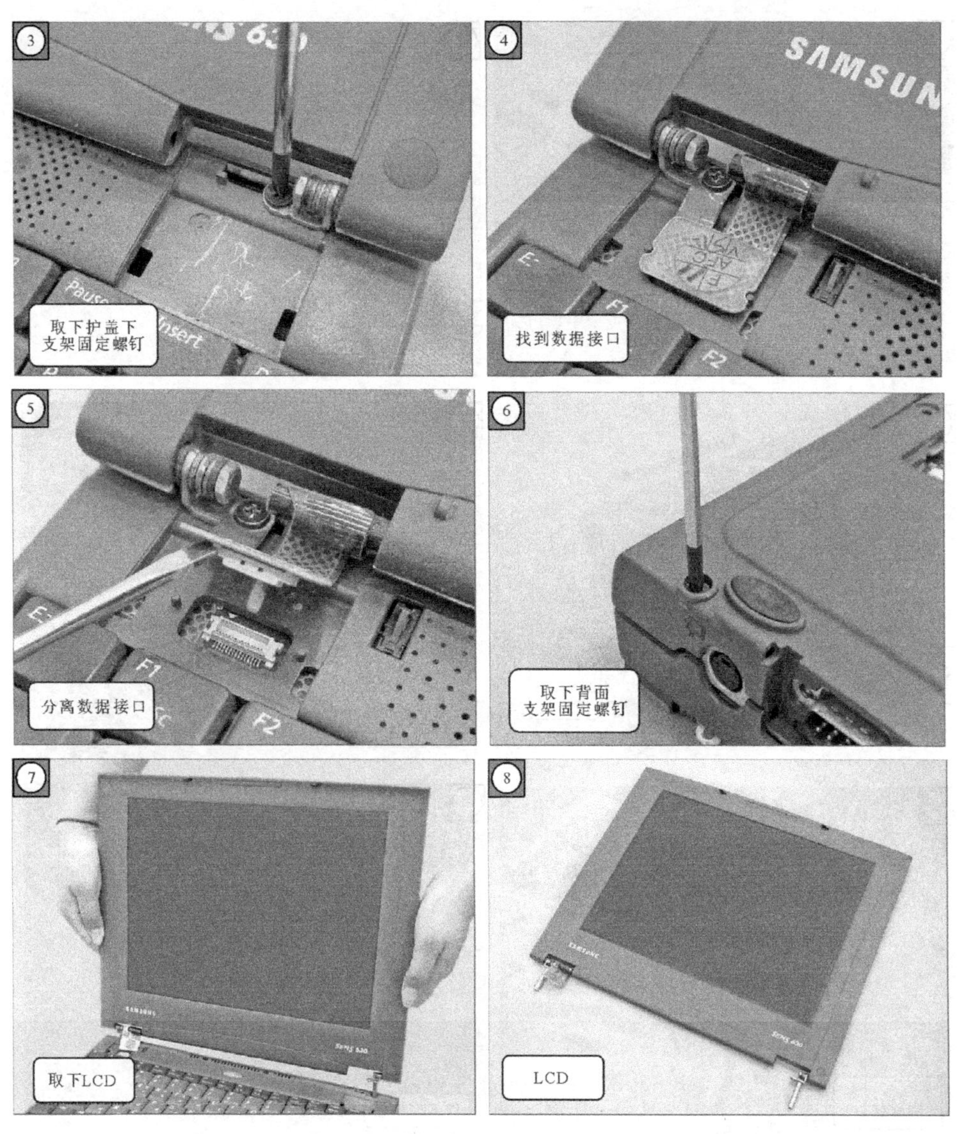

图6-30　取下液晶屏（LCD）（续）

② 拆解液晶屏（LCD）的操作步骤如图6-31、图6-32、图6-33所示。

图6-31　拆解液晶屏（LCD）之一

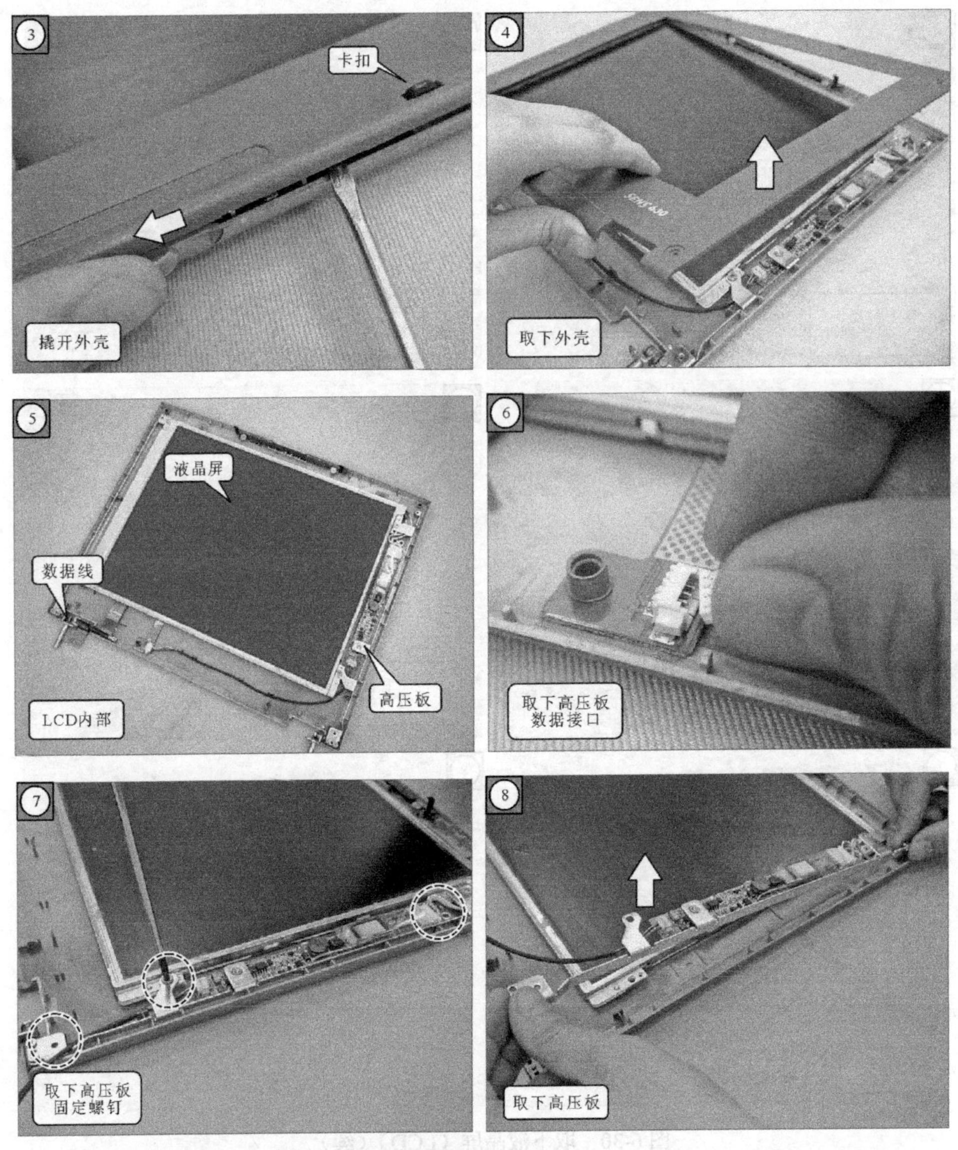

图 6-31　拆解液晶屏（LCD）之一（续）

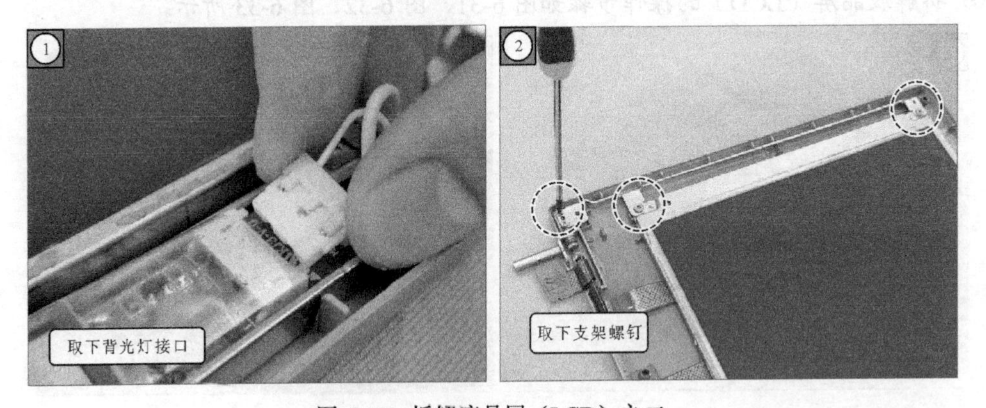

图 6-32　拆解液晶屏（LCD）之二

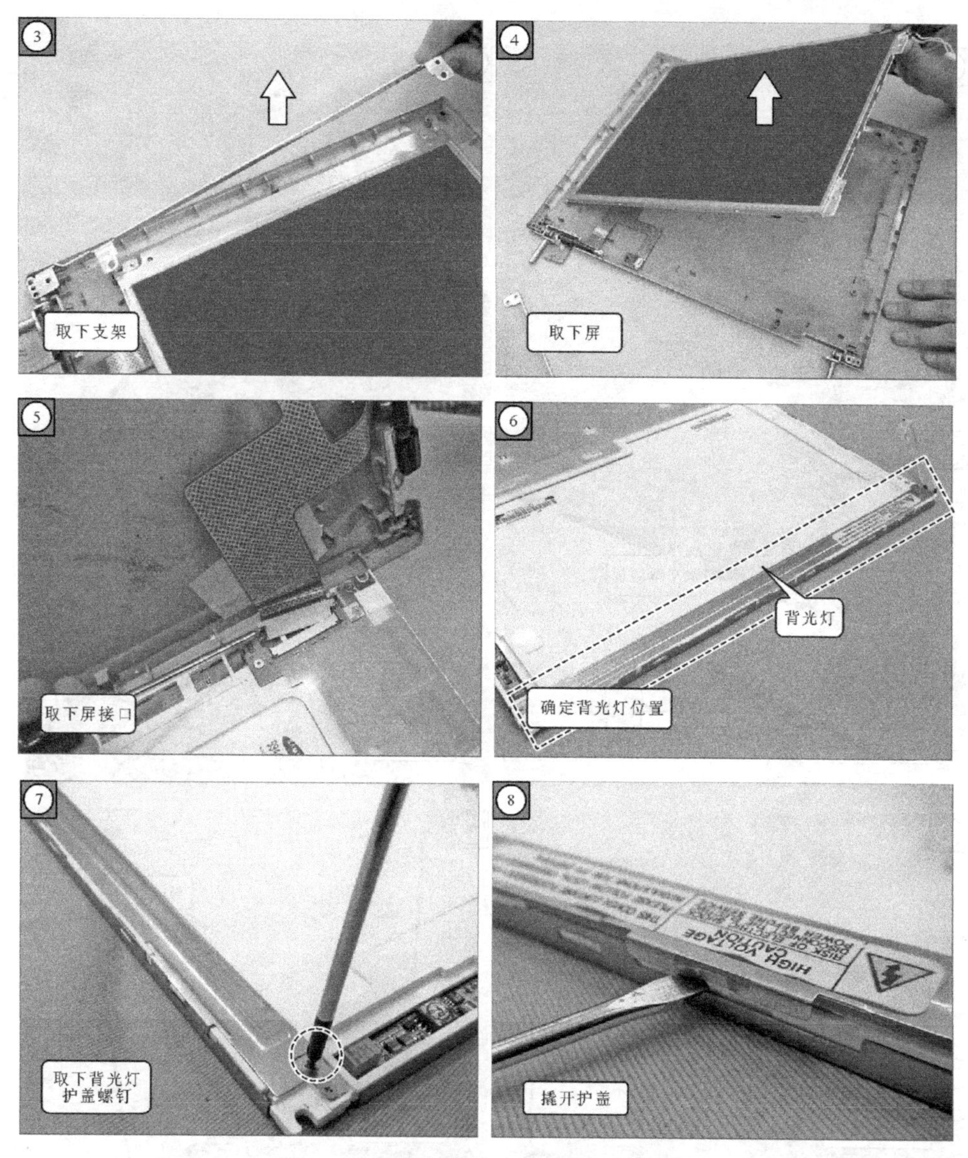

图 6-32　拆解液晶屏（LCD）之二（续）

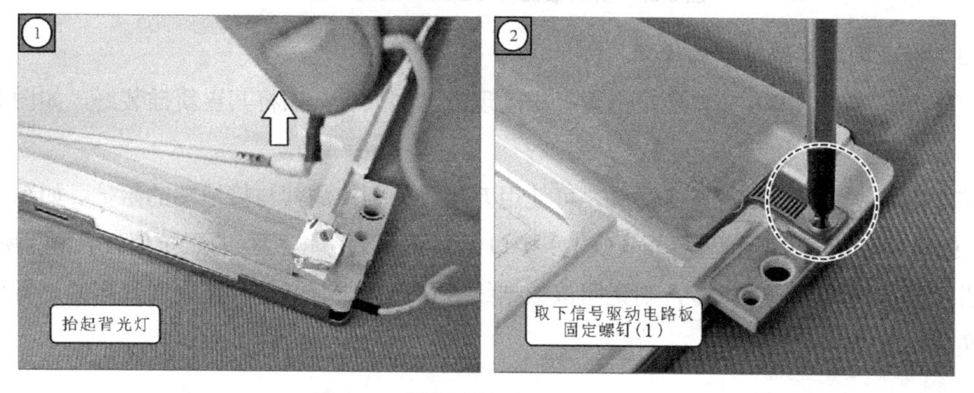

图 6-33　拆解液晶屏（LCD）之三

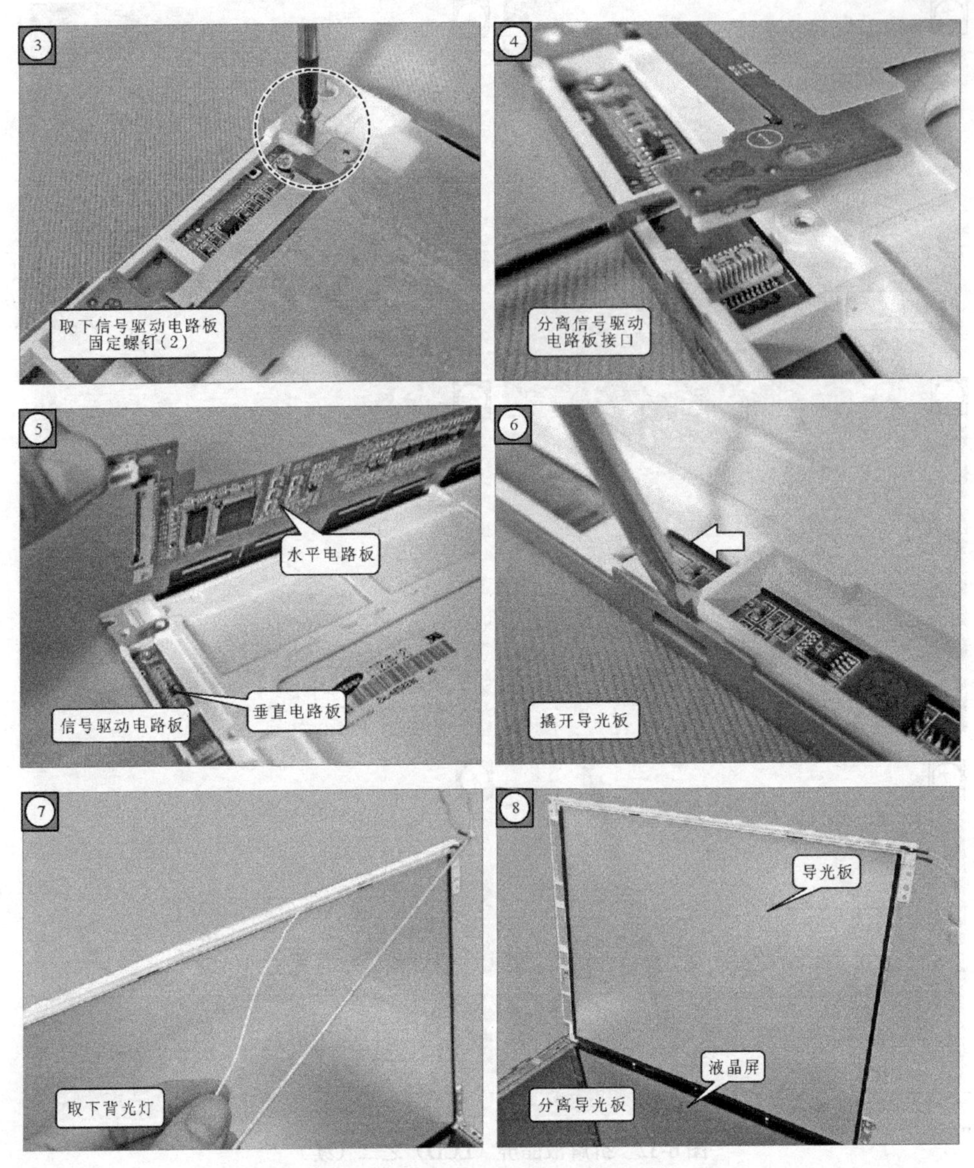

图6-33　拆解液晶屏（LCD）之三（续）

（3）液晶屏数据线接口的检测

检查液晶屏（LCD）接口连接是否有松动现象，如果有，应将其重新插装好，如图6-34所示。

液晶屏数据线接口上有许多引脚，可使用万用表分别检测其与接地端的阻抗，如图6-35所示。IBM R40笔记本电脑液晶屏（LCD）接口上有60个引脚，测得的阻抗值如表6-3所示。如有引脚测得的阻抗偏差太多，则说明该数据线接口连接线有损坏，需要对数据线进行修复或更换。

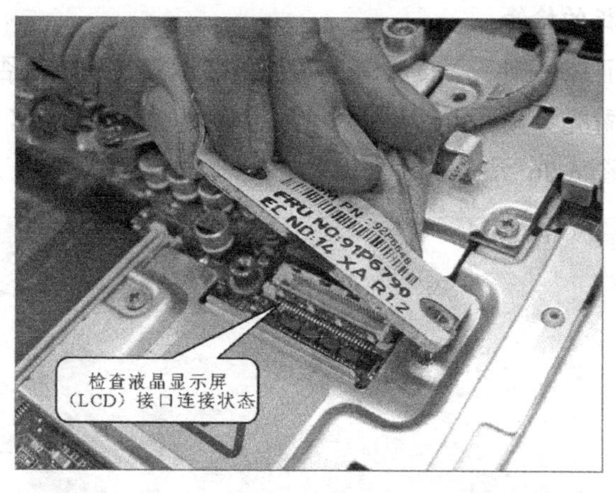

图 6-34　检查液晶屏（LCD）接口连接状态

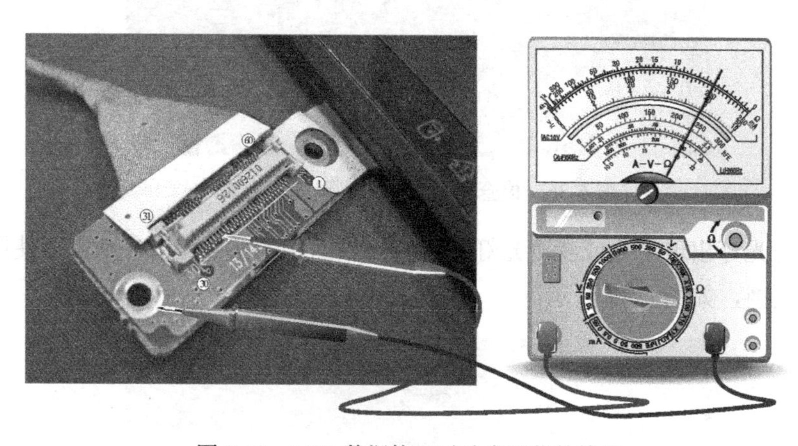

图 6-35　LCD 数据接口对地电阻值的检测

表 6-3　笔记本电脑数据线引脚阻抗值

引　脚	阻抗（Ω）	引　脚	阻抗（Ω）	引　脚	阻抗（Ω）	引　脚	阻抗（Ω）
1	0	16	6×100	31	0	46	∞
2	5×100	17	0	32	∞	47	∞
3	5×100	18	∞	33	20×1k	48	∞
4	0	19	∞	34	20×1k	49	∞
5	6×100	20	0	35	20×1k	50	0
6	6×100	21	∞	36	20×1k	51	∞
7	0	22	∞	37	20×1k	52	∞
8	6×100	23	0	38	40×1k	53	∞
9	6×100	24	∞	39	6×1k	54	∞
10	0	25	∞	40	6×1k	55	∞
11	0	26	0	41	0	56	∞
12	6×100	27	∞	42	0	57	∞
13	6×100	28	∞	43	∞	58	∞
14	0	29	0	44	∞	59	∞
15	6×100	30	0	45	∞	60	0

（4）背光灯、导光板的检修

若液晶屏供电电压正常，则需要查看笔记本电脑显示异常现象是否为背光灯所引起的显示故障。将笔记本电脑背光灯按照拆卸过程中的步骤，将背光灯取下，检查背光灯是否出现老化、破裂等现象，如图 6-36 所示。

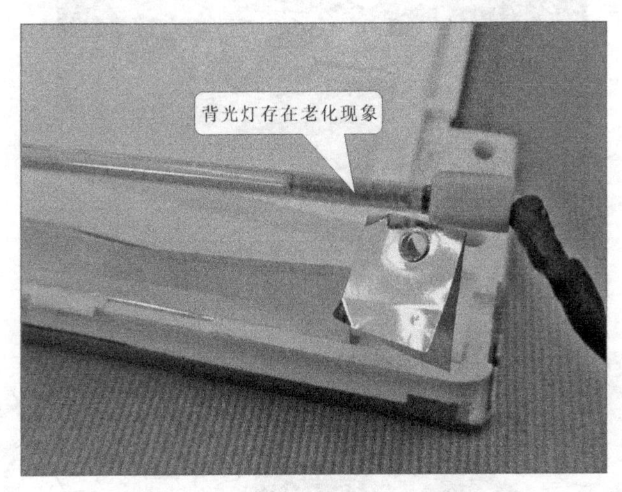

图 6-36　检查背光灯是否出现老化现象

如果发现背光灯出现老化或者背光灯两端有很大面积的熏黑迹象，则需要使用同一规格的背光灯进行更换，如图 6-37 所示。

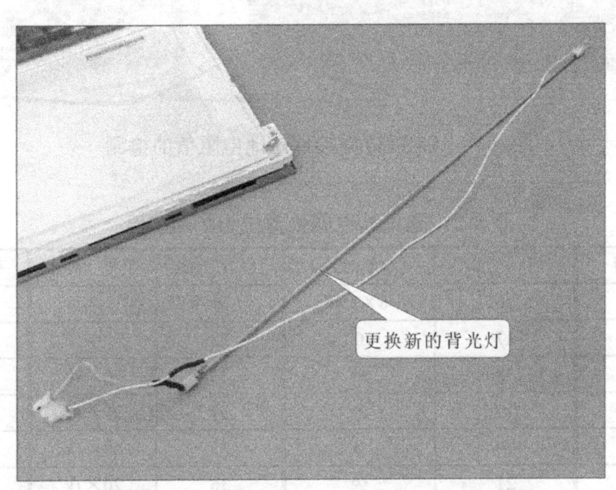

图 6-37　用同一规格的背光灯进行更换

若背光灯正常，则需要检查液晶屏的导光板是否损坏，如图 6-38 所示。如果笔记本电脑液晶屏的导光板受热不均，容易引起导光板局部出现黄斑现象，此时需要将导光板直接进行更换。

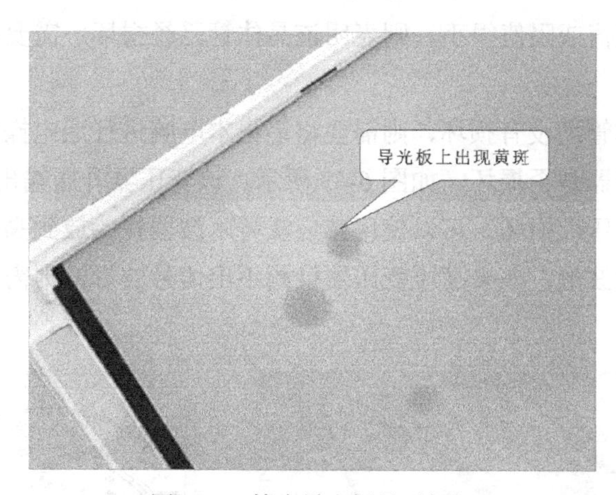

图6-38　检查导光板是否损坏

（5）逆变器的检修

若液晶屏的背光灯和导光板正常，而且数据线连接正常，则需要检测为背光灯提供电压的逆变器（高压板电路）。

检查逆变器（高压板电路）中的元器件是否有虚焊、烧坏等现象，如图6-39所示。若发现高压板电路中有元器件虚焊、脱焊现象，使用热风焊机或电烙铁重新将其焊接即可；若有烧坏现象，则需选择同一规格的元件进行更换。

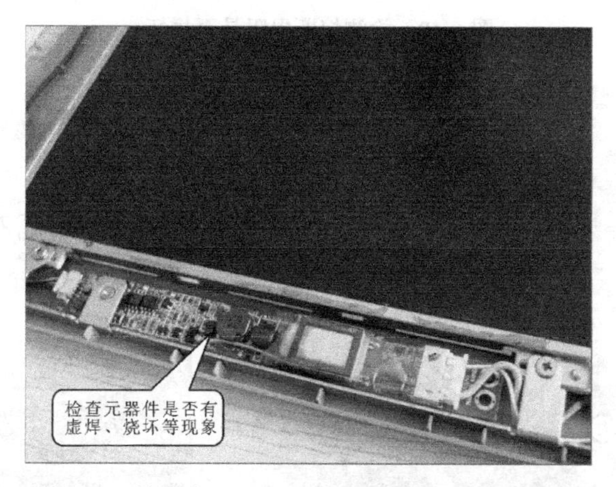

图6-39　检查高压板电路是否有虚焊、烧坏等现象

若没有发现元器件损坏，则需要使用万用表检测高压板电路中的易损元器件是否出现内部损坏。将万用表调整至欧姆挡，检测高压板电路接口处的熔断电阻是否损坏，如图6-40所示。检测时，若万用表指针指向零，则表明该熔断电阻正常；若检测到一定的阻值或万用表指针指向无穷大，则表明该熔断电阻已经损坏。

将万用表调整至欧姆挡，黑表笔检测晶体管的基极（b），红表笔分别检测晶体管的集电极（c）和发射极（e），如果该晶体管正常，则均可以检测到一定的阻值，如图6-41所示。

然后调换表笔，如图6-42所示，红表笔检测晶体管的基极（b），黑表笔分别检测晶体管的集电极（c）和发射极（e）。如果检测时，万用表指针均指向无穷大，表明该晶体管正常。

若检测时，有一定的阻值或阻值很小，则表明该晶体管已经损坏，需要用同一规格的晶体管进行更换。

若熔断电阻和晶体管均没有损坏，则需要将笔记本电脑进行通电操作，再使用示波器检测高压板电路中的变压器是否损坏，如图 6-43 所示。该变压器升压输出的电压高达数百伏，稍有不慎很容易造成高压板损坏。可以使用感应法将示波器探头放到高压变压器的输出端，可测得高压感应信号的波形。如果高压变压器检测不出信号波形，则需要用同一规格的器件进行更换。

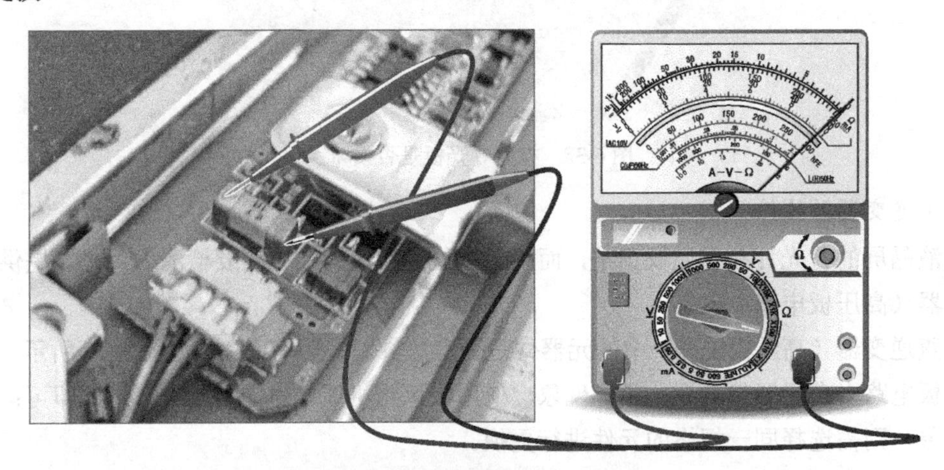

图 6-40　检测熔断电阻是否损坏

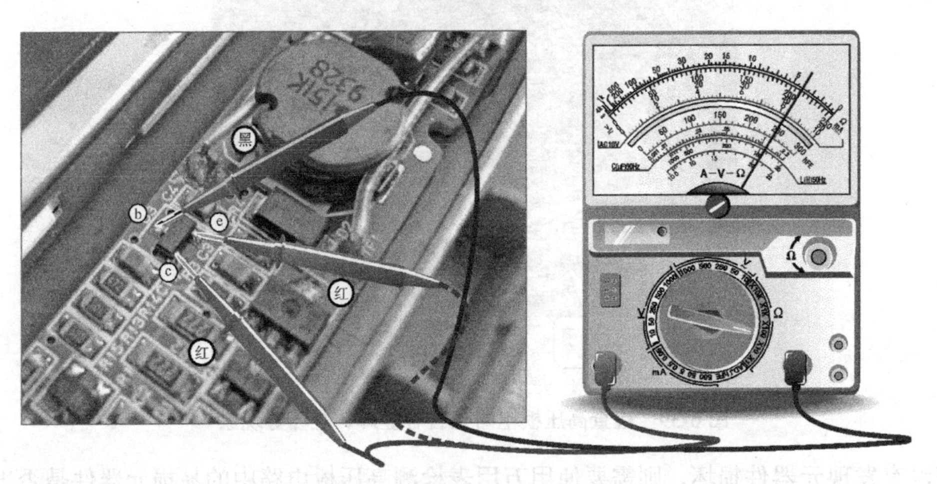

图 6-41　晶体管检测（一）

（6）液晶屏接口电路的检修

笔记本电脑液晶屏（LCD）不存在故障，而显示器显示异常或无显示，则需要检查笔记本电脑显示器的外围电路是否出现故障。

检测 VCC_LCD 供电电路，如图 6-44 所示，将笔记本电脑启动后，使用万用表检测接口供电电路其供电端是否有 3 V 左右的供电电压，如果检测不到 3 V 左右的供电电压，则需要检测该电路中的元器件 Q516 是否正常，控制信号是否送到 Q517 上。

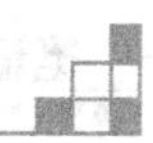

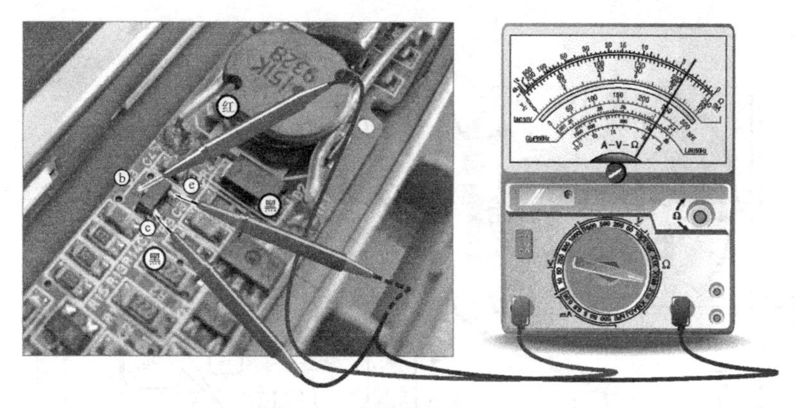

图 6-42　晶体管检测（二）

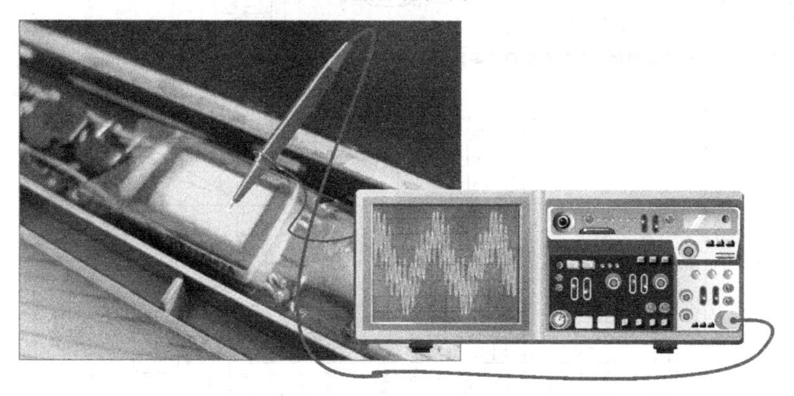

图 6-43　检测变压器波形

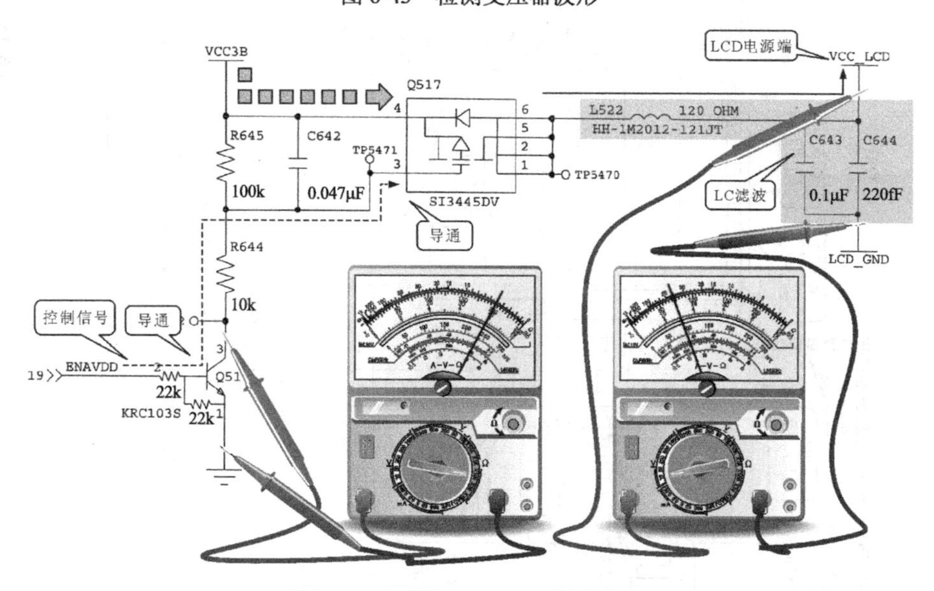

图 6-44　检测 VCC_LCD 供电电路

如图 6-45 所示，检测 VCC5M 供电电路，启动笔记本电脑后，使用万用表检测接口供电电路其供电端是否有 5 V 左右的供电电压。

如果检测不到 5 V 左右的供电电压，则需要检测控制芯片 U503（SC1403），如图 6-46 所示，该芯片对地电阻值如表 6-4 所示。

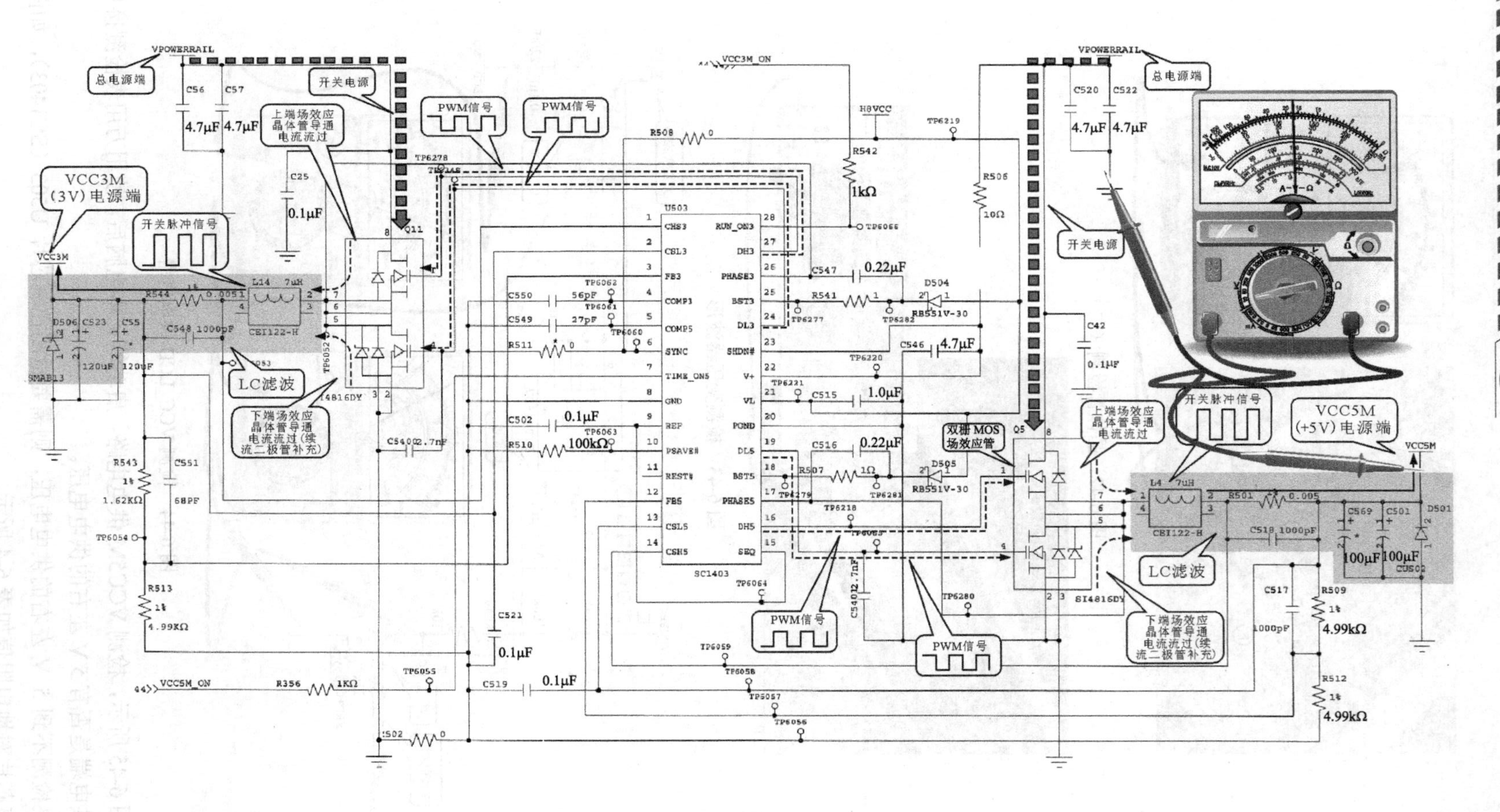

图 6-45　检测 VCC5M 供电电路

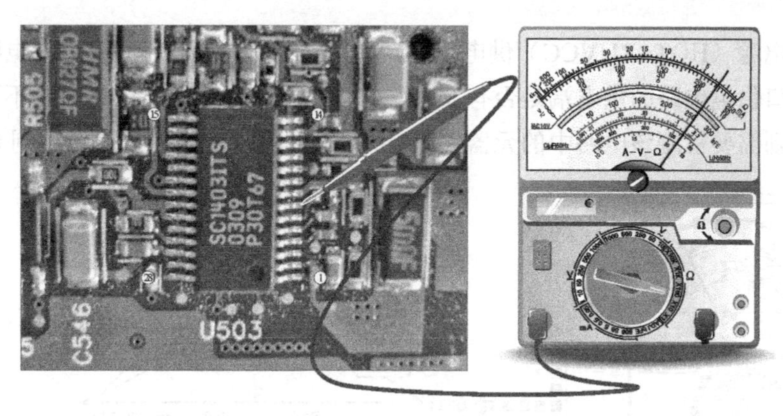

图 6-46　芯片 U503（SC1403）对地电阻值的检测

表 6-4　SC1403 对地电阻值

引　脚	对地电阻值（Ω）	引　脚	对地电阻值（Ω）	引　脚	对地电阻值（Ω）	引　脚	对地电阻值（Ω）
1	1.5×100	8	∞	15	9×100	22	6×100
2	1.5×100	9	∞	16	9×100	23	6×100
3	8.5×100	10	10×100	17	1×100	24	8×100
4	∞	11	∞	18	7×100	25	7×100
5	11×100	12	∞	19	8×100	26	1.5×100
6	∞	13	∞	20	0	27	10×100
7	10×100	14	1×100	21	6×100	28	9×100

检测 VCC5B 供电电路，如图 6-47 所示，将笔记本电脑启动后，使用万用表检测接口供电电路的供电端是否有 5 V 左右的供电电压，如果检测不到 5 V 左右的供电电压，则需要检测该电路中的元器件 Q527、Q525 是否正常，控制信号是否送到 Q26 上。

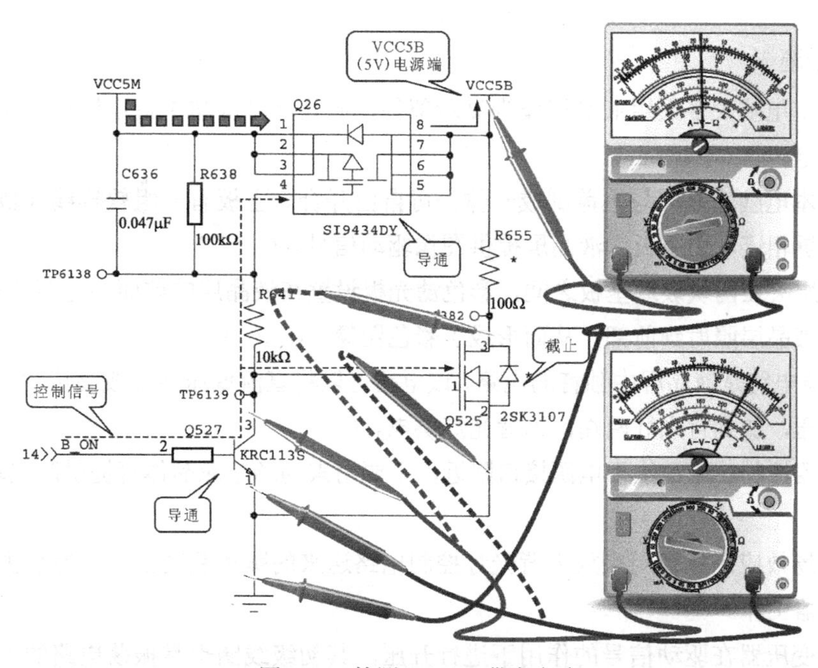

图 6-47　检测 VCC5B 供电电路

检测控制电源（HOTARUVCC）供电电路，如图 6-48 所示，启动笔记本电脑后，使用万用表检测接口供电电路的供电端是否有 5 V 左右的供电电压输出，如果检测不到 5 V 左右的供电电压，则需要检测该电路中的元器件 Q515 是否正常，控制信号是否送到 Q514 上。

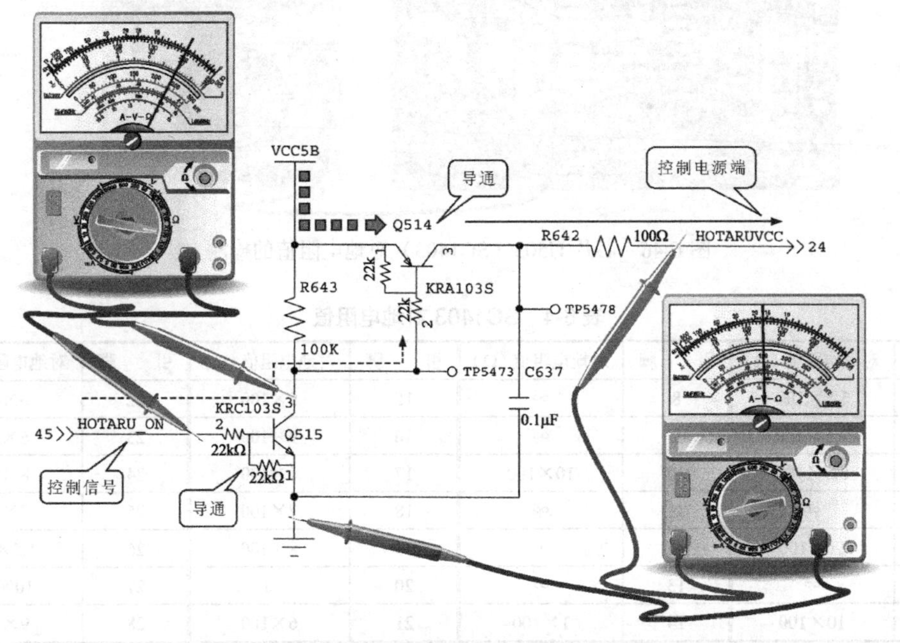

图 6-48　检测控制电源（HOTARUVCC）供电电路

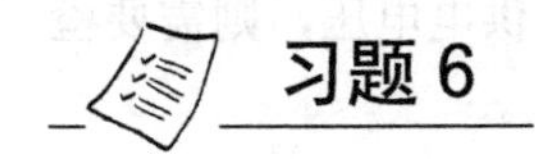

习题 6

一、判断题

1．笔记本电脑大多采用液晶屏作为显示部件，而且液晶屏与主机连接在一起，需要单独供电。（　　）

2．笔记本电脑液晶屏与上盖制成一体，可自由开合。主板有一组软排线（数据线）与液晶屏相连，由主板为液晶屏提供图像驱动信号。（　　）

3．液晶层夹在两块玻璃基板之间，彩色滤光板设置在液晶层的前面，光源从背部放光，穿过液晶层照射到前部，从而形成了彩色图像。（　　）

4．逆变器电路是液晶屏中独特的电路，该电路可以将直流低压转变成高达约 700 V 的直流高压，加到背光灯两端，为背光灯供电。（　　）

5．逆变器控制芯通常位于电源接口附近，主要用来为场效应晶体管提供脉宽驱动信号。（　　）

6．驱动场效应晶体管用来放大背光灯控制电路送来的脉宽驱动信号，然后去驱动升压变压器工作。（　　）

7．升压变压器在驱动信号的作用下进行升压，其初级线圈也是振荡电路的一部分，输

出约700 V的交流电压，为背光灯供电。（　　）

8．对笔记本电脑液晶屏进行检修前，应先将已经正常的电脑显示器接到笔记本电脑上进行操作，以判断是否笔记本电脑液晶屏损坏。若外接显示设备显示正常，则表明为笔记本电脑主板或显示芯片出现问题，需要对笔记本电脑主板进行检修；若外接显示设备显示也不正常，则表明笔记本电脑液晶屏出现问题，需要对其进行检修。（　　）

9．在日常使用笔记本电脑时，应注意对液晶屏的保养，尽量不要对液晶屏指指点点，不要使用腐蚀性液体擦拭液晶屏，更不要拍打液晶屏或是在液晶屏上放置较重物品，以免缩短笔记本电脑液晶屏的使用寿命。（　　）

10．在对笔记本电脑液晶屏（LCD）进行检修之前，应事先准备好检修工具，如电烙铁（焊锡、松香）、镊子、放大镜等。（　　）

11．若液晶屏供电电压正常，则需要查看笔记本电脑显示异常现象是否为背光灯所引起的显示故障。将背光灯取下，检查背光灯是否出现老化、破裂等现象。（　　）

12．若发现逆变器电路中有元器件虚焊、脱焊现象，使用热风焊机或电烙铁重新将其焊接即可；若有烧坏现象，则需选择用同一规格的元件进行更换。（　　）

二、填空题

1．液晶屏组件主要是由＿＿＿＿＿＿、＿＿＿＿＿＿、＿＿＿＿＿＿、＿＿＿＿＿＿、＿＿＿＿＿，以及＿＿＿＿＿等构成。

2．荧光灯由硬质玻璃制成，管径1.8～3.2 mm，内壁涂有＿＿＿＿＿，两端各有一个＿＿＿＿＿，内部充有＿＿＿＿＿。

3．笔记本电脑开机的瞬间，CPU会向逆变器电路输送＿＿＿＿＿，使逆变器控制芯片开始工作。逆变器控制芯片工作后，开始向驱动场效应晶体管输送＿＿＿＿＿，该信号经驱动场效应晶体管放大后，送入升压变压器中，与升压变压器形成＿＿＿＿＿，然后升压变压器就会向背光灯输送约＿＿＿＿＿。

4．液晶屏出现无图像故障后，可先对液晶屏的＿＿＿＿＿进行检查，该接口无故障后，再对＿＿＿＿＿和＿＿＿＿＿进行检查，若这两处都正常，说明液晶屏组件或其驱动电路损坏。

5．液晶屏显示图像异常，应重点对液晶屏的＿＿＿＿＿进行检查，若接口无故障，说明液晶屏组件或其＿＿＿＿＿出现故障。

三、问答题

1．简述液晶屏内部的基本结构。

2．液晶屏的显像过程是怎样的？

3．荧光灯的工作原理是怎样的？

4．液晶屏的故障特点有哪些？

项目7

笔记本电脑键盘和触摸装置的检修方法

笔记本电脑键盘和触摸装置的常见故障及检修方法

常见故障： 如果触摸板与主板的连接不良，会引起触摸板功能失常，如果键盘与主板的连接不良，会引起按键功能失常或部分按键失灵。

检修方法： 需分别检查连接插件，并清洁插件或进一步检查相应的接口电路。检修流程如下图所示。

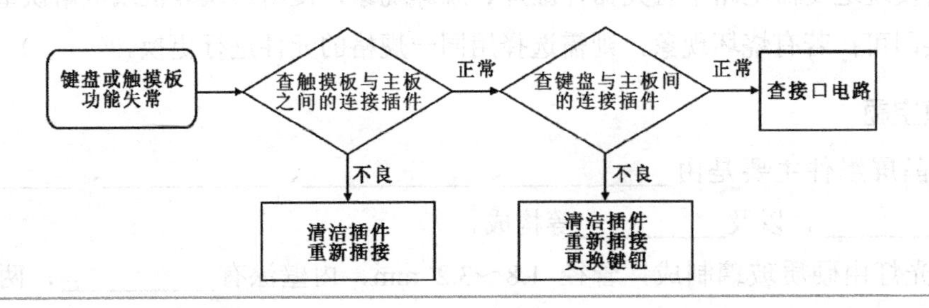

学习内容

1. 学习笔记本电脑键盘的结构特点。
2. 学习笔记本电脑触摸装置的结构特点。
3. 学习笔记本电脑键盘和触摸装置的工作原理。
4. 学习笔记本电脑键盘的故障特点、检修流程和基本检修方法。
5. 学习笔记本电脑触摸装置的故障特点、检修流程和基本检修方法。

任务1 了解笔记本电脑键盘和触摸装置的结构特点

任务描述

借助典型笔记本电脑的实例演示，全面系统地介绍笔记本电脑中键盘和触摸装置的结构特点，力求让读者了解笔记本电脑键盘和触摸装置各组成部件的功能和工作方式，为检修打好基础。

任务实施

键盘和触摸装置是笔记本电脑的输入设备，用户通过键盘或触摸装置将人工指令送入笔记本电脑当中，如图 7-1 所示为典型笔记本电脑的键盘和触摸装置。

图 7-1　典型笔记本电脑的键盘和触摸装置

由此可见，用户要与笔记本电脑进行交互，就离不开键盘和触摸装置，下面就来介绍一下笔记本电脑的键盘和触摸装置的独特之处。

1. 键盘

笔记本电脑由于受到尺寸的限制，并没有像台式机那样采用 104 按键的键盘，而是采用了舍弃小键盘区的键盘分布，且 Home、End、Page Up、Page Down 等特殊功能键没有统一固定的位置，如图 7-2 所示为典型笔记本电脑的键盘分布结构。

笔记本电脑还设有许多快捷键，即设置了特定的应用程序，当按下快捷键以后就可以启动特定的应用程序，不需要通过程序软件进行调用。如图 7-3 所示为笔记本电脑的快捷键。

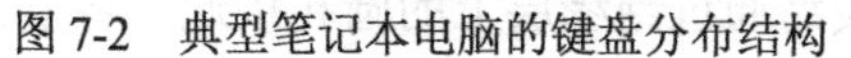
图 7-2　典型笔记本电脑的键盘分布结构

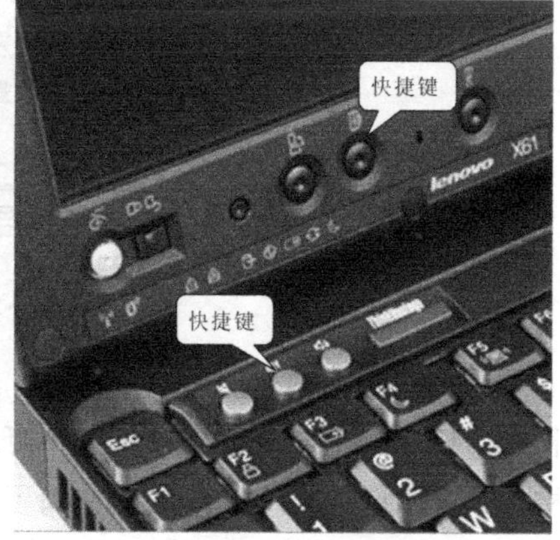

图 7-3　笔记本电脑的快捷键

Fn 组合键是笔记本电脑键盘的最大特色，它是由 Fn 键和功能键共同构成的。当单独使用 Fn 键或功能键时是不能实现特定功能的，只有将 Fn 键和功能键组合使用时，才能够实现特定的操作功能。Fn 键和功能键通常都是用蓝色或绿色标识出来，便于和其他键区别，如小数字键、大屏幕显示切换键等。如图 7-4 所示为笔记本电脑的 Fn 组合键。

笔记本电脑键盘的按键采用的是“X”形架构、橡胶垫底座，如图 7-5 所示。这种构架的最大特点是打字轻快，操作舒适。

图 7-4 笔记本电脑的 Fn 组合键

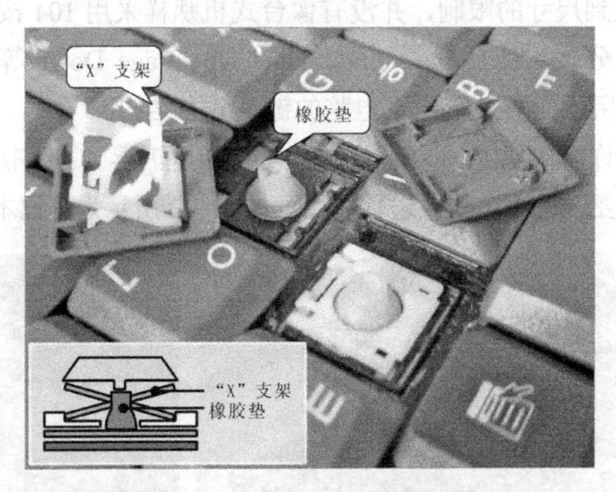

图 7-5 笔记本电脑的按键结构

笔记本电脑键盘的印制线路板，如图 7-6 所示。通过这些印制线路与笔记本电脑的主板相连，传递人工指令数据。从图中可以看到，笔记本电脑键盘的印制线路板由三层塑料薄膜构成，上下两层线路板薄膜上布满了印制线，中间一层是绝缘层，在绝缘层上的按键处有圆孔，当按下某个按键时，上下两层线路板上的线路通过绝缘层上的圆孔接通，将笔记本电脑送来的扫描脉冲信号导通，送入笔记本电脑键盘管理芯片中。

2. 触摸装置

触摸装置相当于鼠标设备，是一种使用书写笔或手指来进行人工指令的输入装置，操作便捷。笔记本电脑常见的触摸装置有指点式触摸装置、触摸板及LCD触摸屏3种形式。

（1）指点式触摸装置

指点式触摸装置是IBM笔记本电脑的标志特征，位于G、B、H三个键钮之间，如图7-7所示，它利用手指推动来控制鼠标的移动方位。

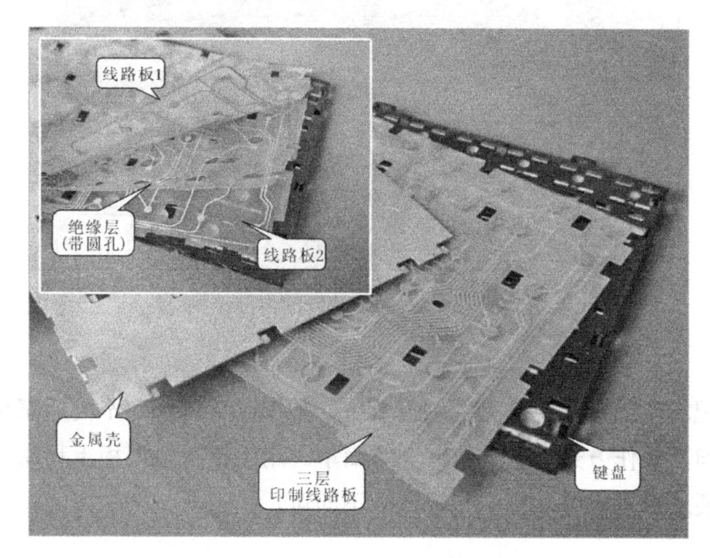

图7-6　笔记本电脑键盘的印制线路板

图7-7　指点式触摸装置

位于键盘上的指点式触摸装置可以控制鼠标移动，而位于键盘表面的两个按钮相当于普通鼠标的左、右键。这种装置比较适合乘车或其他抖动的环境下使用，但对于新手不容易控制，上手比较困难。但习惯后，会发现它移动速度快，而且定位非常精确，手感非常好。

如图7-8所示为指点式触摸装置的内部结构，当手指控制指点杆时，指点式控制装置就

会将控制数据通过软排线送给笔记本电脑主板上的接口电路，再由接口电路送给控制芯片进行识别、译码。

图 7-8 指点式触摸装置的内部结构

（2）触摸板

触摸板是笔记本电脑中最为常见的触摸装置，如图 7-9 所示，不同厂家在对触摸板的设计上各有千秋，但其操作方式基本一致，非常简单。用手指在触摸板上移动，屏幕上的鼠标就会移动，当需要选择对象时，用手指轻点一下即可。

图 7-9 触摸板

这种触摸装置的应用非常广泛，但是当手指出汗时，光标会出现打滑现象，变得不够灵活，可见这种装置对环境的适应性比较差，不适合在潮湿、多灰的环境下工作。

如图 7-10 所示为触摸板的内部结构，当手指在触摸板矩阵上来回移动时，触摸板控制装置就会将控制数据通过软排线送给笔记本电脑主板上的接口电路，再由接口电路送给控制芯片进行识别、译码。触摸板控制装置是由触摸板矩阵、背面的电容传感器阵列和编码集成电路组成的，它可以将手指在触摸板上的移动方位和轨迹转换成数字编码信号送到主板，其功能相当于鼠标。

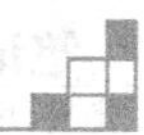

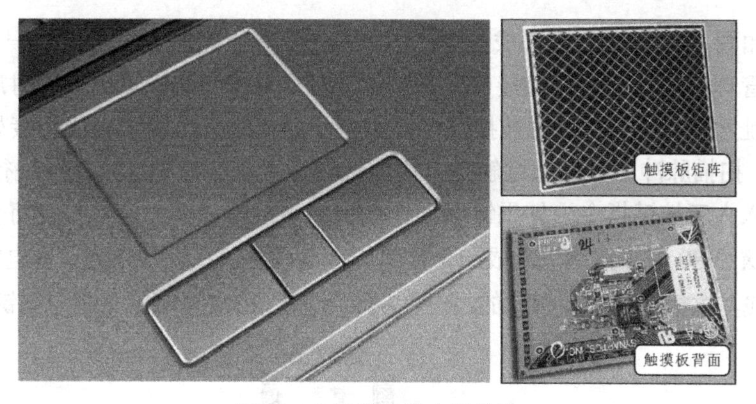

图 7-10　触摸板的内部结构

（3）LCD 触摸屏

如图 7-11 所示，有些笔记本电脑的液晶显示屏为 LCD 触摸屏，这种触摸装置可以使用配套的触控笔进行操控。通过触控笔在 LCD 触摸屏上移动和点击实现屏幕交互的效果。另外，随着触摸屏技术的日益成熟，流畅的触控体验和界面设计让触摸屏可以直接用手代替触控笔。直接通过手指的滑动点击实现人机交互。

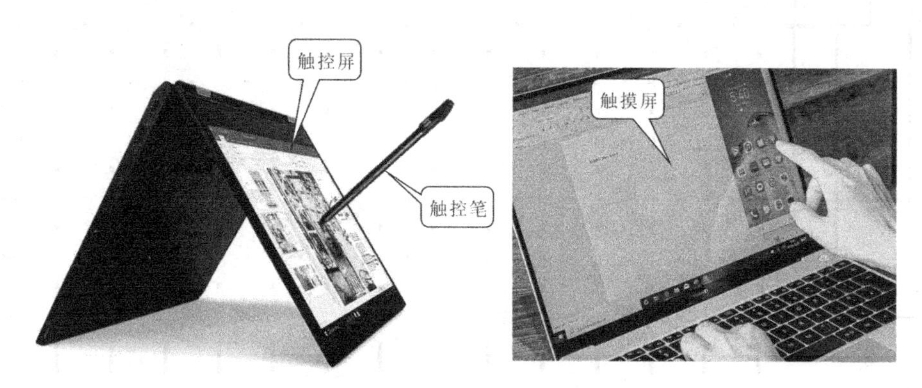

图 7-11　书写笔和写字板

任务 2　学习笔记本电脑键盘和触摸装置的工作原理

任务描述

主要介绍笔记本电脑中键盘和触摸装置的工作原理。通过图解的方式力求让读者了解键盘和触摸装置的工作方式和具体工作过程。弄清键盘和触摸装置的各个工作环节。

任务实施

1．键盘的工作原理

笔记本电脑上有 80 多个操作按键，为了能够辨识出是哪个按键被操作，采用了矩阵式的排列形式，如图 7-12 所示。在构成的矩阵中，每个矩阵电路的交叉点就是一个按键。笔记本电脑的键盘管理芯片一直给键盘接口送驱动脉冲信号，①～⑥脚输出不同时序的键扫描脉冲（又称键寻址脉冲）。如果 D 键被按下，该按键下面线路板上的印制线相接处，D 键下面的触点被接通，扫描脉冲信号就通过触点再送回给键盘管理芯片中，对 D 键进行识别、编码，然后为主板送入人工按键指令。如果键盘操作按键出现故障，某一操作按键将会失灵。

笔记本电脑的 80 多个按键被制成一个整体的键盘设备，该设备与笔记本电脑主板的连接则是通过软排线与主板是的接口相连的，如图 7-13 所示为 IBM R40 笔记本电脑键盘接口电路。

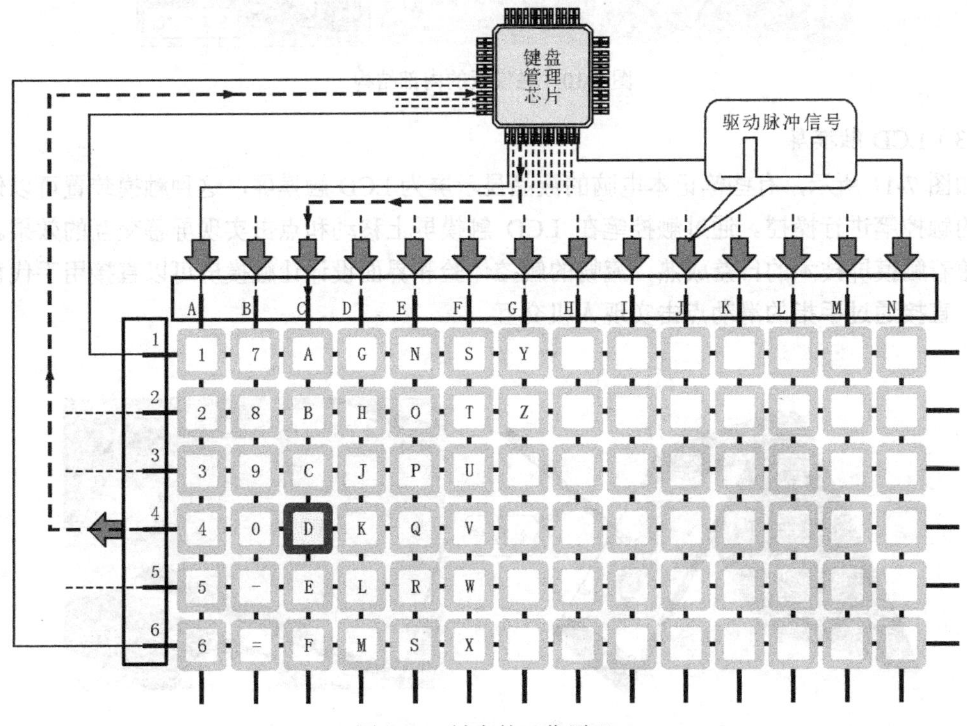

图 7-12　键盘的工作原理

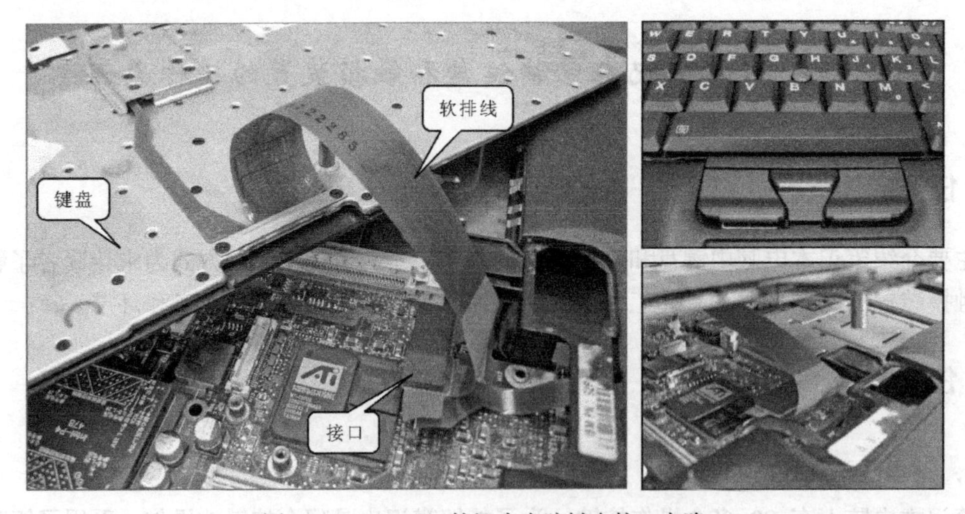

图 7-13　IBM R40 笔记本电脑键盘接口电路

如图 7-14 所示为 IBM R40 笔记本电脑键盘接口电路图。从图中可以看出，复位信号送入 U21（SN74LS08）的⑪脚、⑫脚和⑬脚进行控制，其他引脚接收来自键盘管理芯片的驱动脉冲信号。当有按键被按下，相应的键控信号就会被送回到键盘管理芯片中进行识别、编码。如果键盘接口电路出现故障，整个键盘将会失灵或无法将相应的键控信号进行识别。

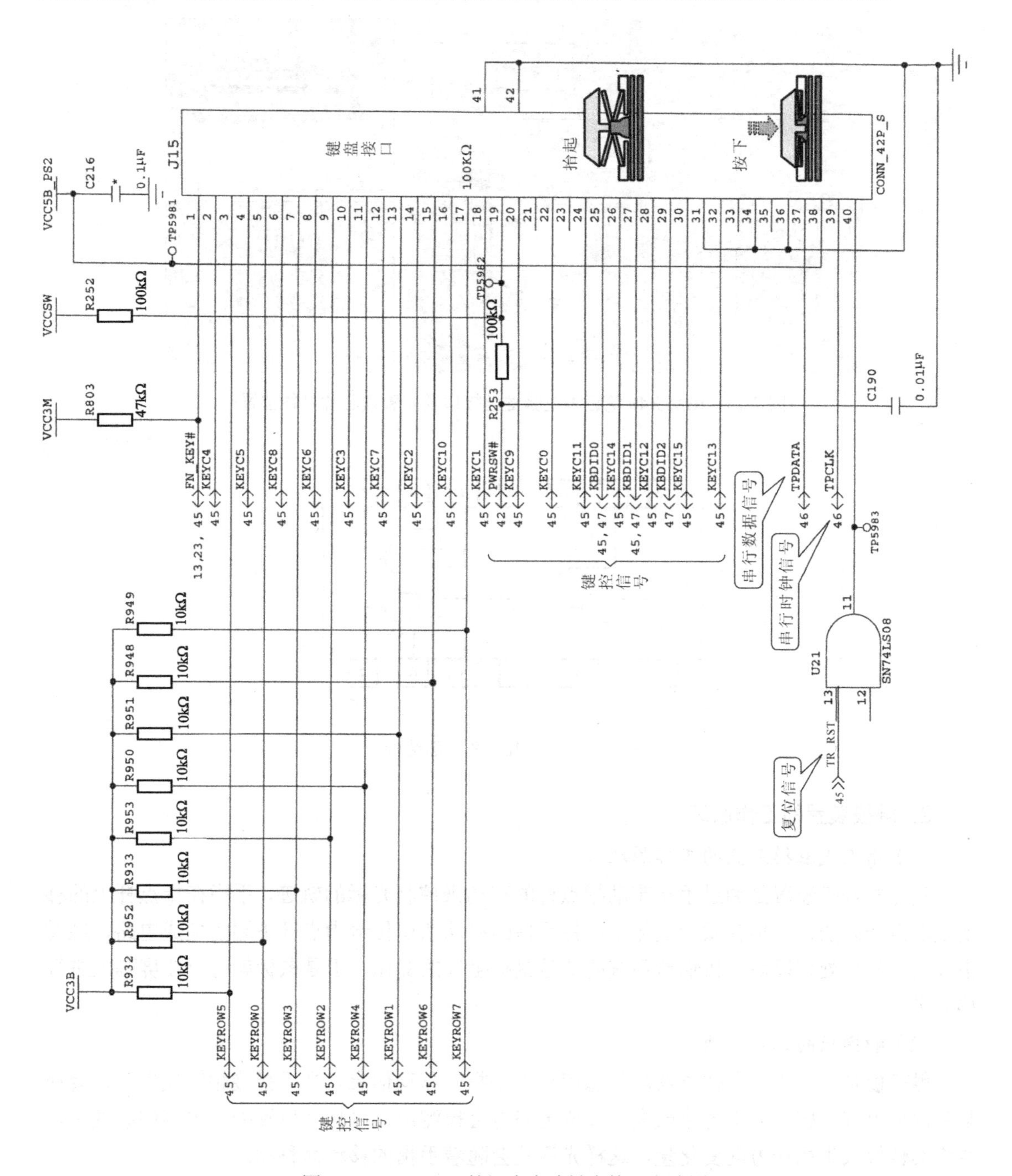

图 7-14　IBM R40 笔记本电脑键盘接口电路图

知识链接

如图 7-15 所示为 IBM R40 笔记本电脑键盘接口及其管理芯片具体位置，U21（SN74LS08）为键盘接口提供复位信号，SN74LS08 内部结构如图 7-16 所示，包括 4 个运算电路，其中一个为接口电路所使用。

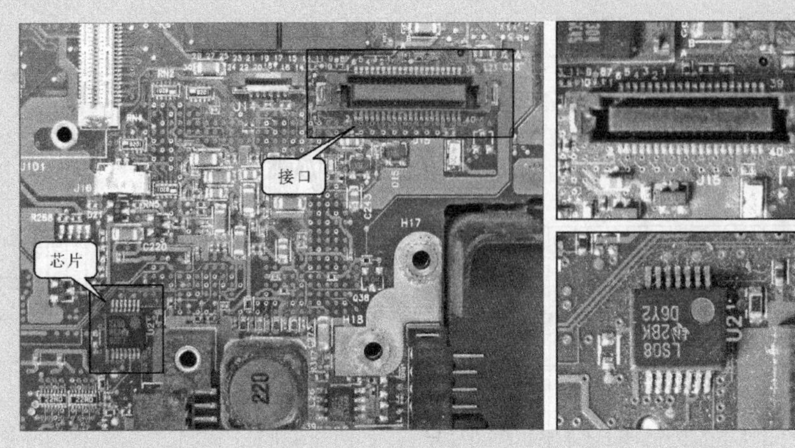

图 7-15　IBM R40 笔记本电脑键盘接口及其管理芯片具体位置

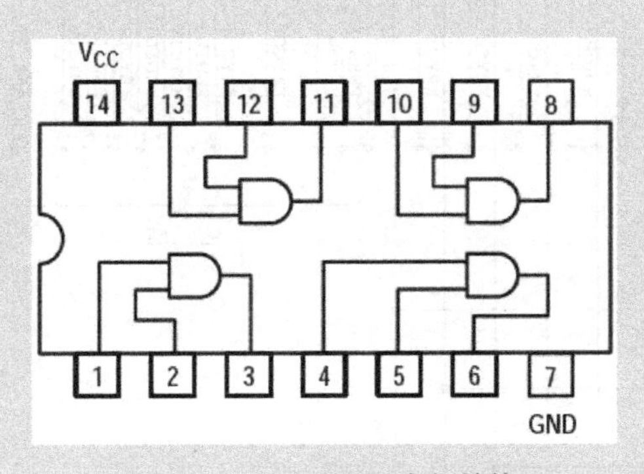

图 7-16　SN74LS08 内部结构

2．触摸装置的工作原理

（1）指点式触摸装置的工作原理

指点式触摸装置是通过手指带动指点杆的移动来控制光标的轨迹，手指在指点杆上的移动是非常轻微的，这种轻微的变化足以将手指的移动意识传给指点杆下端的集成电路，经过集成电路分析处理以后，传输给系统的就是鼠标坐标的变化，于是鼠标就可以在屏幕上进行移动了。

（2）触摸板的工作原理

触摸板是借助于电容传感器阵列感应获知手指的移动信息。当手指接触触摸板时，会使某些部位电容传感器的电容量改变，集成电路将会检测出该坐标（位置处）电容的改变量，并将其转换成坐标和方向变化量，这样光标就会随着手指的移动而移动。

目前，市场上流行的触摸式主要有三大类型：声表面波技术触摸板、电阻阵列触摸板、电容阵列触摸板，每一类型都有各自的优点。

① 声表面波技术触摸板

声表面波技术采用全玻璃材料制成，在 X 和 Y 轴都配有压电式信号发射器、接收器，发射器传送固定频率的电子信号，由玻璃表面将其转换成超声波信号。超声波信号经反射条矩阵直接穿越触控面板的玻璃表面，再由对面的反射条矩阵收集信号并将其反射到接收器上，并转换为电子信号。当触摸屏幕时，人体会吸收一部分穿越触摸板的声波，电脑会辨识声波能量的变化并计算出坐标。在整个过程中 X 和 Y 轴是相互独立的。如图 7-17 所示为声表面波触摸板工作原理图。

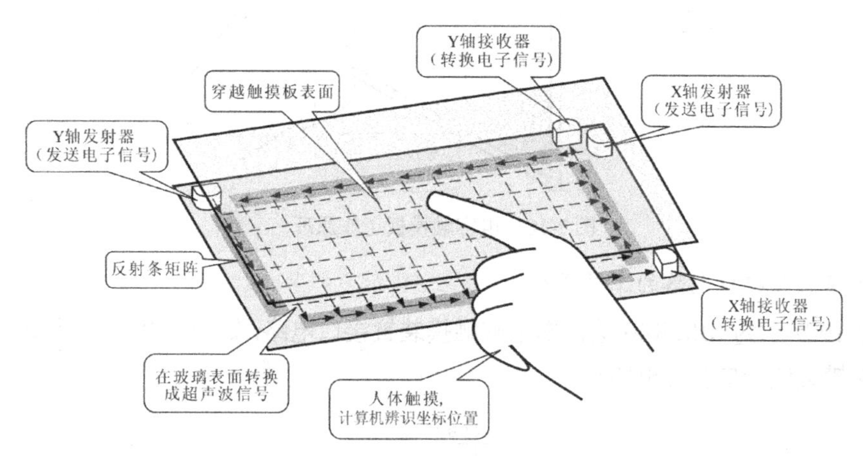

图 7-17　声表面波触摸板工作原理图

提示　声表面波器件需要经常维护，灰尘、油渍，甚至饮料等液体沾污在触摸板上都会阻碍触摸板的表面导波性能，使声波不能正常传输，或使波形改变而控制器无法正常识别，影响正常使用。

② 电阻阵列触摸板

电阻阵列触摸板主要部分是一块与显示器表面非常等效的电阻薄膜屏，这是一种多层复合薄膜，以一层玻璃或硬塑料平板作为基板，表面涂有一层透明的导电层，再覆盖一层光滑的塑料层，在它的内表面也涂有导电层，两层导电层之间有许多细小的透明隔离点隔开绝缘。当手指触摸时，两层导电层在触摸点处就有了接触，该触点相对于水平轴基准有两个相应的电阻值，该电阻值作为传感信号送到识别芯片中。控制检测装置就会检测到这一接触并计算出坐标变化量，进行光标模拟。

电阻触摸板具有不怕油污、灰尘和水的特点，且防刮伤的性能也得到了提高。

③ 电容阵列触摸板

电容式触摸板利用了人体的电场感应会引起触摸点的电容值变化的特点。电容值的变化进而会转换成电信号。当手指触摸控制板时，由于人体电场在手指和触摸板表面形成一个耦合电容。对于强电场来说，电容会有充放电的作用，手指触摸到某一点，会使该点电容量变化，从而引起电容上电荷的流动。电容的变化会引起电流的变化并分别从触摸板的四角上的电极中流出，并且经过电极的电流与手指到四角的距离成正比，控制器通过四角流出的电流比例的精确计算，得出光标的位置，如图 7-18 所示。

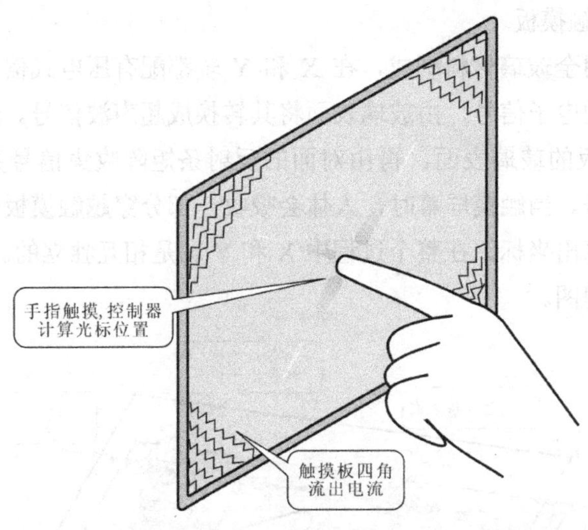

图 7-18　电容触摸板工作原理

（3）触摸装置接口电路的工作原理

如图 7-19 所示为 IBM R40 笔记本电脑触摸装置接口电路，如图 7-20 所示为 IBM R40 笔记本电脑触摸装置接口管理电路。

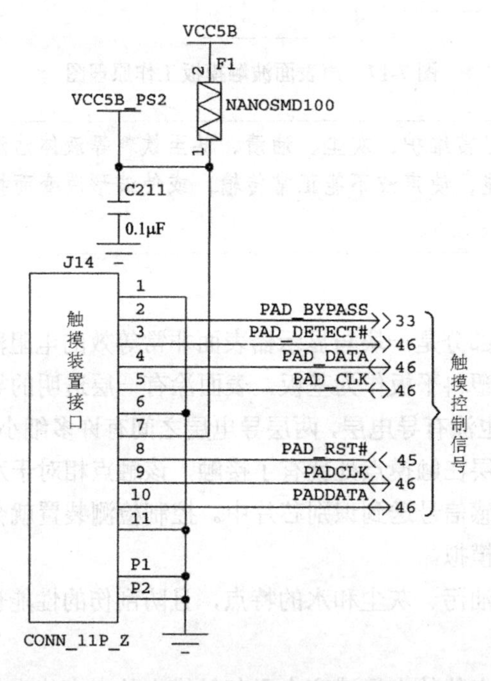

图 7-19　IBM R40 笔记本电脑触摸装置接口电路

如图 7-21 所示为 IBM R40 笔记本电脑触摸装置接口及其管理芯片的具体位置。

在 IBM R40 笔记本电脑触摸装置接口管理电路电路图中还设有 U515（SN74AHC32）芯片，该芯片为 4 或门电路，其中①脚位触摸屏检测信号端，③脚位管理芯片提供复位信号。如图 7-22 所示为 SN74AHC32 芯片及其内部结构图。

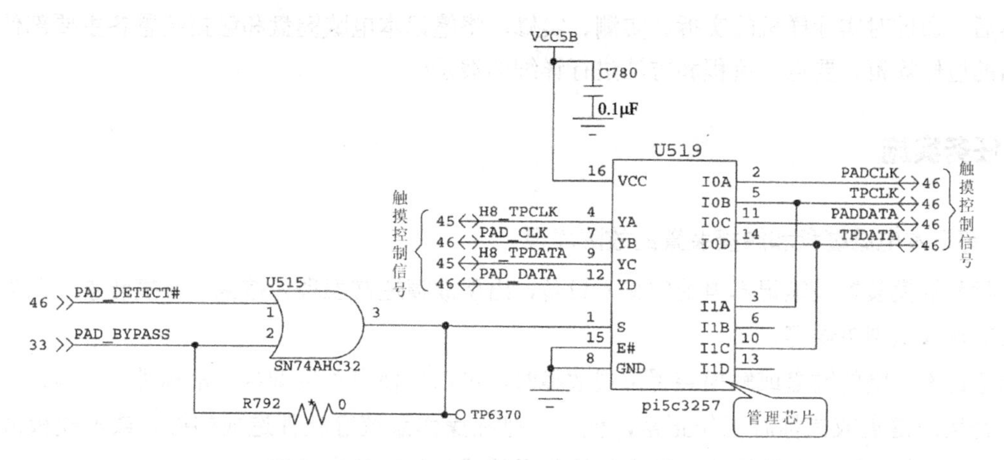

图 7-20　IBM R40 笔记本电脑触摸装置接口管理电路

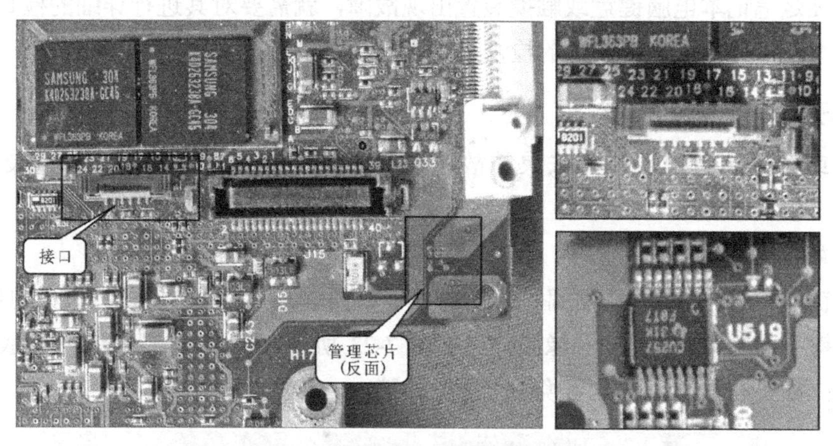

图 7-21　IBM R40 笔记本电脑触摸装置接口及其管理芯片的具体位置

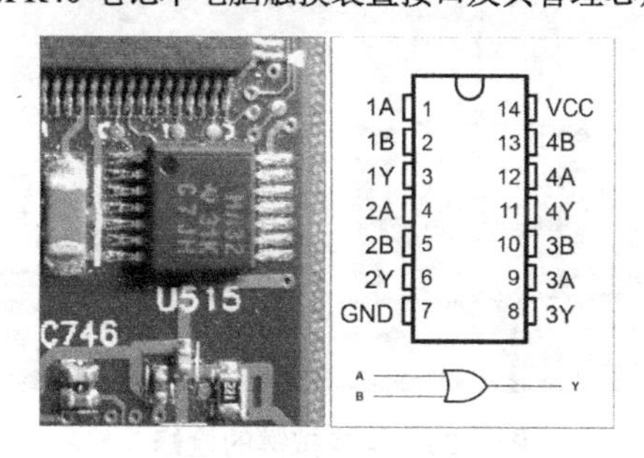

图 7-22　SN74AHC32 芯片及其内部结构图

任务 3　掌握笔记本电脑键盘和触摸装置的检修方法

任务描述

主要介绍键盘和触摸装置的故障特点，让读者首先明确键盘和触摸装置的故障检修思路。然后，通过对实际样机的实拆、实测、实修，将笔记本电脑键盘和触摸装置各主要部件和电路的检修规范、要点、流程和方法进行详细的演示。

任务实施

1. 笔记本电脑键盘和触摸装置的故障表现

键盘和触摸装置是笔记本电脑的输入设备，出现故障通常表现为按键或触摸装置输入失灵或按键输入识别错误等。

当笔记本电脑的键盘或触摸装置出现故障时，可以先使用外接键盘或鼠标进行试验，如果使用替换的键盘或鼠标时工作正常，就可以排除操作系统等软件造成的键盘或触摸板故障。如果仍不能工作，则笔记本电脑中的操作系统或软件可能有故障。

如果怀疑是笔记本电脑键盘或触摸装置出现故障，就需要对其进行详细的检查，下面就分别对笔记本电脑键盘或触摸装置的检修进行详细的讲解。

2. 笔记本电脑键盘的检修

当键盘或触摸装置出现输入失灵的故障现象，首先应先排除键盘或触摸装置本身的故障。

（1）键盘的检修

操作按键的检修方法。检查键盘按键的方法非常简单，用手稍微使劲将失灵的按键撬开，即可看到按键下面的“X”支架和橡胶垫，如图 7-23 所示。检查“X”支架和橡胶垫是否有损坏或变形，如果有损坏，将其更换即可排出故障。

图 7-23　操作按键的检修

键盘电路的检修方法。检查失灵键盘的印制电路板是否出现老化、粘连的现象。使用笔记本电脑时，经常会不慎洒落饮料等液体，这些带有盐、碱或酸性的液体对印制板有一定的腐蚀性，或使三层印制板黏在一起，不能正常工作。如果印制板本身没有故障，则应检查与主板接口连接的软排线。

将键盘从笔记本电脑上取下来以后，打开键盘，检查三层印制线路板是否有粘连现象，如图 7-24 所示，如果发现印制线路板损坏，可以用同型号的键盘配件进行更换，或直接更换一个新的键盘。

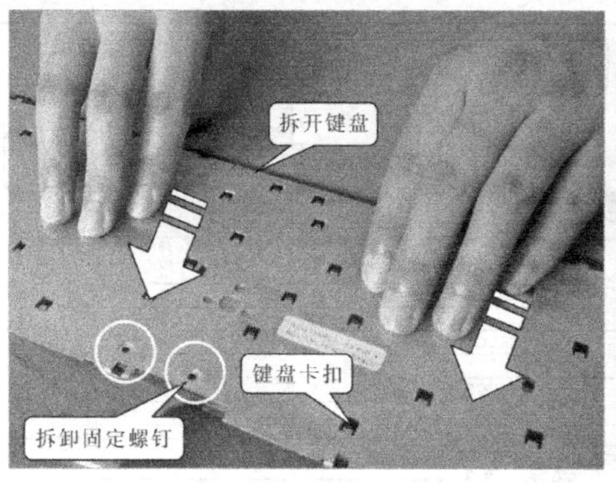

图 7-24　电路印制板的检修

软排线的检修方法。软排线是传输键盘控制指令的通道，如果软排线因为老化或外力的作用出现变形、扭曲、断裂等情况都会引起笔记本电脑按键的操作失灵。

将键盘从笔记本电脑主板上取下来时，不要使蛮劲拔，软排线与接口之间是通过接口锁定装置固定的，如果软排线损坏，键盘也就不能再使用了。如图 7-25 所示，检查笔记本电脑键盘的软排线是否有变形、扭曲、断裂等情况。

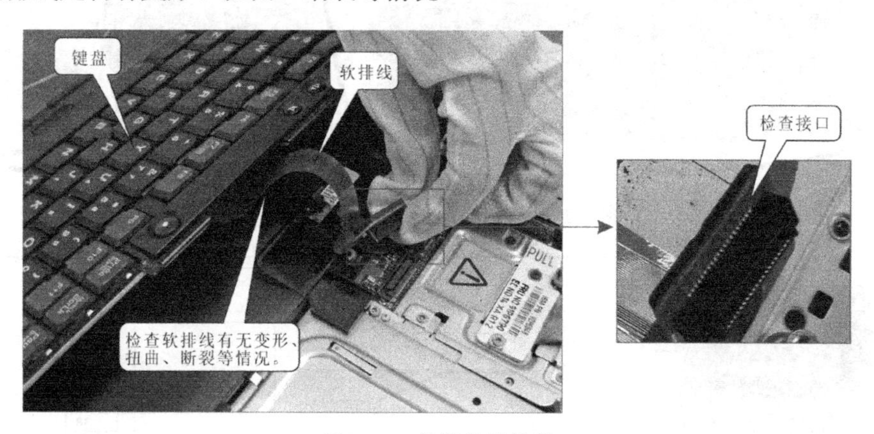

图 7-25　软排线的检修

（2）键盘接口的检修

检测接口电路直流电压是否正常，这是键盘或触摸装置能够正常工作的前提条件。如图 7-26 所示，IBM R40 笔记本电脑键盘接口电路分别有 3 V 和 5 V 两种直流电压供电端，可以使用万用表对其一一检测。

若检测不到所有的 3.3 V 或 5 V 直流电压，则说明故障出现在笔记本电脑供电电路（或芯片）上，而不是键盘或触摸装置本身。

若键盘接口电路的直流电压检测正常，则应该检测串行数据和串行时钟信号。如图 7-27 和图 7-28 所示分别为对 IBM R40 笔记本电脑接口电路的串行数据和串行时钟信号的检测。笔记本电脑接口电路中的信号波形幅度约为 1.5 V。由于数据信号在传输过程中存在随机变化的情况，通常用示波器检测不出具体的、稳态的波形，只能看到不断变化的波形，并且串行数据信号和串行时钟信号看起来非常的相似。

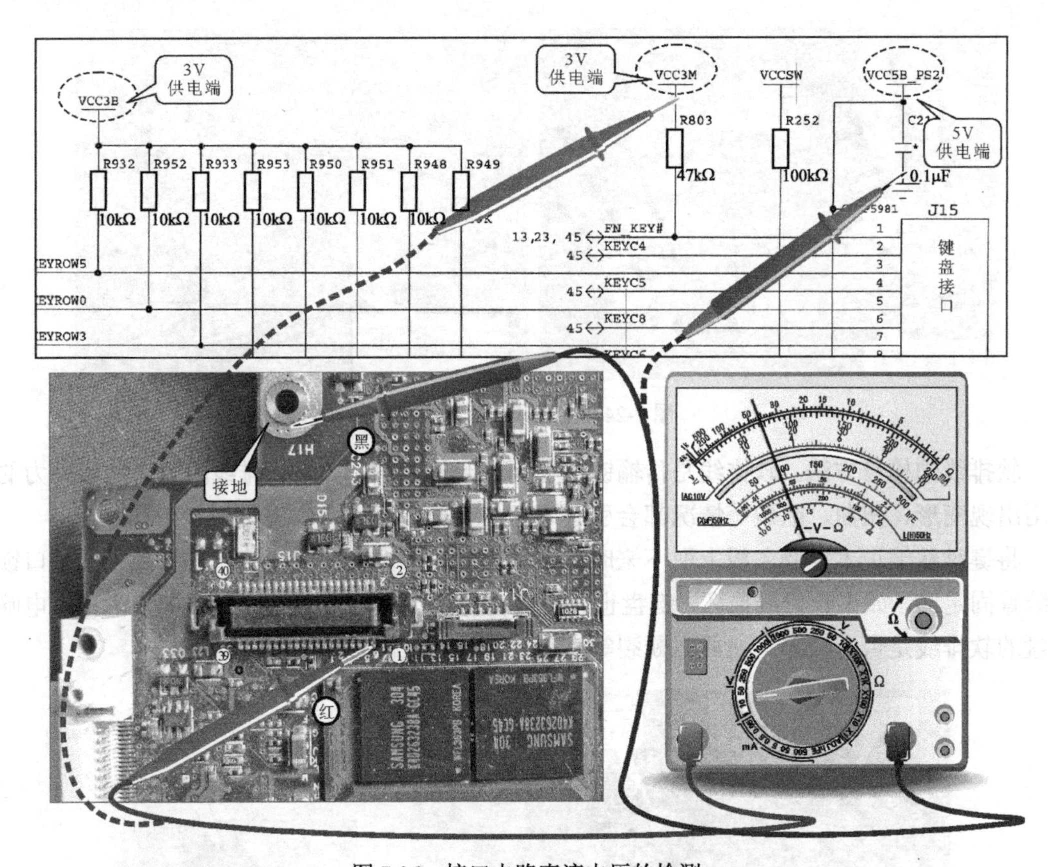

图 7-26　接口电路直流电压的检测

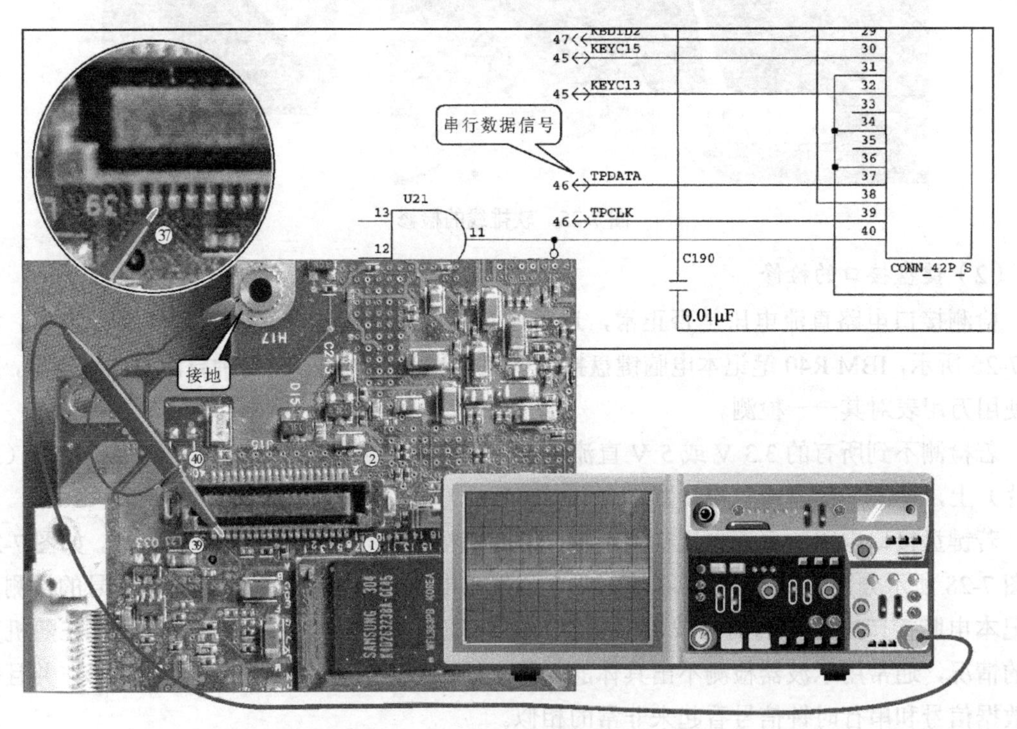

图 7-27　串行数据信号波形的检测

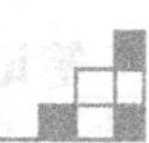

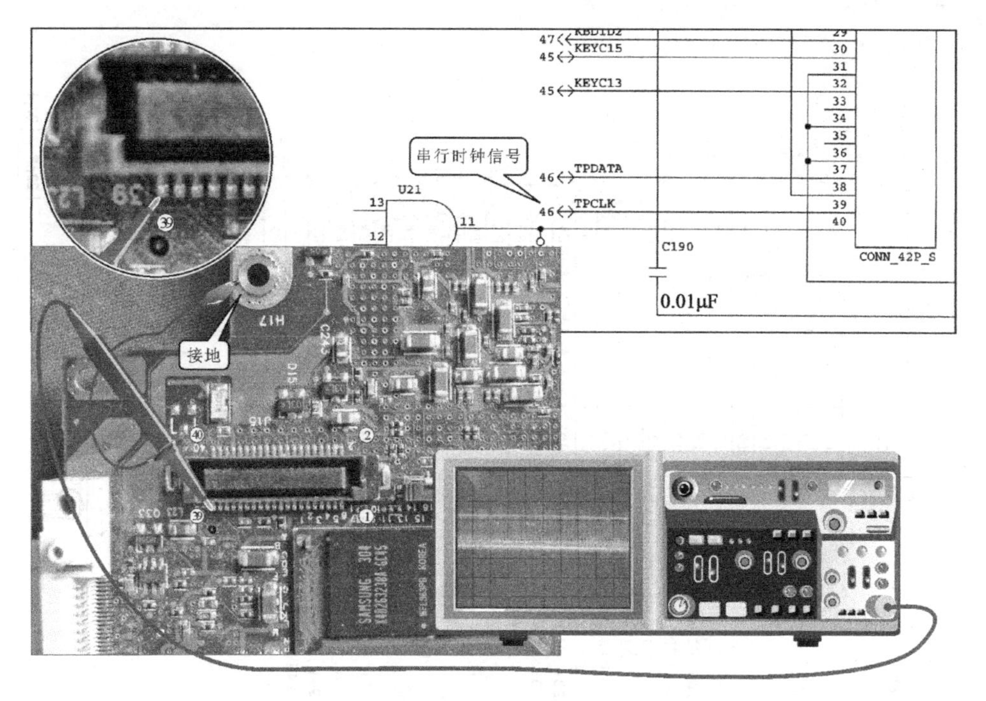

图 7-28　串行时钟信号波形的检测

串行数据信号和串行时钟信号是键盘或触摸装置正常工作的特征信号，如果检测不到这些信号，则说明键盘或触摸装置及其接口电路很可能没有故障，而是送出这些信号的处理芯片损坏。

如果检测串行数据信号和串行时钟信号不正常，则应检测送出这种信号的芯片。集成芯片出现故障的概率并不是很高，但如果接口电路的直流电压正常，硬件配置也正常，很有可能就是键盘接口芯片出现了故障。

（3）键盘接口芯片的检修

如图 7-29 所示为 IBM R40 笔记本电脑键盘接口管理芯片，如图 7-30 和图 7-31 所示为该芯片电路图。从图中看到该芯片正常工作需要晶体振荡器 X3 提供时钟信号。接口芯片的功能是将操作按键的信号经识别和编码，变成数据信号送给 CPU。键盘上的 80 多个按键开关与该芯片相连，作为芯片的键矩阵操作电路。如果该芯片损坏，笔记本电脑的按键会失灵。

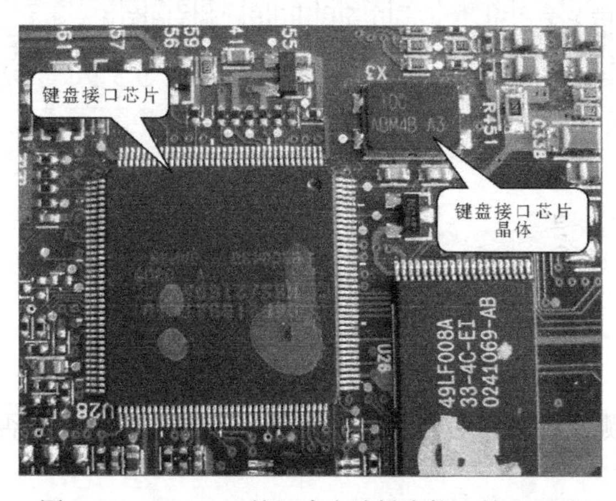

图 7-29　IBM R40 笔记本电脑键盘接口管理芯片

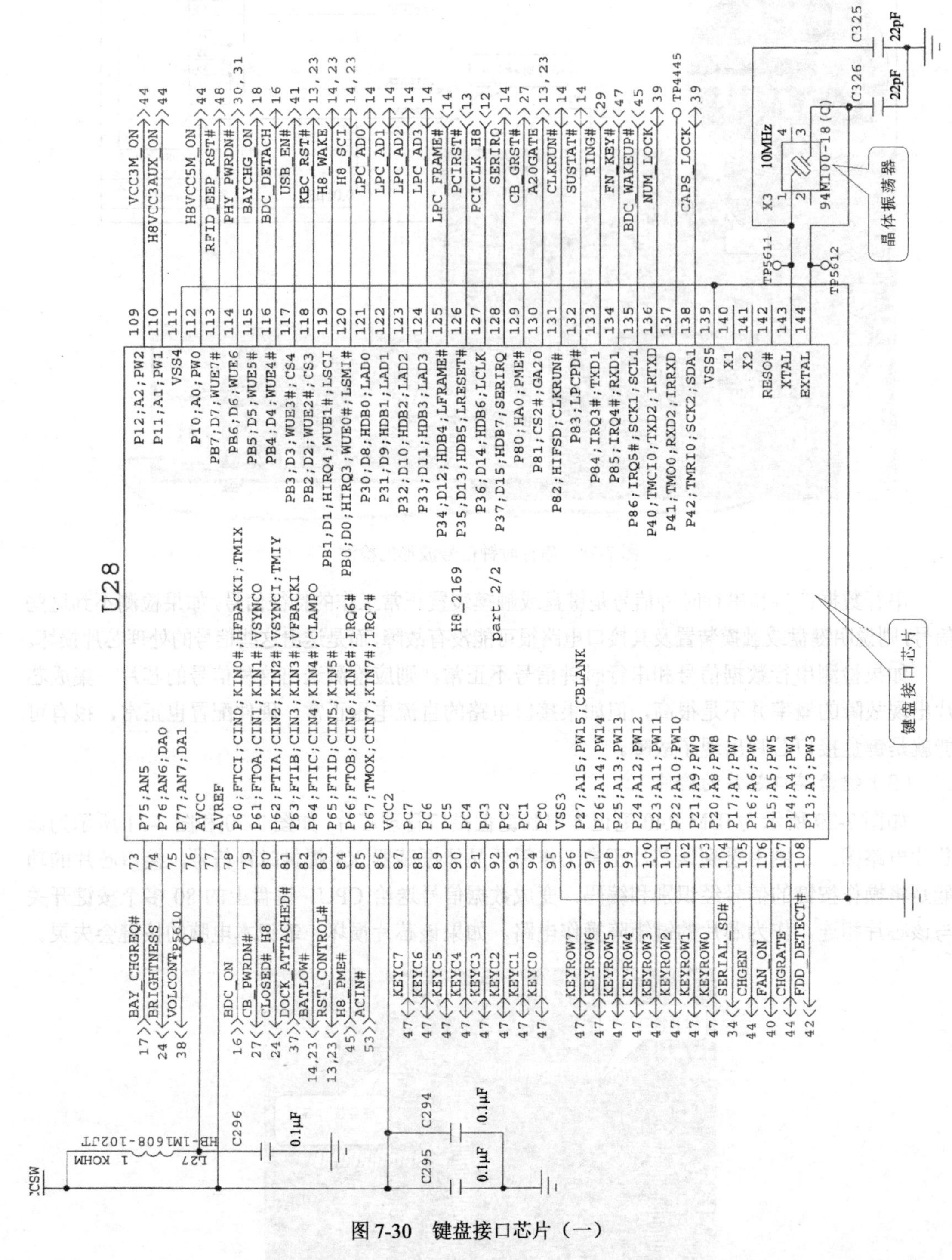

图 7-30 键盘接口芯片（一）

如图 7-32 所示检测键盘接口芯片晶体时钟信号，判断该芯片是否有能够正常工作的条件。

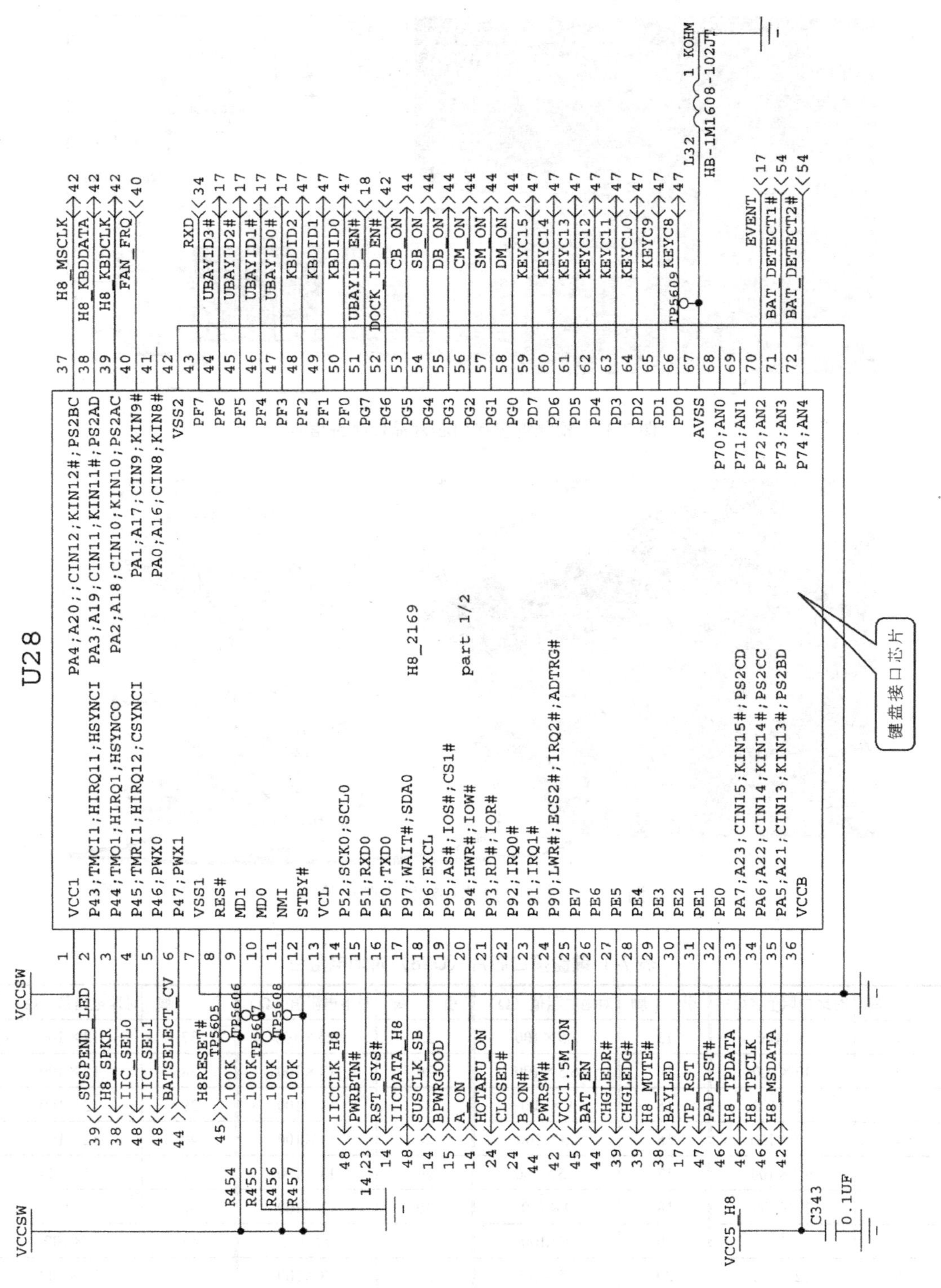

图 7-31　键盘接口芯片（二）

如果晶体时钟信号正常，接下来检测键盘接口芯片对地电阻值，如图 7-33 所示，从而判断该芯片是否正常。键盘接口芯片（U28）对地电阻值如表 7-1 所示。

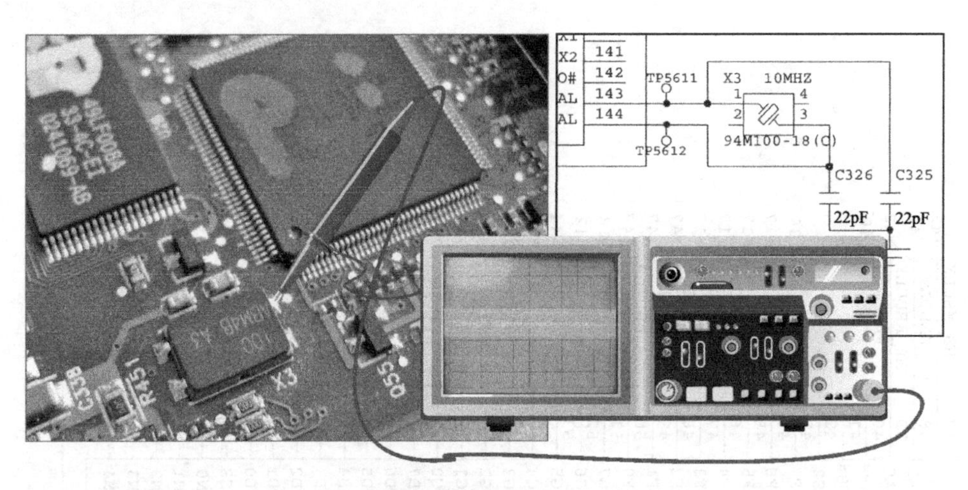

图 7-32 检测键盘接口芯片晶体时钟信号

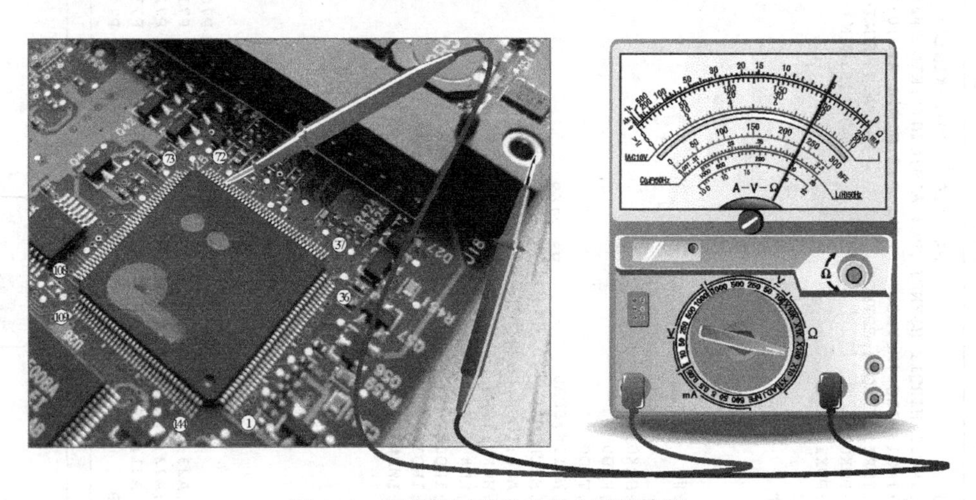

图 7-33 键盘接口芯片对地电阻值检测

表 7-1 键盘接口芯片（U28）对地电阻值

引　　脚	对地电阻值（Ω）	引　　脚	对地电阻值（Ω）	引　　脚	对地电阻值（Ω）	引　　脚	对地电阻值（Ω）
1	5×100	13	5.5×100	25	8.5×100	37	12×100
2	13×100	14	6.5×100	26	13×100	38	12×100
3	13×100	15	9×100	27	13×100	39	12×100
4	6.5×100	16	13×100	28	13×100	40	12×100
5	6.5×100	17	6.5×100	29	13×100	41	13×100
6	13×100	18	9×100	30	13×100	42	0
7	0	19	8×100	31	7×100	43	7×100
8	12×100	20	7.5×100	32	13×100	44	13×100
9	12.5×100	21	13×100	33	8×100	45	13×100
10	13×100	22	13×100	34	8×100	46	13×100
11	13×100	23	13×100	35	12×100	47	13×100
12	13×100	24	13×100	36	7×100	48	13×100

续表

引 脚	对地电阻值（Ω）	引 脚	对地电阻值（Ω）	引 脚	对地电阻值（Ω）	引 脚	对地电阻值（Ω）
49	13×100	73	13×100	97	13×100	121	5×100
50	13×100	74	13×100	98	13×100	122	5×100
51	13×100	75	13×100	99	13×100	123	5×100
52	13×100	76	5×100	100	13×100	124	5×100
53	13×100	77	5.5×100	101	13×100	125	5×100
54	13×100	78	12.5×100	102	13×100	126	5×100
55	13×100	79	7.5×100	103	13×100	127	7×100
56	13×100	80	8×100	104	12×100	128	5×100
57	13×100	81	13×100	105	13×100	129	7×100
58	13×100	82	9.5×100	106	13×100	130	9×100
59	13×100	83	11×100	107	13×100	131	5×100
60	13×100	84	6×100	108	13×100	132	5×100
61	13×100	85	13×100	109	13×100	133	7×100
62	13×100	86	5.5×100	110	13×100	134	12×100
63	13×100	87	13×100	111	0	135	12×100
64	13×100	88	13×100	112	11×100	136	12×100
65	13×100	89	13×100	113	11×100	137	12×100
66	13×100	90	13×100	114	10×100	138	12×100
67	0	91	13×100	115	12×100	139	0
68	13×100	92	13×100	116	12×100	140	12×100
69	13×100	93	13×100	117	9×100	141	12×100
70	13×100	94	13×100	118	9×100	142	12×100
71	13×100	95	0	119	9×100	143	12×100
72	13×100	96	13×100	120	9×100	144	12×100

3. 笔记本电脑触摸装置的检修

当笔记本电脑的触摸板出现故障时，首先要检查其操作部位是否干燥、清洁，因为当手指出汗或有水渍时，会影响触摸板的工作。其次就是通过设置参数来检查触摸板是否是因为软件设置而无法正常使用。如图7-34所示，可对笔记本电脑触摸装置进行调试。通常情况下进行“更新驱动程序”并重新启动，即可排除触摸板无法使用的故障。

当软件调试无法排除触摸装置的故障时，则有可能是触摸装置硬件出现故障，需要进行拆机检修。

（1）触摸装置的检修

触摸装置与主板之间的数据线都有连接接口，应分别检查接口连接是否有松动现象，如图7-35所示。

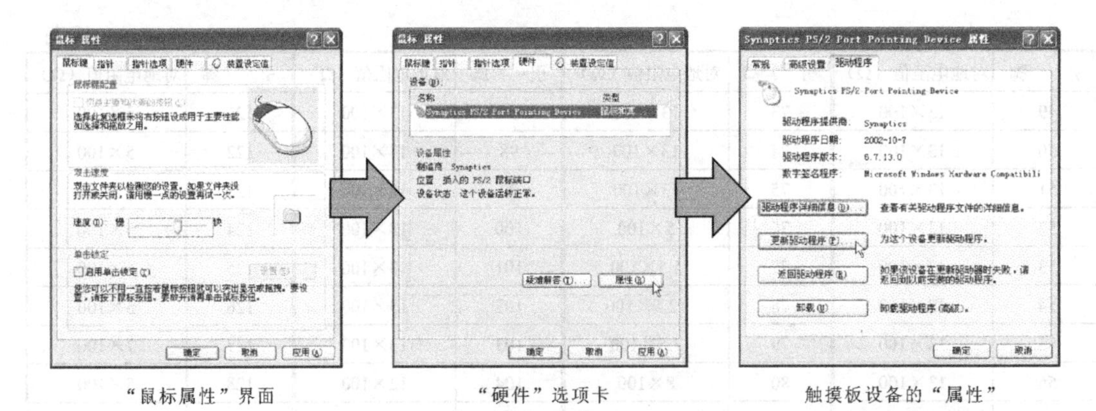

图 7-34　调试笔记本电脑触摸装置

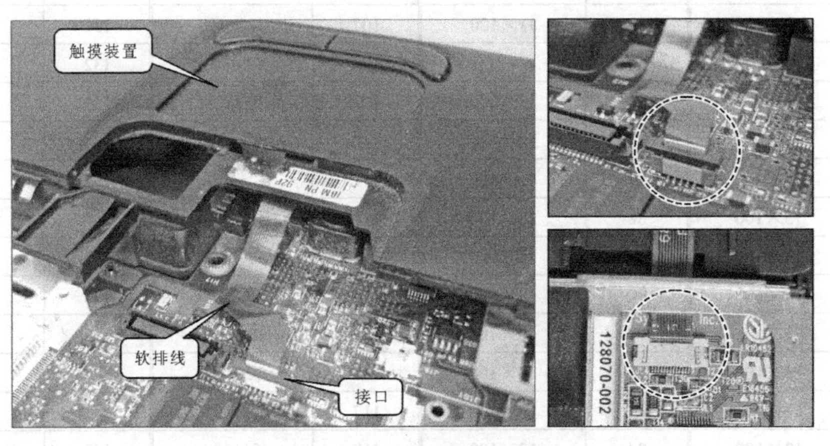

图 7-35　检查数据线连接接口

数据线连接正常，则应检测触摸装置上的元器件是否损坏，如图 7-36 所示。如果通过更换新的触摸装置，可以排除故障，则说明触摸装置中的电路器件有故障，需要进一步对触摸装置进行检测。

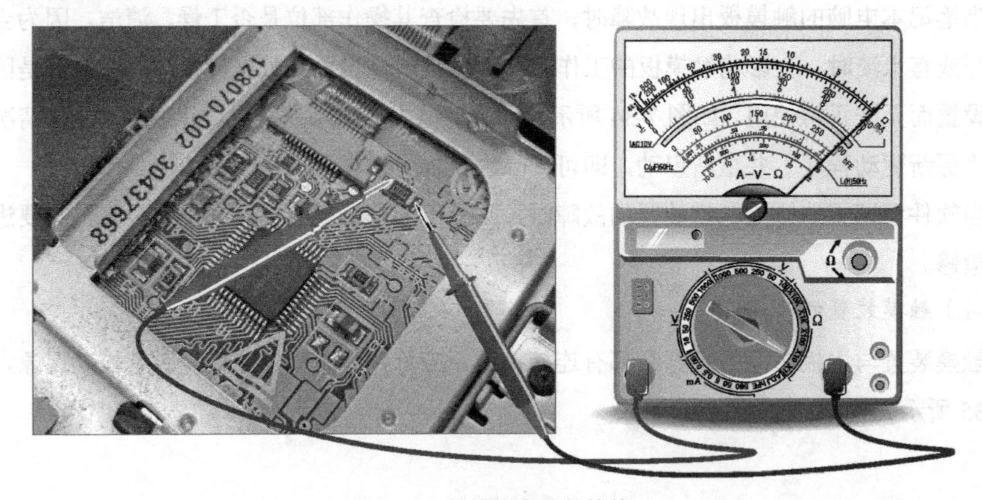

图 7-36　触摸板电路的检修

（2）触摸装置接口电路的检修

如果更换新触摸装置后，故障仍然存在，则应怀疑笔记本电脑触摸装置接口电路有故障，应分别检查器直流供电电压和相关的信号波形。

IBM R40 笔记本电脑接口电路由 5 V 直流供电分别为接口和管理芯片提供电压，如图 7-37 和图 7-38 所示，分别为检测触摸装置接口供电电压和管理芯片供电电压。

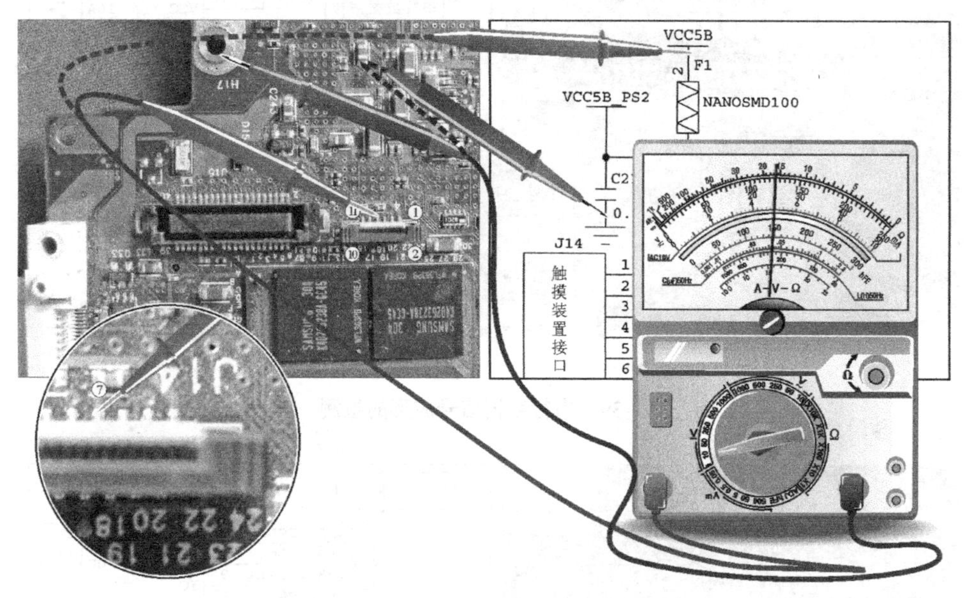

图 7-37　检测触摸装置接口供电电压

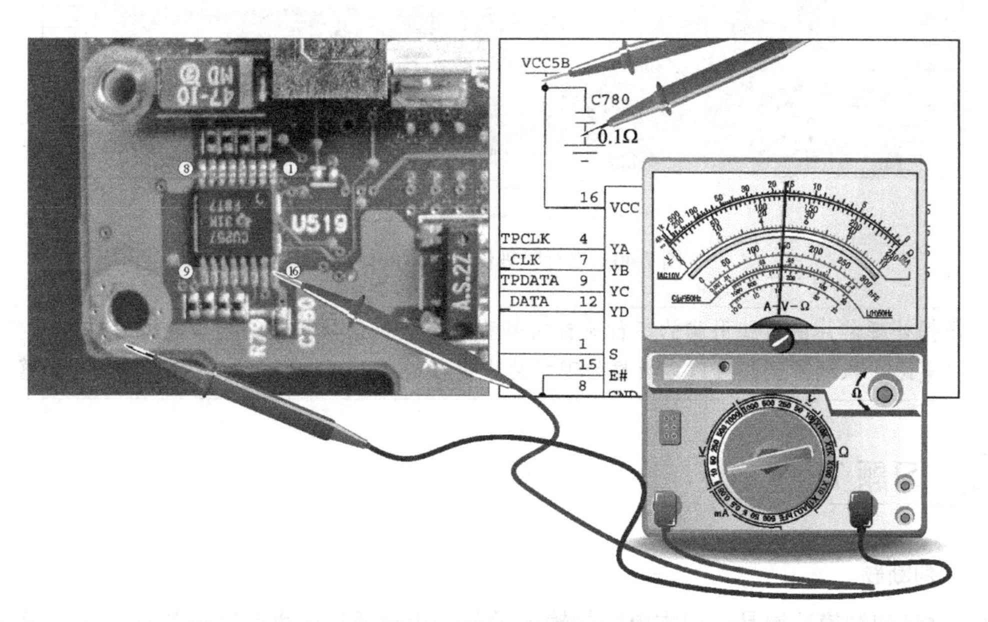

图 7-38　检测触摸装置管理芯片供电电压

如果都检测不到 5 V 直流电压，则说明故障出现在笔记本电脑供电电路。

如果直流供电检测正常，可以使用示波器检测数据信号引脚。如图 7-39 和图 7-40 所示分别为IBM R40笔记本电脑触摸装置管理芯片串行数据信号和串行时钟信号的检测。由于笔记本电脑接口电路中的信号波形比较复杂，正常工作时的信号波形如图7-39、图7-40所示。示波器检测不出具体的、清晰的波形，只能看到不断变化的脉冲波形，并且串行数据信号和串行时钟信号看起来非常的相似。

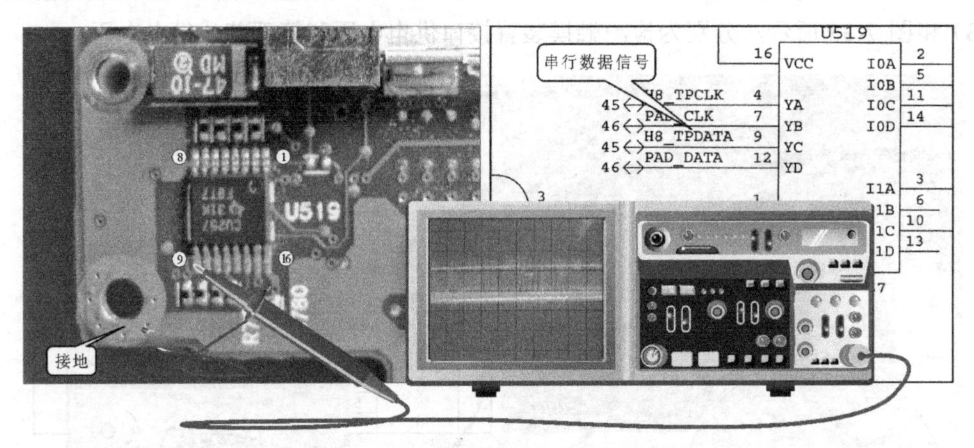

图7-39　串行数据信号波形的检测

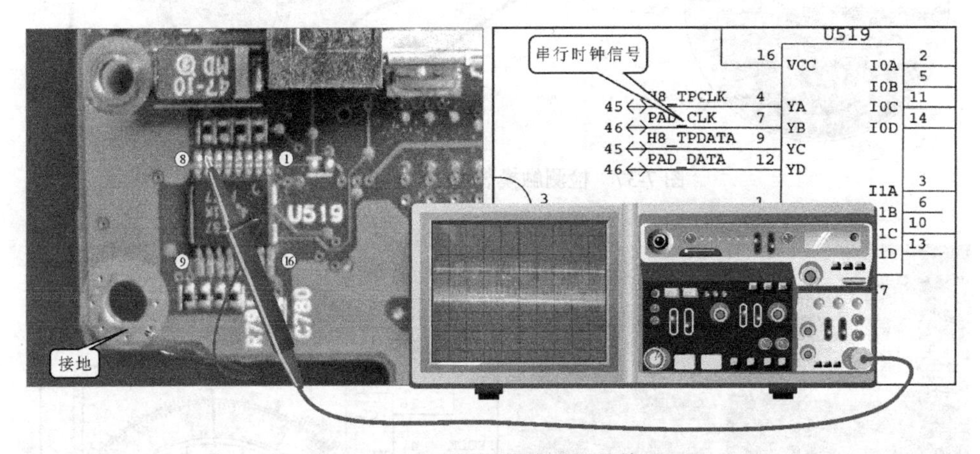

图7-40　串行时钟信号波形的检测

提示　数据处理芯片的有些引脚的串行时钟信号和串行数据信号是送给接口电路的，如果在接口电路中检测不到，可以在数据处理芯片中进行检测，以判断出故障点，并进行维修。

习题7

一、判断题

1. 键盘和触摸装置是笔记本电脑的输入设备，用户通过键盘或触摸装置将人工指令送入笔记本电脑当中。（　　）
2. 笔记本电脑采用的是和台式机一样的104按键的键盘分布。（　　）

3．笔记本电脑还设有许多快捷键，即设置了特定的应用程序，当按下快捷键以后就可以启动特定的应用程序，不需要通过程序软件进行调用。（ ）

4．Fn 组合键是笔记本电脑键盘的最大特色，它是由 Fn 键和功能键共同构成的，当单独使用 Fn 键或功能键的时候是不能实现特定的功能的，只有将 Fn 键和功能键组合使用时，才能够实现特定的操作功能。（ ）

5．笔记本电脑键盘的按键采用的是“X”形架构、橡胶垫作为底座。（ ）

6．指点式触摸装置是 IBM 笔记本电脑的标志特征，安装位置因机型而异。（ ）

7．当手指控制指点杆时，指点式控制装置就会将控制数据通过软排线送给笔记本电脑主板上的接口电路，再由接口电路送给控制芯片进行识别、译码。（ ）

8．不同厂家在对触摸板的设计上各有千秋，其操作方式也不相同。最常见的，就是用手指在触摸板上移动，屏幕上的鼠标就会移动，当需要选择对象时，用手指轻点一下即可。（ ）

9．当手指在触摸板矩阵上来回移动的时候，触摸板控制装置就会将控制数据通过软排线送给笔记本电脑主板上的接口电路，再由接口电路送给控制芯片进行识别、译码。（ ）

10．书写笔和写字板作为人工指令的输入装置，可作为笔记本的主要配件。（ ）

11．声表面波器件需要经常维护，因为灰尘、油渍，甚至饮料液体沾污在触摸板上都会阻碍触摸板的表面导波性能，使声波不能正常传输，或使波形改变而控制器无法正常识别，影响正常使用。（ ）

12．当笔记本电脑的键盘或触摸装置出现故障时，可以先使用外接键盘或鼠标进行试验，如果使用替换的键盘或鼠标工作正常，就可以排出操作系统等软件造成的键盘或触摸板故障。如果用已知良好的键盘或鼠标代用仍然不能工作，则电脑中的操作系统或软件可能有故障。（ ）

二、填空题

1．笔记本电脑键盘的印制线路板是由三层塑料薄膜构成，上下两层线路板薄膜上布满了__________，中间一层是__________，在该层上的按键处有圆孔，当按下某个按键的时候，上下两层线路板上的线路通过圆孔接通，将笔记本电脑送来的__________导通，送入笔记本电脑键盘管理芯片中。

2．触摸装置相当于笔记本电脑的__________，也是一种便捷的输入方式，是一种使用书写笔或手指来进行____________的输入装置。笔记本电脑常见的触摸装置有__________、__________和__________三种形式。

3．位于键盘上的__________可以控制鼠标__________，而位于键盘表面的两个按钮相当于普通鼠标的__________。这种装置比较适合乘车或较抖动的环境下使用，但对于新手不容易控制，上手比较困难。

4．触摸板控制装置是由__________、背面的__________和__________组成的，它可以将手指在触摸板上移动方位和轨迹，转换成数字编码信号送到主板，其功能相当鼠标。

5. 当键盘出现输入失灵的故障现象，首先应对失灵按键的__________、__________，以及__________进行检查，然后检测键盘接口的供电和信号波形，最后检测__________是否损坏。

三、问答题

1. 指点式触摸装置的工作原理是什么？
2. 触摸板的工作原理是什么？
3. 声表面波技术触摸板的工作原理是什么？
4. 触摸板的检修流程是什么？

项目 8

笔记本电脑电源供电电路的检修方法

笔记本电脑电源供电电路的常见故障及检修方法

常见故障：笔记本电脑的电源供电电路如果有故障，则会使整个电脑或部分电路工作失常，其现象是不能开机，或工作时死机、不能执行某项功能。

检修方法：应对笔记本电脑的供电接口、电池接口、电源切换开关，以及为各主要部件供电的稳压电路进行检查。检修流程如下图所示。

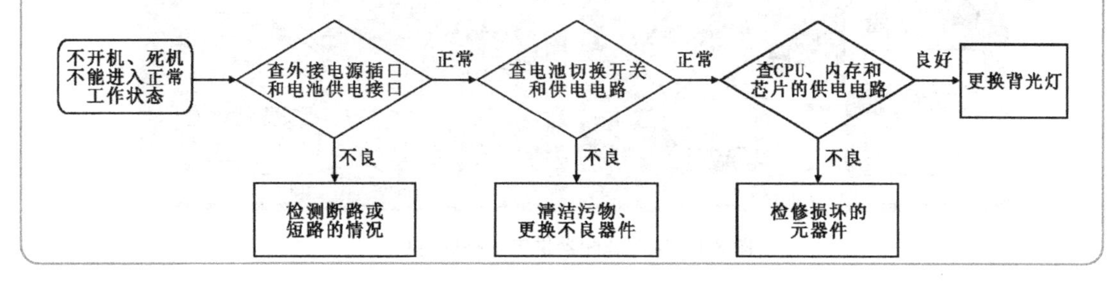

学习内容

1. 学习笔记本电脑电源供电电路的类型和结构特点。
2. 学习笔记本电脑电源供电电路各单元电路的工作原理。
3. 学习笔记本电脑电源供电电路的故障表现和基本检修方法。

任务 1　了解笔记本电脑电源供电电路的结构特点

任务描述

借助典型笔记本电脑的实例演示，全面系统地介绍笔记本电脑电源供电电路的结构特点。根据电路结构、功能上的划分，将笔记本电脑电源供电电路分成电源适配器供电电路和电池供电电路进行细致地讲解，力求让读者了解笔记本电脑电源供电电路的功能和工作方式，为检修打好基础。

任务实施

笔记本电脑的正常工作离不开电源供电电路。笔记本电脑针对不同的供电需求，电源供电电路主要分为电源适配器供电电路和电池供电电路。

1. 电源适配器供电电路的结构特点

如图 8-1 所示，为电源适配器供电电路的结构。从该图可知，电源适配器供电电路主要由电压比较器、场效应晶体管、限流电阻、熔断器、发光二极管和电源接口，以及其他的电阻器、电容器、电感器等元器件构成。

其中，电源接口主要用于与电源适配器连接，将电源适配器的供电电压送入主板中，由电源适配器的供电电路处理后，其中，电源接口主要用于与电源适配器连接，将电源适配器的输出电压送入主板中，为主板提供工作电压，同时为蓄电池充电。

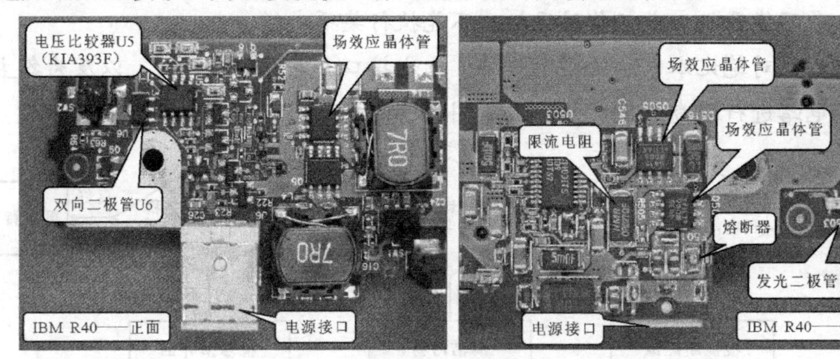

图 8-1 电源适配器供电电路的结构

（1）电压比较器

电压比较器 U5（KIA393F）常用在电源稳压电路中，作为电压的检测和控制器件。如图 8-2 所示为电压比较器 U5（KIA393F）的内部结构和引脚功能。

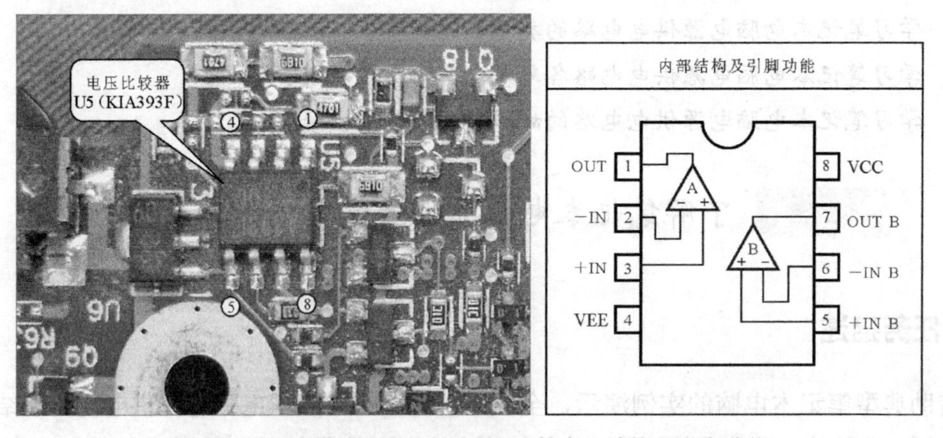

图 8-2 电压比较器 U5（KIA393F）的内部结构和引脚功能

（2）电源接口

电源接口与电源适配器连接，为笔记本电脑提供直流电源，其外形结构如图 8-3 所示。

（3）发光二极管

在电源适配器电路中，发光二极管主要用于提示电源适配器的连接状态，其外形及电路符号如图8-4所示。

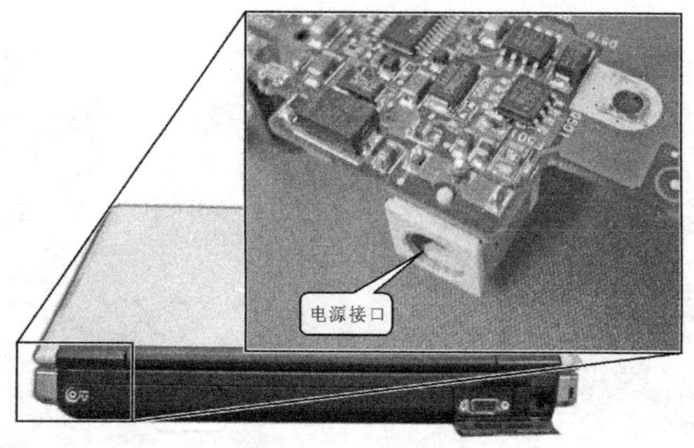

图8-3　电源接口

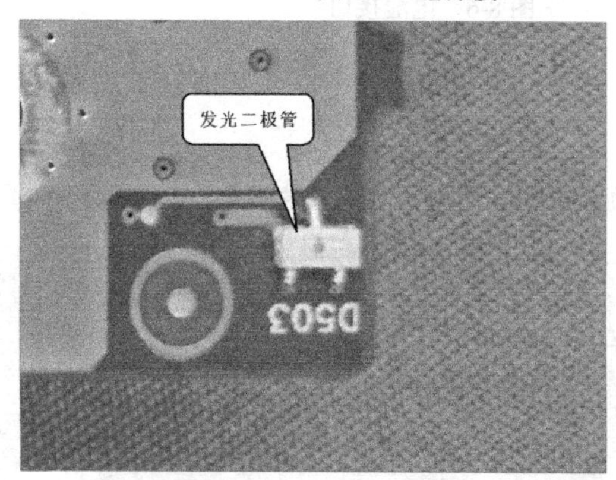

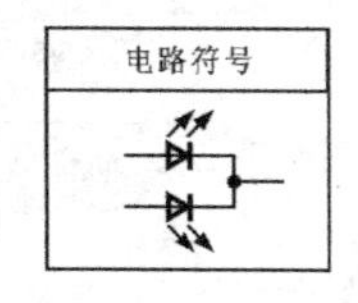

图8-4　发光二极管的外形及电路符号

2. 电池供电电路的结构特点

如图8-5所示为IBM R40笔记本电脑电池供电电路的结构。从该图中可知，该笔记本电脑共有两个电池接口，即该笔记本电脑可通过两块电池同时为笔记本供电。此外，从图中还可以看出，电池供电电路主要由电池接口、场效应晶体管、二极管、熔断器等构成。

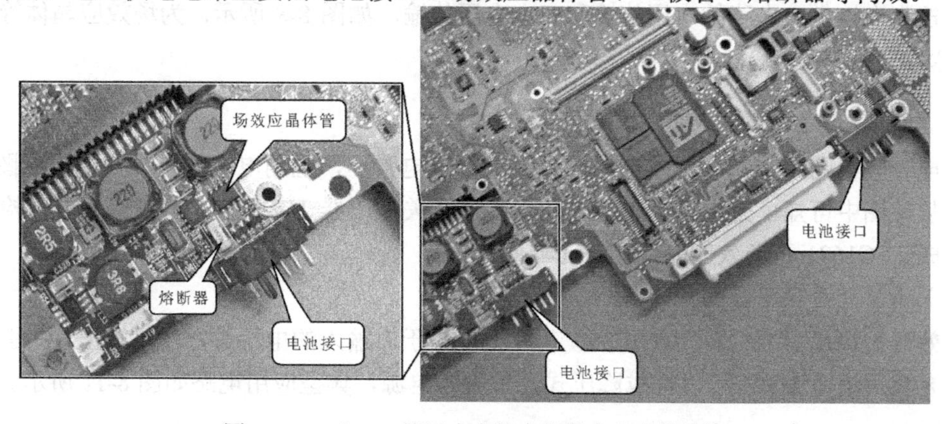

图8-5　IBM R40笔记本电脑电池供电电路的结构

（1）电池接口

电池接口用于与电池连接，将电池的供电电压和其充电电压进行传输，其外形接口如图 8-6 所示。

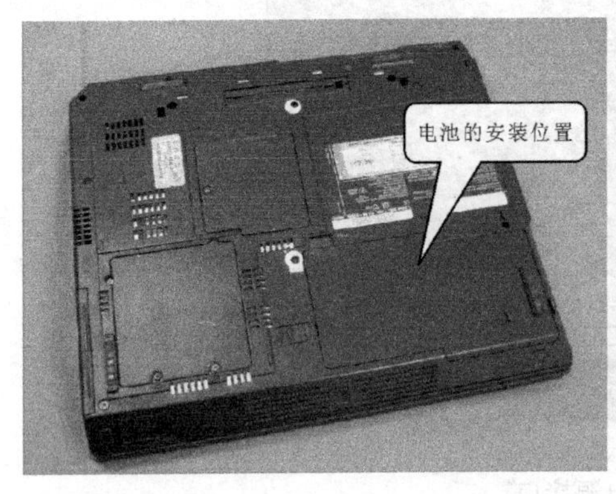

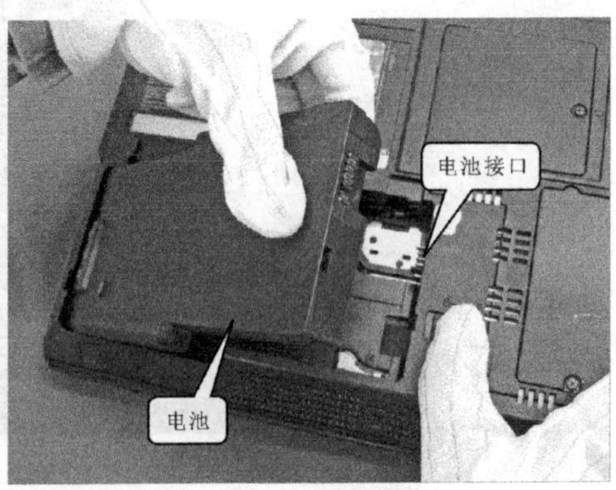

图 8-6　电池接口

知识链接

笔记本电脑根据其品牌、型号的不同电池接口的外形及安装位置也有所区别，如图 8-7 所示。

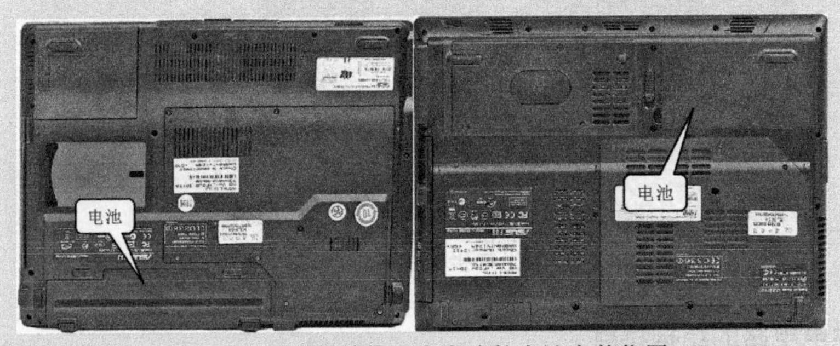

图 8-7　不同品牌笔记本电脑的电池安装位置

（2）场效应晶体管

场效应晶体管在电池供电电路中应用较为广泛，通过对场效应晶体管的导通和截止的控制，可控制电池供电电路的电压传输和充电电压传输。如图 8-8 所示，为场效应晶体管的外形及电路符号。

3．充电管理电路的结构特点

充电管理电路用于对笔记本电脑的电池进行充电管理，检测电池电压，其结构如图 8-9 所示。从该图中可知，充电管理电路主要由高效开关稳压器 U521（L7C1735）、电流检测放大器构成 TLC1621 和场效应晶体管等元器件构成。

（1）高效开关稳压器 U521（LTC1735）

高效开关稳压器 U521（LTC1735）芯片主要用于对输入的电压进行稳压输出，其引脚功能如图 8-10 所示，U521 可以构成降压式开关稳压电源，典型应用电路如图 8-11 所示。

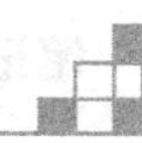

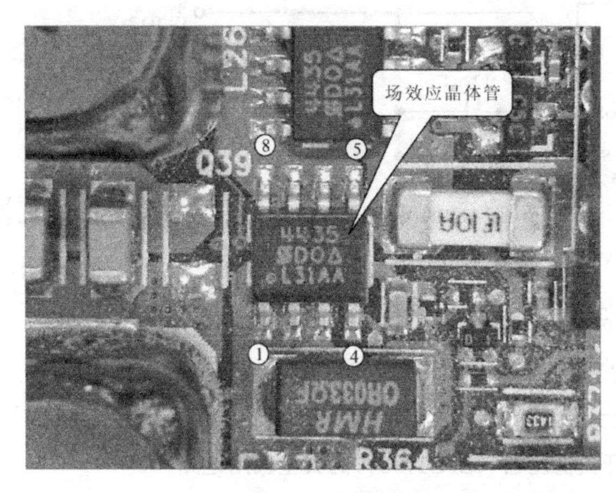

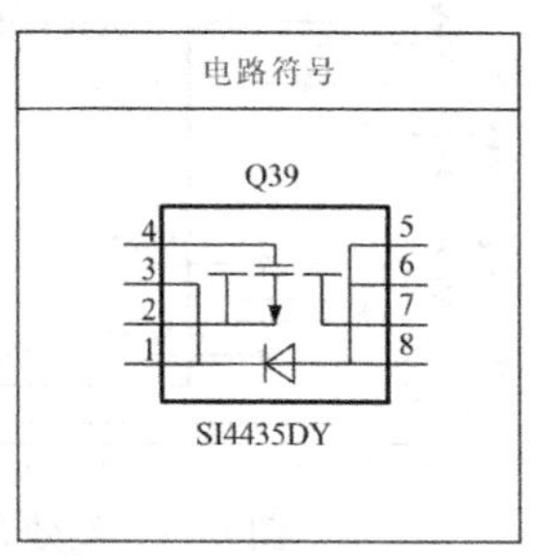

图 8-8　场效应晶体管的外形及电路符号

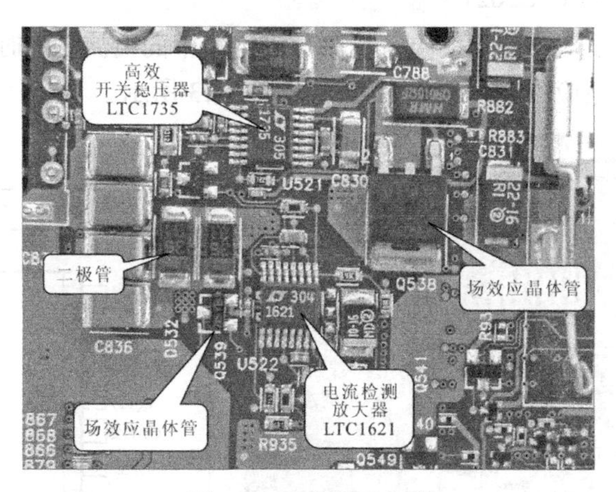

图 8-9　充电管理电路

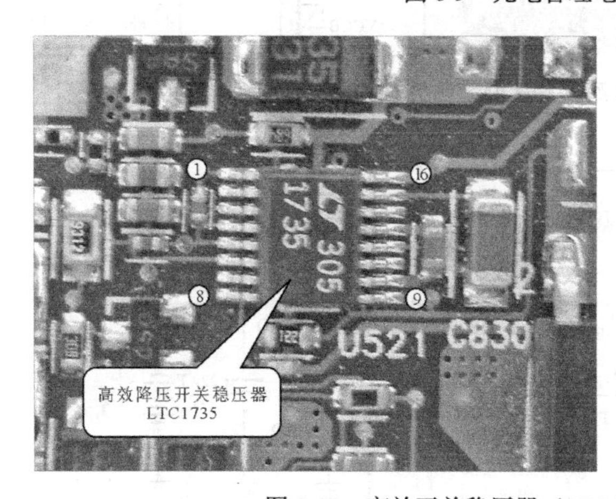

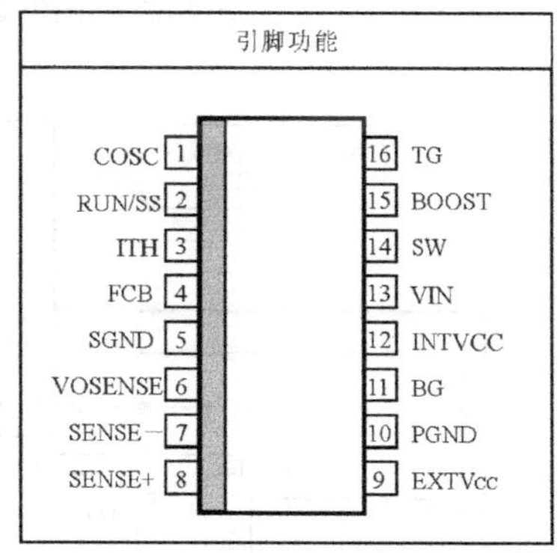

图 8-10　高效开关稳压器（LTC1735）引脚功能

5～24 V 的电压输入后，送入 LTC1735 的电压输入端⑬脚，为芯片供电，经其内部处理后，由其⑪脚、⑯脚输出两路相位相反的 PWM 开关脉冲，使两场效应管 M1、M2 交替工作。将直流供电变成开关脉冲。再经 LC 滤波后，输出 1.6 V 电压。在输出电路中设有电流检测电阻（0.005Ω），对电流进行检测和控制。

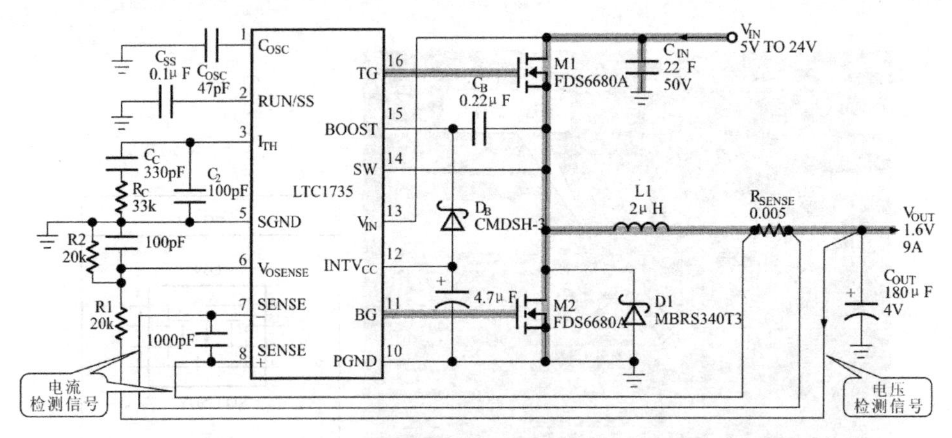

图 8-11　高效开关稳压器（LTC1735）的典型应用电路

（2）电流检测放大器 TLC1621

电流检测放大器用于对电路中的电流检测，当电路中的电流过大时，该芯片起到保护的作用，其引脚功能和典型应用电路，如图 8-12 和图 8-13 所示。

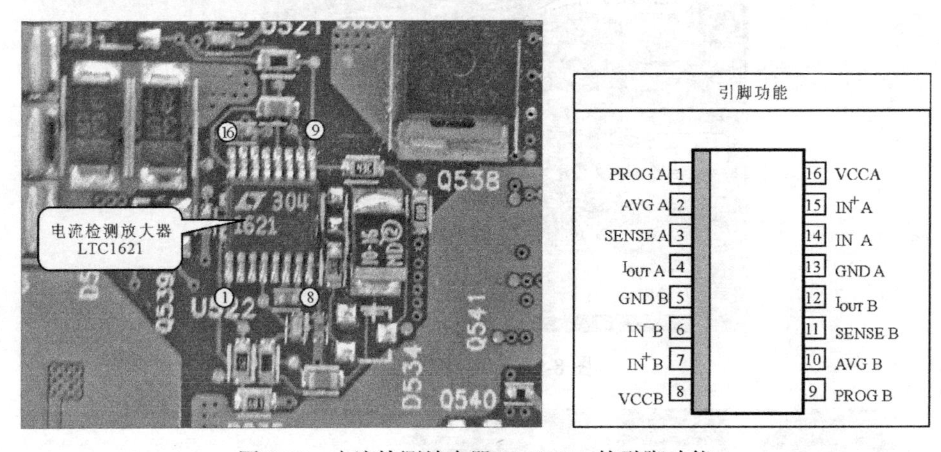

图 8-12　电流检测放大器 TLC1621 的引脚功能

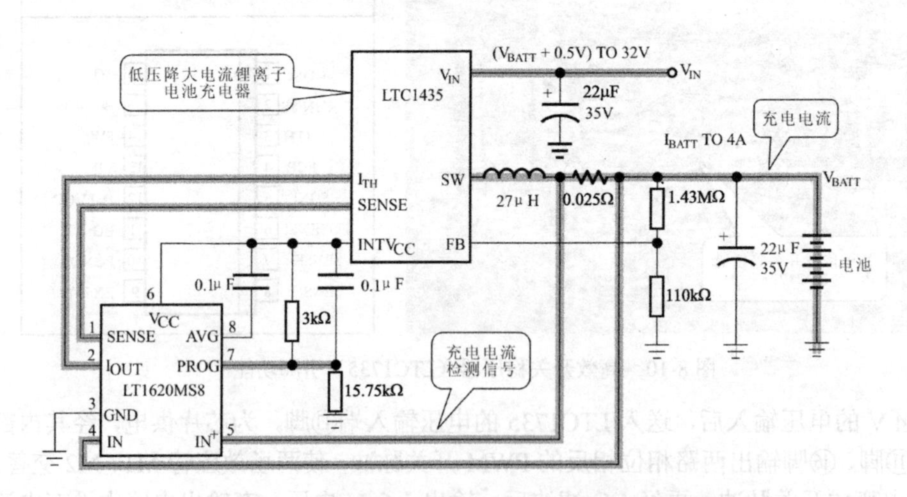

图 8-13　电流检测放大器 LTC1621 的典型应用电路

电流检测放大器主要应用在电池的充电电路中，用于检测电池充电器（LTC1435）的输出电流是否过大。当充电电流检测信号过大时，其内部将会启动，为电池充电器（LTC1435）提供控制信号，电池充电器（LTC1435）的输出电流被限制在许可的范围内，进而保护了整个电路。

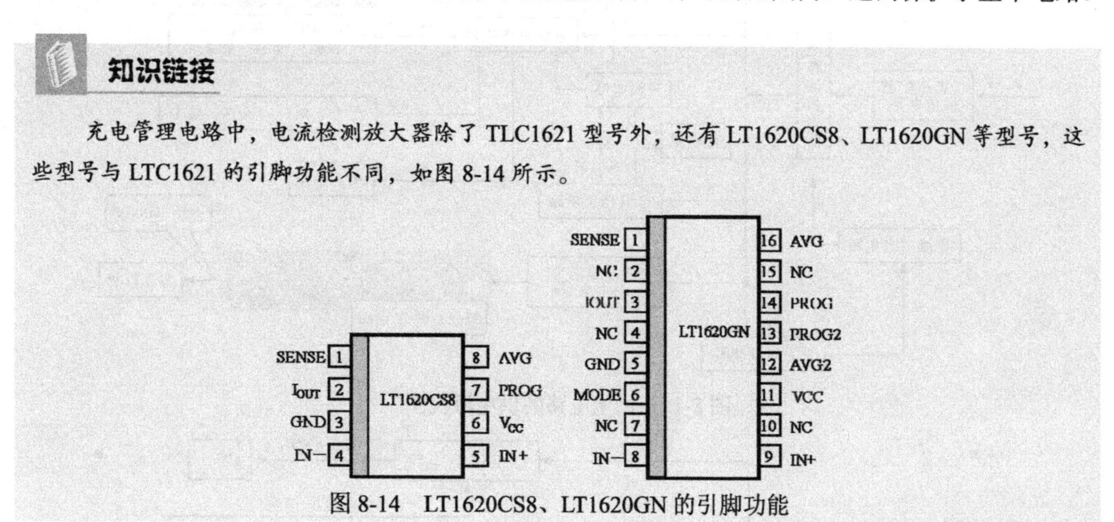

知识链接

充电管理电路中，电流检测放大器除了TLC1621型号外，还有LT1620CS8、LT1620GN等型号，这些型号与LTC1621的引脚功能不同，如图8-14所示。

图8-14 LT1620CS8、LT1620GN的引脚功能

任务2 学习笔记本电脑电源供电电路的工作原理

任务描述

主要介绍笔记本电脑电源供电电路各单元电路的工作原理。通过图解的方式力求让读者了解笔记本电脑电源供电电路的工作过程，并通过电路分析搞清电源供电电路各单元电路的工作环节。

任务实施

笔记本电脑的供电电路均以电源适配器为主要供电部分，通过电源适配器的供电电压，为电池和主板分别提供充电电压和工作电压。如图8-15所示，为供电电路的供电流程图。

交流220 V电压经电源适配器变成直流电压为笔记本电脑的主板供电，该电压先经电源切换电路再分配给笔记本电脑中的各种电路，同时经充电管理电路为电池充电。

如图8-16所示为笔记本电脑供电电路的电压产生顺序图。从该图中可知电源适配器和电池输入的电压经过电源切换电路选择其中的一种供电方式，由该电路选择的供电方式作为笔记本电脑整机的主供电。

电源切换到电路输出的供电主要分为待机稳压电路、系统供电电路还有CPU供电三路供电。其中待机稳压电路在主供电开始时即立刻工作，而其他两路供电则需要笔记本电脑开机后才能工作。

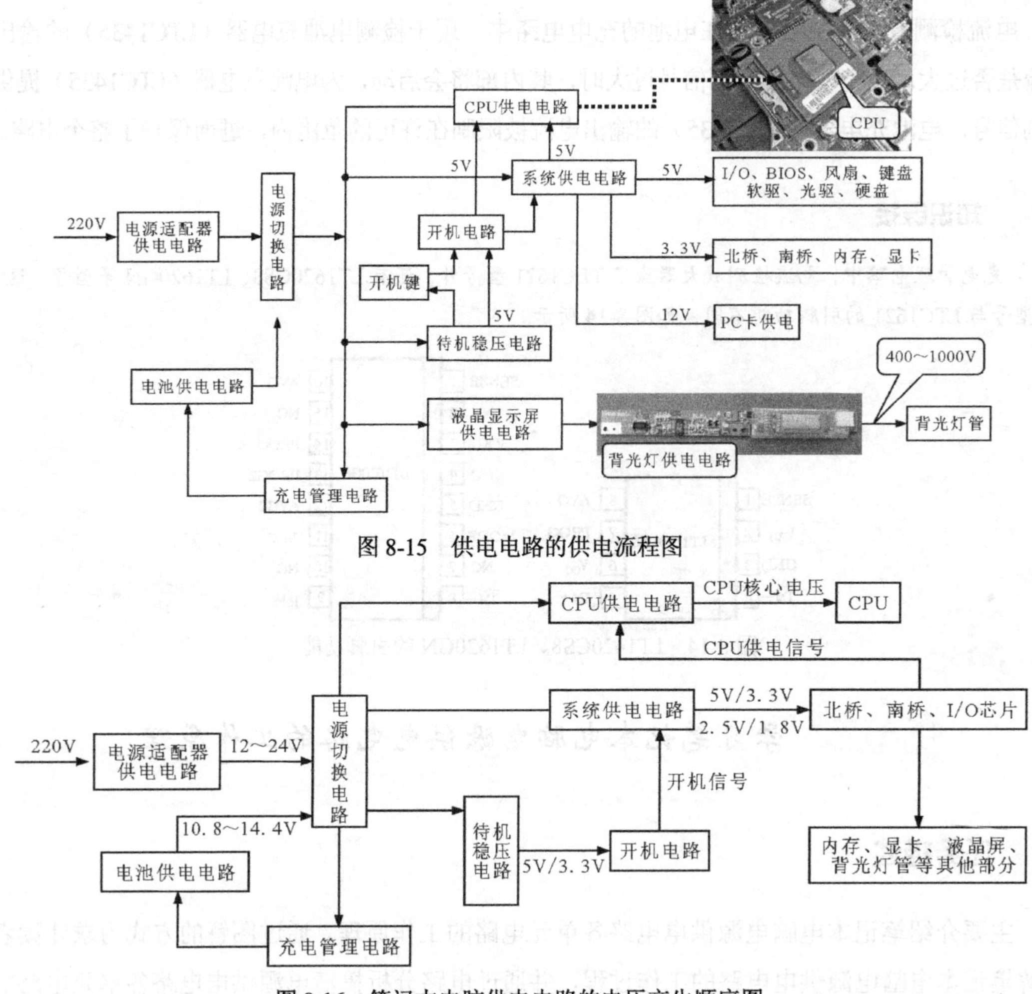

图 8-15 供电电路的供电流程图

图 8-16 笔记本电脑供电电路的电压产生顺序图

待机稳压电路为主板上的开机电路提供工作电压。当接收到开机信号后，开机电路便启动系统供电电路，产生 3.3 V 和 5 V 电压。此时，主板上的时钟电路、复位电路等得到供电后，开始工作，输出时钟信号和复位信号，为主板中的芯片组提供供电、时钟、复位信号灯，由芯片组识别 CPU 的 VID（CPU 供电指令信号）控制 CPU 供电电路工作。当 CPU 工作后，同时控制笔记本电脑中的其他部分电路也开始工作。

任务 3 掌握笔记本电脑电源供电电路的检修方法

任务描述

主要介绍电源供电电路的故障检修流程。为了达到良好的学习效果，在对电源供电电路检修技能进行讲解时，将笔记本电脑电源供电电路划分成电源适配器供电电路和电池供电电路两大部分进行细致演示讲解。

任务实施

1. 笔记本电脑电源供电电路的检修流程

笔记本电脑供电电路出现故障后，常导致笔记本电脑通电黑屏、不开机、待机异常等故障。在检修时，应重点对电源适配器供电电路和电池供电电路进行检测。如图 8-17 所示为供电电路的检修流程图。

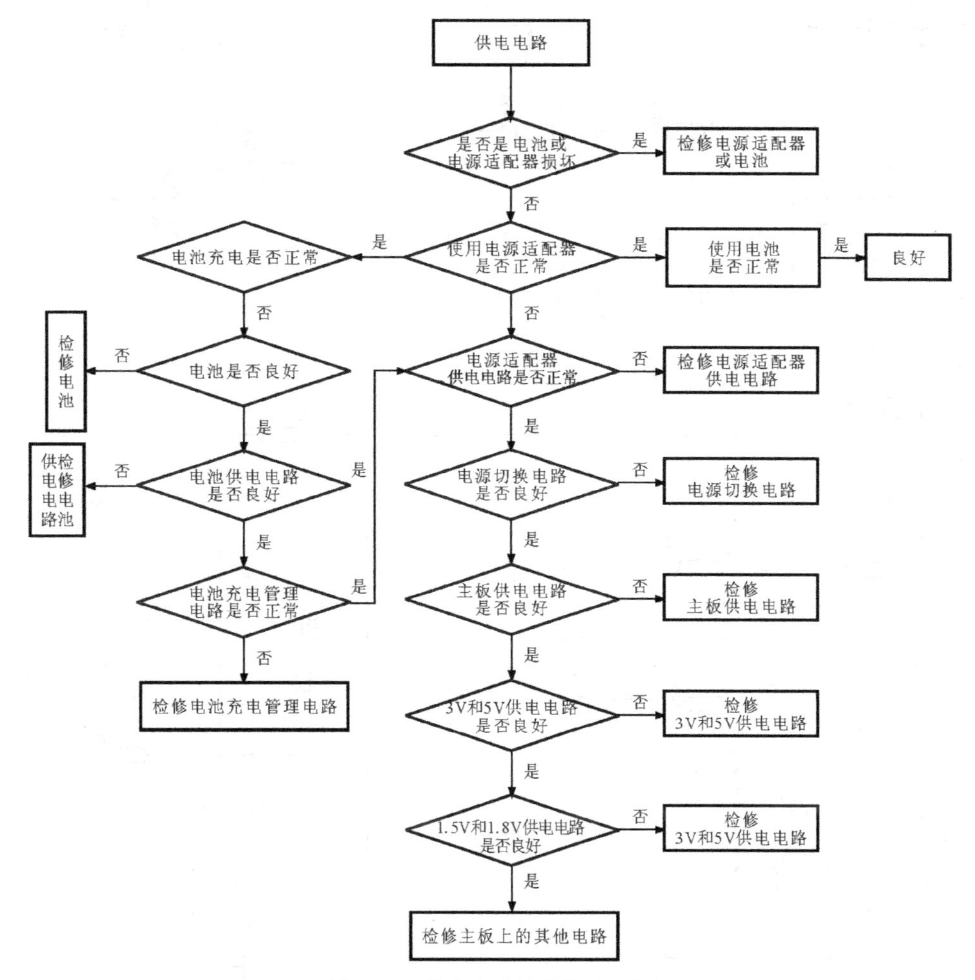

图 8-17　供电电路的检修流程图

在检修笔记本电脑的供电电路时，应先判断是否为电源适配器或电池损坏所导致的故障，当排除主板外的因素后，再对笔记本电脑主板中的电源适配器供电电路、电池供电电路、电源切换电路等进行检测。

2. 电源适配器供电电路的检修

电源适配器供电电路的检修，主要通过对电压和元器件是否损坏判断该电路是否出现故障。这里主要以 IBM R40 笔记本电脑为例，对电源适配器的供电电路进行讲解。如图 8-18 所示为 IBM R40 笔记本电脑电源适配器供电电路原理图。

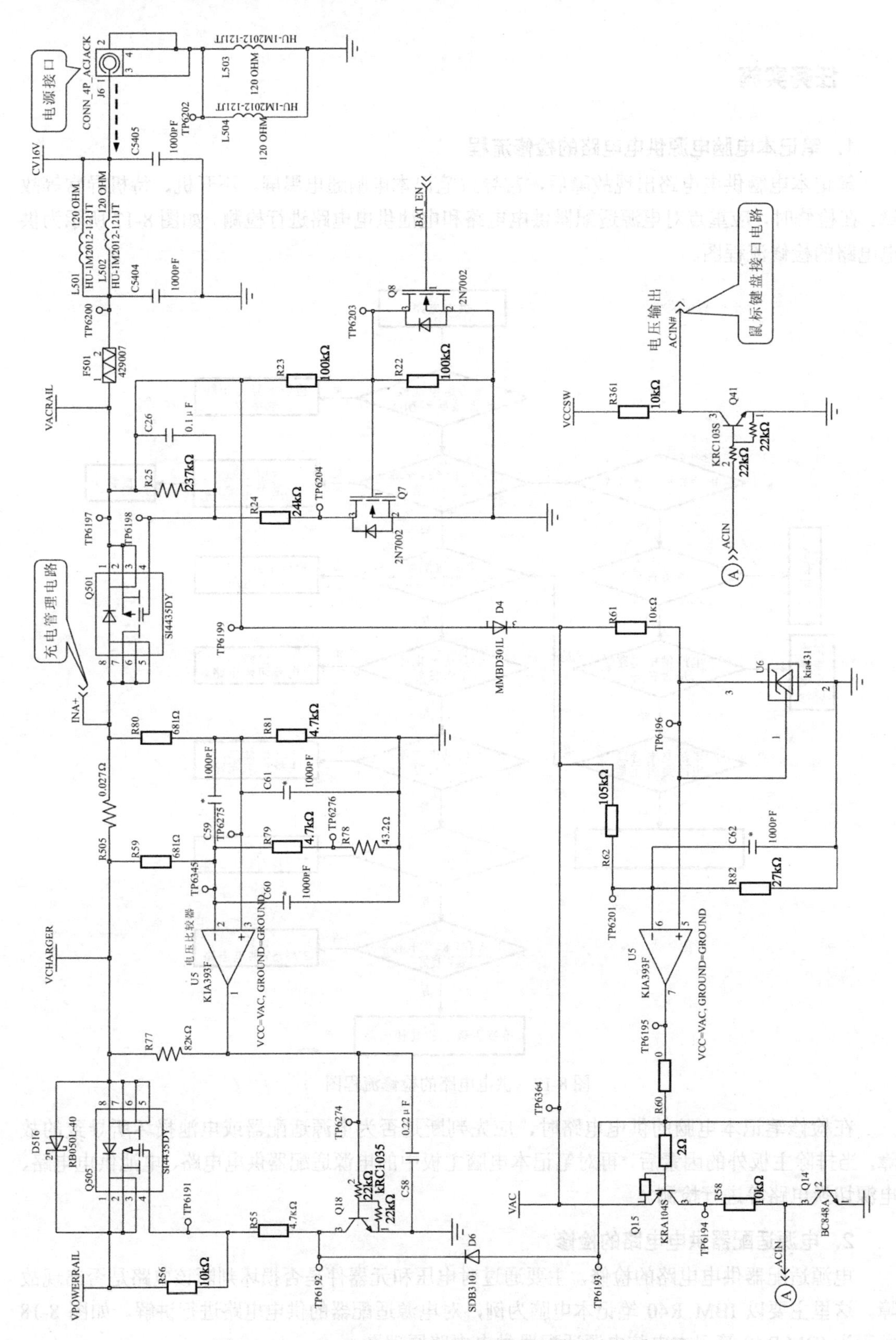

图 8-18　IBM R40 笔记本电脑电源适配器供电电路原理图

【跟我做】

检修电源适配器供电电路时，可根据电路图，找出相应的元器件，分别对其电路板上的熔断器、电感器和二极管等元器件进行检测，如图 8-19 所示。

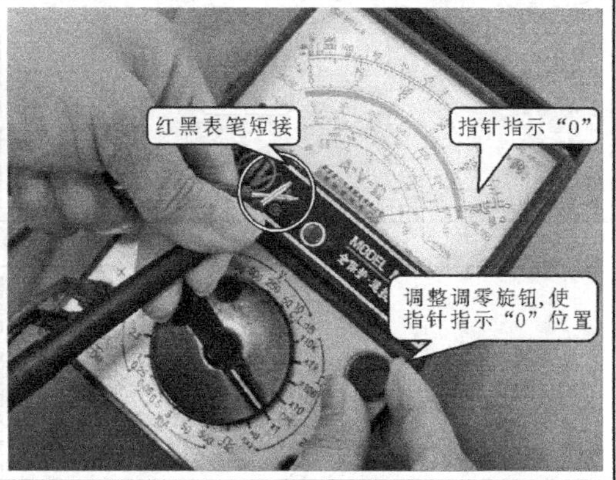

1. 检测熔断器时，将万用表调整至“×1”欧姆挡，并调零校正

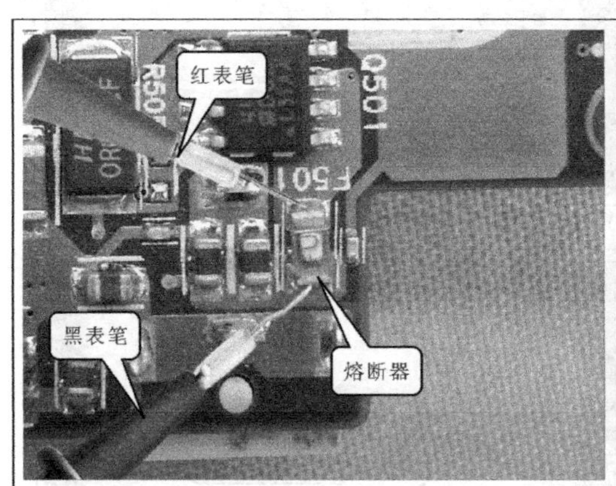

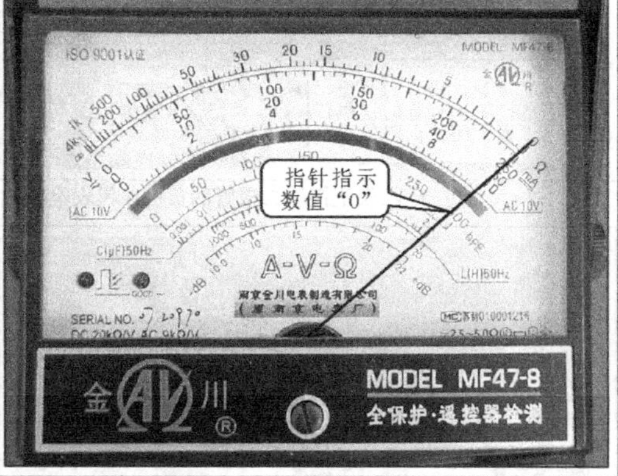

2. 万用表的表笔任意搭在熔断器的两端，测得熔断器的阻值为 0 Ω

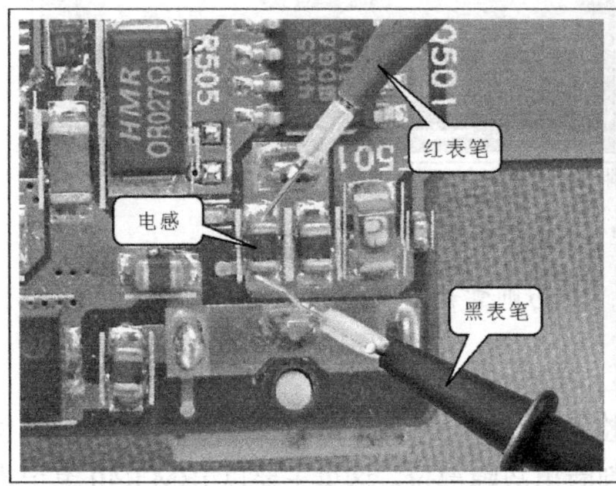

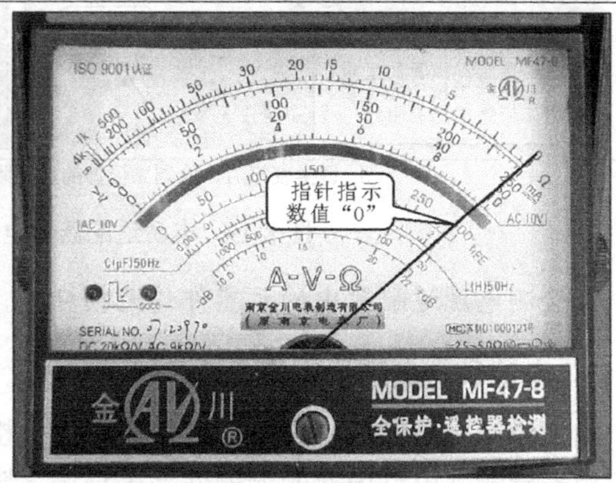

3. 检测熔断器正常，需测量电感是否损坏，经检测测得电感的阻值为 0 Ω

图 8-19　电源适配器供电电路的检修方法

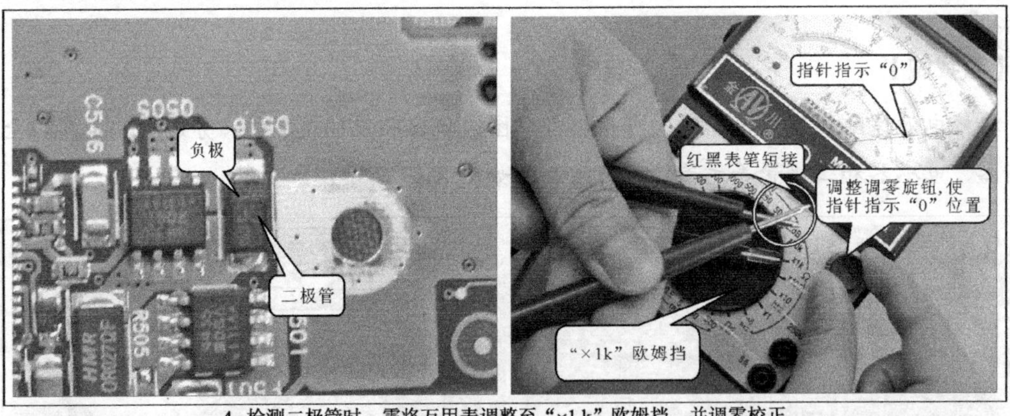

4. 检测二极管时，需将万用表调整至“×1 k”欧姆挡，并调零校正

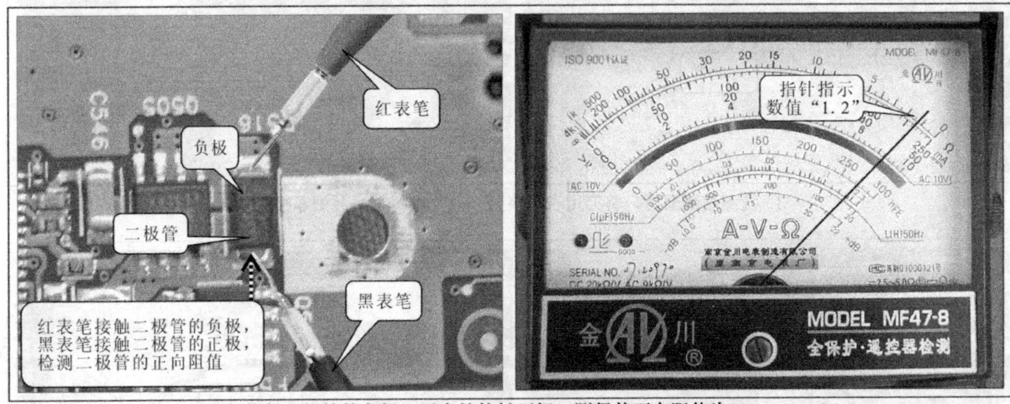

5. 红表笔接触二极管的负极，黑表笔接触正极，测得其正向阻值为1.2×1 k=1.2 kΩ

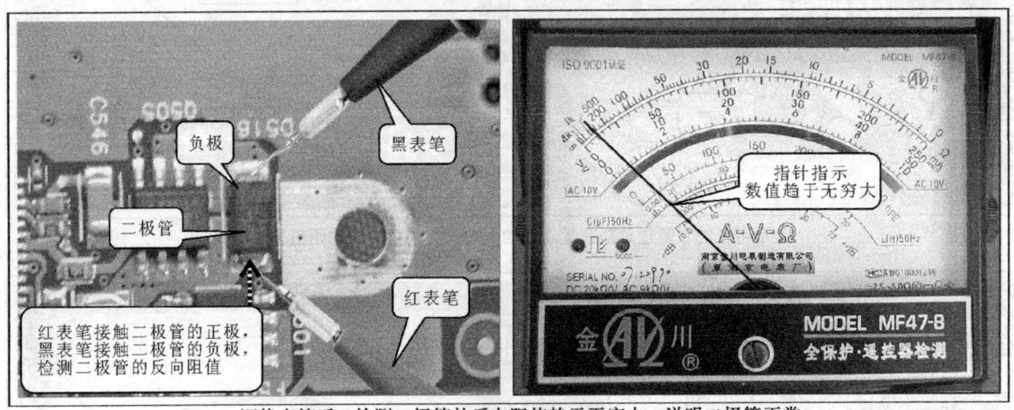

6. 调换表笔后，检测二极管的反向阻值趋于无穷大，说明二极管正常

图 8-19　电源适配器供电电路的检修方法（续）

经检测电源适配器中的元器件均无损坏后，下面则需检测笔记本电脑的其他供电电路。

3．电池供电电路的检修

电池供电电路的检修，可通过连接电池，检查电池供电电路的供电是否正常，并通过使用万用表检测其电路内部的元器件是否损坏，判断出故障部位。这里主要以 IBM R40 笔记本电脑的电池供电电路为例，对电池供电电路的检修方法进行讲解。如图 8-20 所示为 IBM R40 笔记本电脑的电池供电电路的电路原理图。

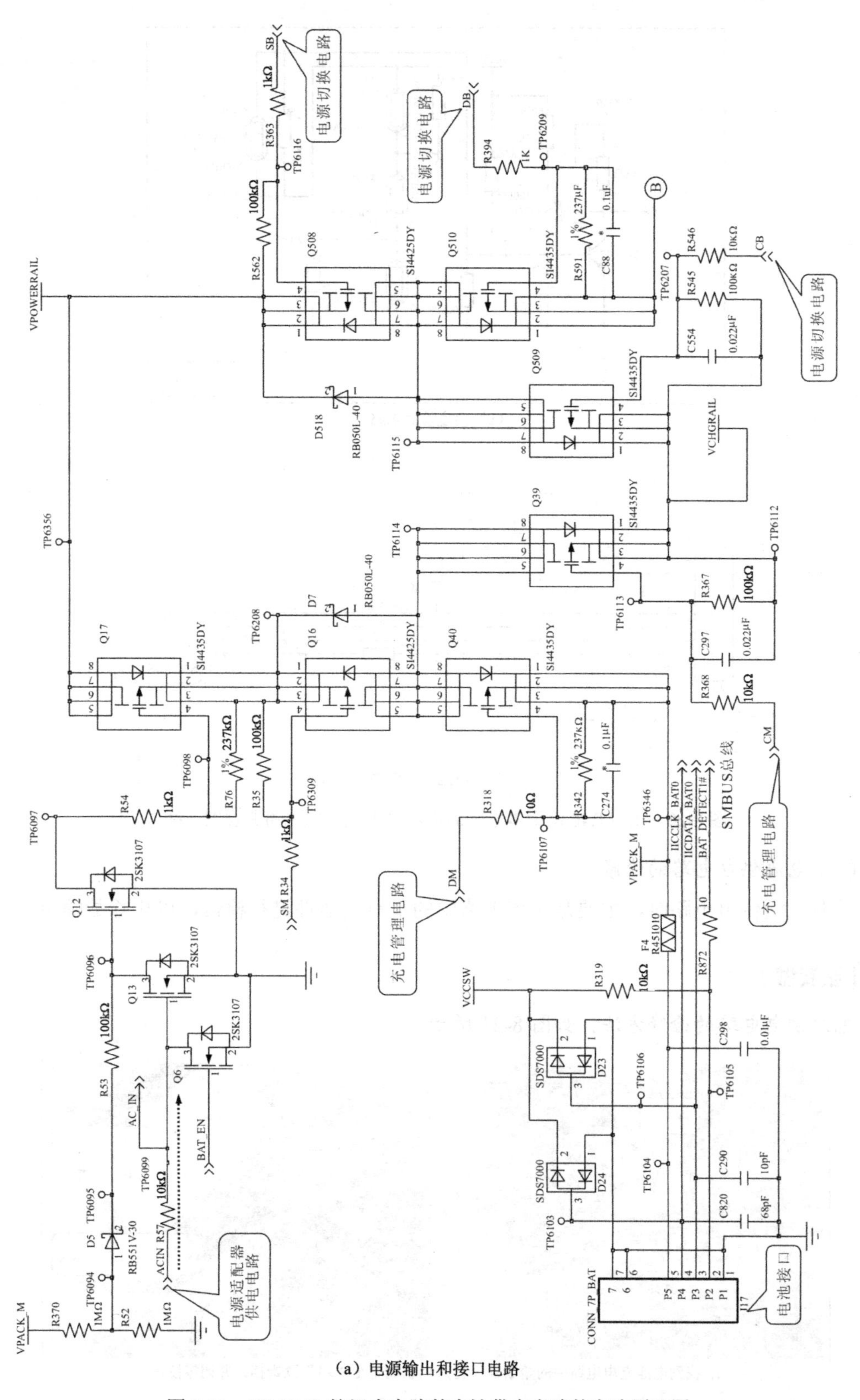

（a）电源输出和接口电路

图 8-20　IBM R40 笔记本电脑的电池供电电路的电路原理图

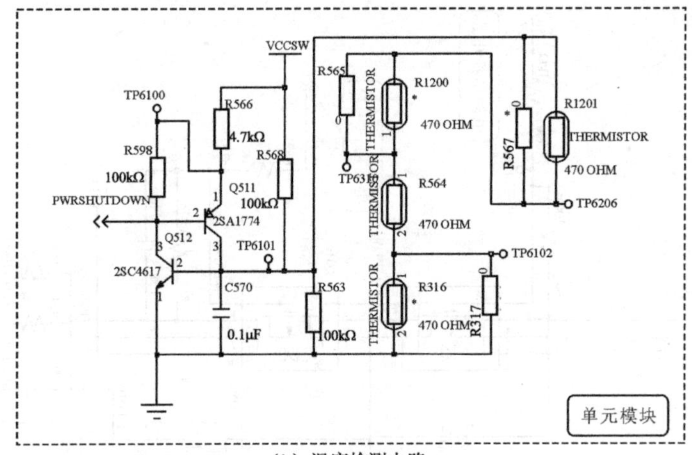

（b）温度检测电路

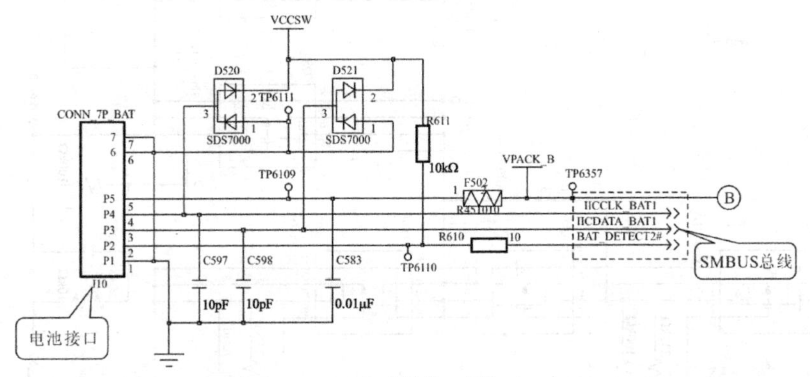

（c）电池接口电路

图 8-20　IBM R40 笔记本电脑的电池供电电路的电路原理图（续）

（1）电池供电电路的检修

检测电池供电电路时，主要是对该电路中的重点元器件进行检修，以排除故障点。

【跟我做】

电池供电电路的检修方法，如图 8-21 所示。

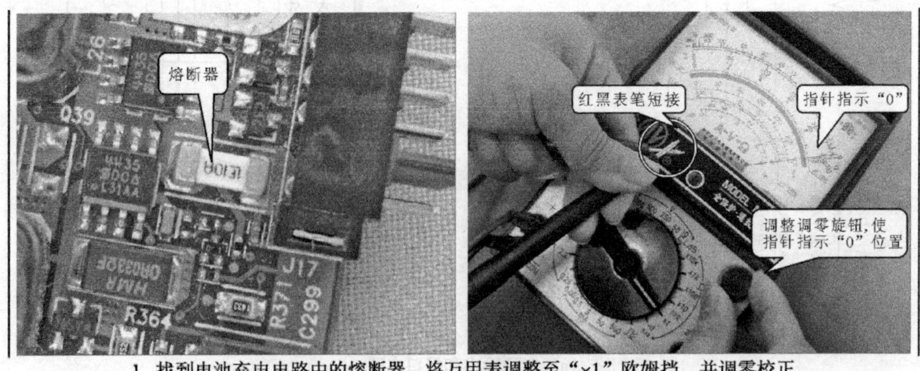

1. 找到电池充电电路中的熔断器，将万用表调整至“×1”欧姆挡，并调零校正

图 8-21　电池供电电路的检修方法

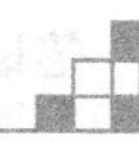

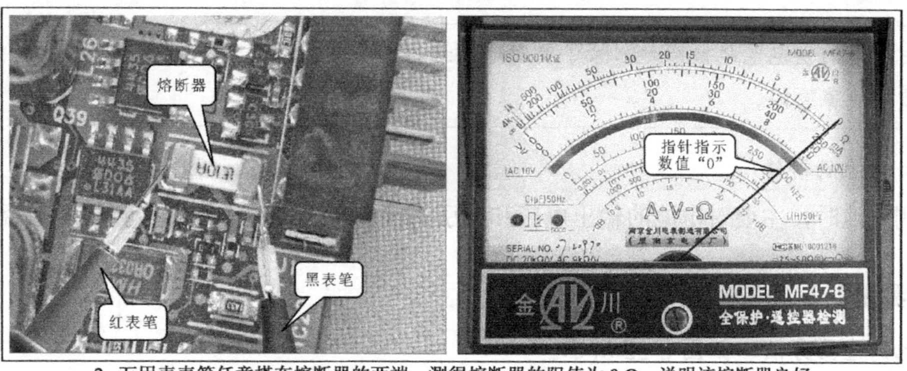

2. 万用表表笔任意搭在熔断器的两端，测得熔断器的阻值为 0 Ω，说明该熔断器良好

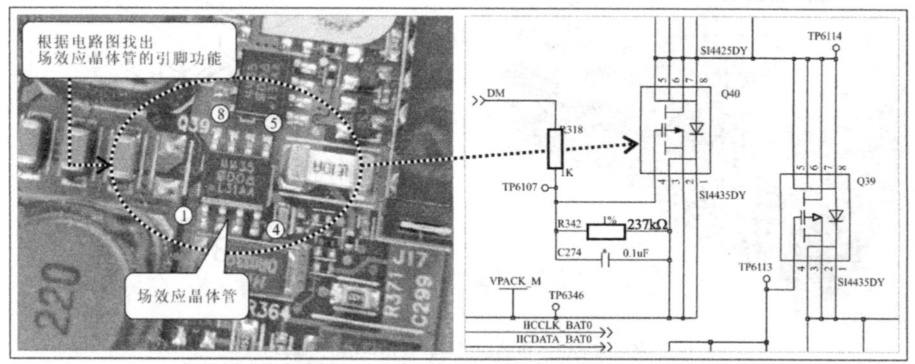

3. 根据找到的电路图，找出场效应晶体管在电路中的符号及其引脚功能

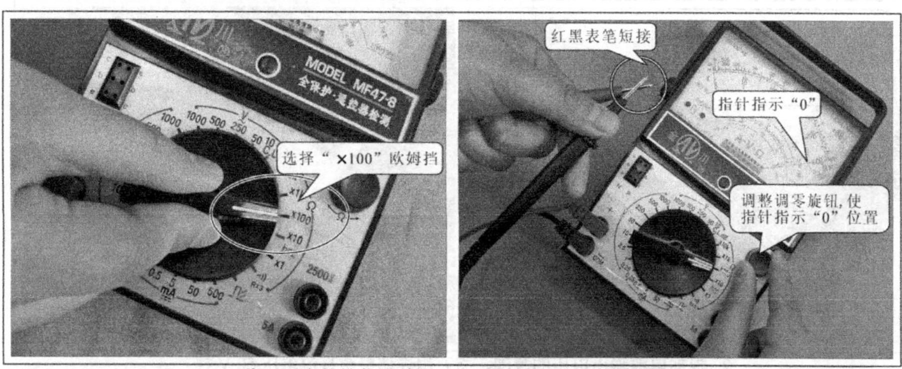

4. 将万用表的挡位调整至“×100”欧姆挡，并调零校正

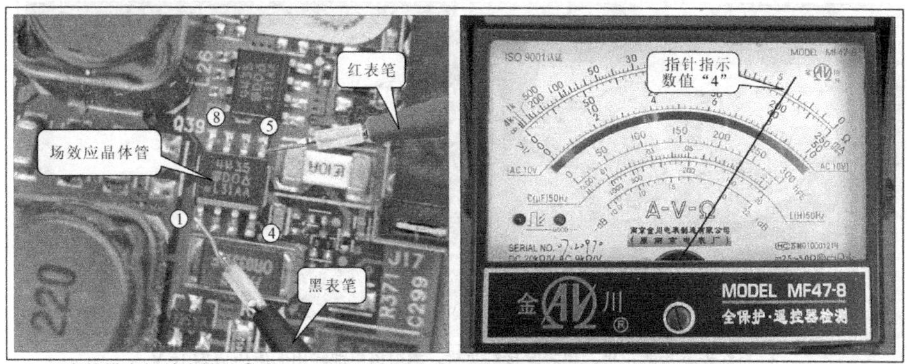

5. 黑表笔搭在场效应管的①脚，红表笔分别搭在⑤～⑧脚，测得场效应晶体管的阻值为 4×100Ω=400 Ω

图 8-21　电池供电电路的检修方法（续）

提示　对电池的供电电路检修时，除了要对电路进行检测外，还需对电池进行检测，以排除电池的故障原因。

（2）电池的检修

检测电池时，主要对电池的输出电压和其引脚间的电阻值进行检修，测量器是否损坏。

【跟我做】

电池的检修方法，如图 8-22 所示。

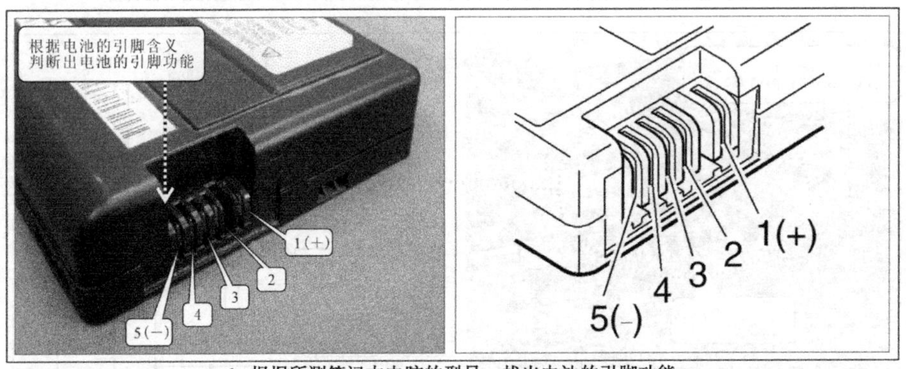

1. 根据所测笔记本电脑的型号，找出电池的引脚功能

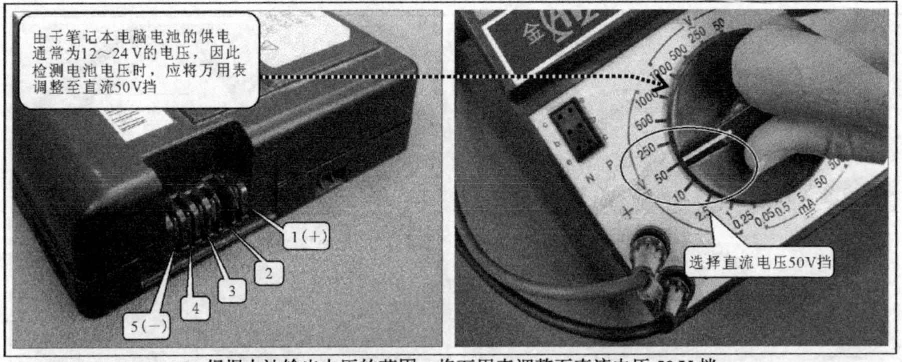

2. 根据电池输出电压的范围，将万用表调整至直流电压 50 V 挡

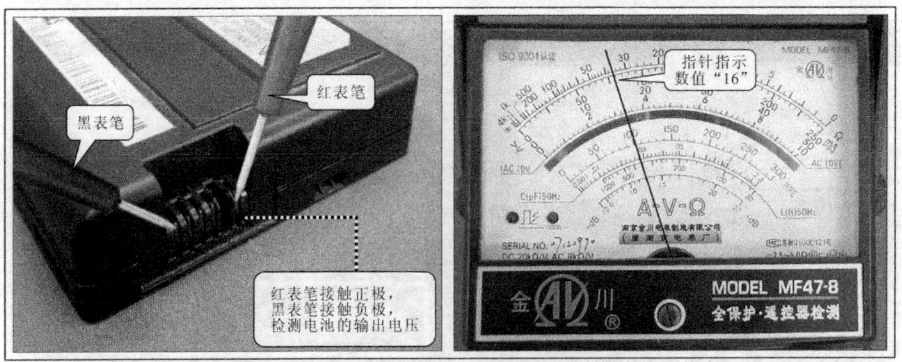

3. 将红表笔接触正极，黑表笔接触负极，测得该电池输出的电压值为 16 V

图 8-22　电池的检修方法

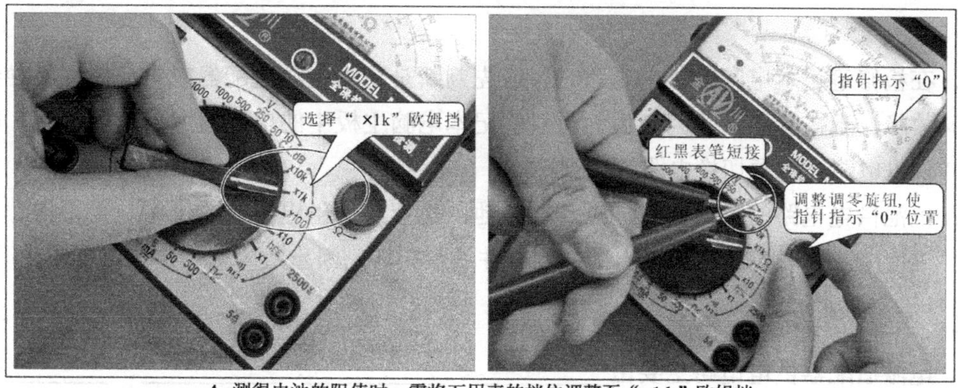

4. 测得电池的阻值时，需将万用表的挡位调整至“×1 k”欧姆挡

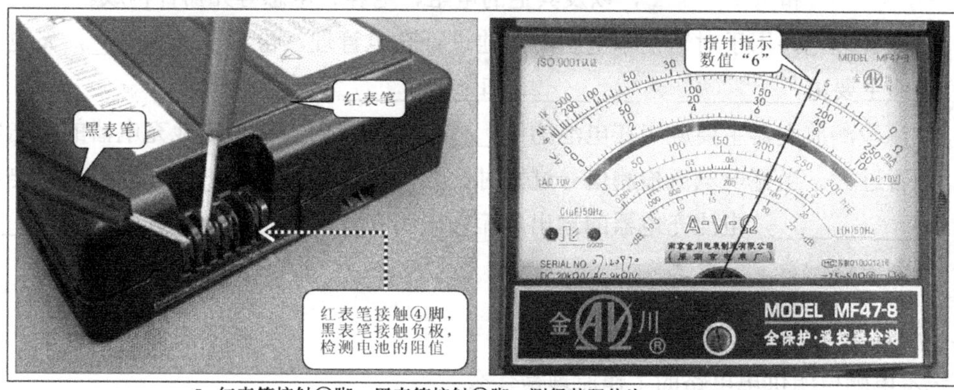

5. 红表笔接触④脚，黑表笔接触⑤脚，测得其阻值为：6×1 kΩ=6 kΩ

图 8-22　电池的检修方法（续）

习题 8

一、判断题

1. 笔记本电脑的正常工作离不开电源供电电路，而电源供电电路针对不同的供电需求，主要分为电源适配器供电电路和电池供电电路。（　　）
2. 电压比较器 U5（KIA393F）常用在电源稳压电路中，作为电压的检测和控制器件。（　　）
3. 在电源适配器电路中，发光二极管主要用于提示电源适配器的连接状态。（　　）
4. 场效应晶体管在电池供电电路中应用较为广泛，通过对场效应晶体管的导通和截止控制，从而控制电池供电电路的电压传输和充电电压传输。（　　）
5. 高效开关稳压器芯片主要用于对输入的电压进行稳压输出，它可以构成降压式开关稳压电源。（　　）
6. 电流检测放大器用于对电路中的电流检测，当电路中的电流过小时，该芯片起到保护的作用。（　　）
7. 笔记本电脑供电电路出现故障后，常导致笔记本电脑通电黑屏、不开机、待机异常

等故障。(　　)

8. 在检修笔记本电脑的供电电路时，应先判断是否为电源适配器或电池损坏所导致的故障，当排除主板等因素后，再对笔记本电脑主板中的电源适配器供电电路、电池供电电路、电源切换电路等进行检测。(　　)

9. 电池供电电路的检修，可通过连接电池，检查电池供电电路的供电是否正常，并通过使用万用表检测其电路内部的元器件是否损坏判断出故障部位。(　　)

二、填空题

1. 电源适配器供电电路主要由__________、__________、__________、__________、__________和__________，以及其他的电阻、电容、电感等元器件构成。

2. 充电管理电路用于对笔记本电脑的电池进行充电管理，检测__________，充电管理电路主要由__________、__________和__________等元器件构成。

3. 电流检测放大器主要应用在电池的__________中，用于检测电池充电器的输出电流是否过大。当充电电流检测信号过大时，其内部将会__________，为电池充电器提供__________，电池充电器的输出电流被限制在许可的范围内，进而__________了整个电路。

三、问答题

笔记本电脑电源供电电路的工作原理是什么？